大数据应用与技术丛书

SAS+R 大数据行业应用案例分析

运用预测模型和机器学习技术

[印] 迪普提·古普塔(Deepti Gupta) 著
林 赐 译

清华大学出版社

北 京

Applied Analytics through Case Studies Using SAS and R: Implementing Predictive Models and Machine Learning Techniques
Deepti Gupta
EISBN：978-1-4842-3524-9

北京市版权局著作权合同登记号　图字：01-2019-6495

图书在版编目(CIP)数据

SAS+R 大数据行业应用案例分析：运用预测模型和机器学习技术 / (印)迪普提・古普塔著；林赐 译. —北京：清华大学出版社，2019.10
(大数据应用与技术丛书)
书名原文：Applied Analytics through Case Studies Using SAS and R: Implementing Predictive Models and Machine Learning Techniques
ISBN 978-7-302-53926-1

Ⅰ. ①S…　II. ①迪…　②林…　III. ①数据处理　IV. ①TP274

中国版本图书馆 CIP 数据核字(2019)第 224379 号

责任编辑：王　军
装帧设计：孔祥峰
责任校对：牛艳敏
责任印制：杨　艳

出版发行：清华大学出版社
网　　址：http://www.tup.com.cn，http://www.wqbook.com
地　　址：北京清华大学学研大厦 A 座　　邮　　编：100084
社 总 机：010-62770175　　邮　　购：010-62786544
投稿与读者服务：010-62776969，c-service@tup.tsinghua.edu.cn
质 量 反 馈：010-62772015，zhiliang@tup.tsinghua.edu.cn
印 装 者：三河市金元印装有限公司
经　　销：全国新华书店
开　　本：170mm×240mm　　印　　张：20　　字　　数：460 千字
版　　次：2019 年 12 月第 1 版　　印　　次：2019 年 12 月第 1 次印刷
定　　价：98.00 元

产品编号：082809-01

译者序

年纪渐长，事务繁忙，近年来，略感精力有些不足，然而得闲之余，却禁不住外来的诱惑，放任自我，沉迷于各类视频，除了在养生的节目中略微得到一些保健知识，其余，要么在泡沫般的剧情中追忆逝去的青春，要么在各种综艺节目中品味“多彩”人生。在接到本书的翻译任务后，暗忖不可蹉跎度日，怎知“未觉池塘春草梦，阶前梧叶已秋声”，本书的翻译工作，时译时辍，行将一年，译稿才得以杀青。

译稿提交之日，停笔静坐，偶望窗外，冬雪早已无踪，花圃中未及时观赏的郁金香已早早开败，而后院的那片树林不知何时浓郁的绿叶已爬满枝头，野花遍地，天空中随风飘起各种叫不出名字的白色状物，或是柳絮，或是蒲公英，我不得而知。整片树林回响着各种虫鸣鸟叫声，水塘也不再是静静的，蛙声此起彼伏，一派盛夏的样子。

踉踉跄跄，本书的翻译已经悉数完成，然而，在写本序之时，我却不觉犯了难，怕是才疏学浅，给出错误指引，反而耽误了读者。在这时间稀缺的时代，匮乏的并非信息，而是时间，如果浪费了读者宝贵的时间，那该是多大的罪过呀。这个时代，不缺数据，缺的是处理信息/数据的工具和方法，而本书就是围绕大数据这个主题，结合数据模型和机器学习技术，从海量数据中得出真知灼见，指导生活和工作。

他山之石，可以攻玉。大数据分析的出现，为人类稍许沉闷的生活带来了一些活泼的色调，各行各业的工作人员能够通过挖掘，分析数据，从数据中得到各种关联关系，从而做出适当正确的决策。本书不高谈阔论数据分析的理论基础，却从实际出发，从一个个鲜活的案例研究中脚踏实地地教给读者，如何基于 SAS 和 R 对各类数据进行分析。一本书不可能适合所有的读者，但是每位读者都应该可以从本书中得到自己所需的知识。数据分析的入门人员可以从具体的案例分析中一睹数据分析的真容。而从事数据分析多年的专家则可从这些具体的案例分析中得到一些启发，提高工作能力，改善工作技能。

在这里，我要特别感谢清华大学出版社的领导和编辑，感谢他们对我的信任和理解，把这样一本好书交给我翻译。我也要感谢他们为本书的翻译投入了巨大的热情，可谓呕心沥血。没有他们的耐心和帮助，本书不可能顺利付梓。同时，在翻译过程中，我也得到了加拿大友人 Jack Liu、Connie Wang、Ellen Fu 指点迷津，得以为读者提供更贴切的译文。

译者才疏学浅，见闻浅薄，言辞多有不足错漏之处，还望谅解并不吝指正。读者如有任何意见和建议，请将反馈信息发送到邮箱 cilin2046@gmail.com，译者将不胜感激。本书全部章节由林赐翻译。

2019 年 7 月 8 号
林赐
于渥太华大学

作者简介

Deepti Gupta 于 2010 年完成了运营研究中 Finance & PGPM 的 MBA 学位。她曾在毕马威和 IBM 私人有限公司担任数据科学工作者，目前为数据科学自由职业者。Deepti 在预测性建模和机器学习方面具备丰富的经验，具有使用 SAS 和 R 的专业知识。Deepti 制定了数据科学课程，提供数据科学培训，在企业和学术机构举办研讨会。她撰写了多篇博客和多本白皮书。Deepti 热衷于指导新数据科学工作者。

贡献者简介

Akshat Gupta 博士目前在 MilliporeSigma 担任应用工程和全球制造科学和技术(MSAT)小组的高级应用工程师。他撰写了本书的医疗保健案例分析(第 5 章)。他的研究重点是细胞培养澄清和切向流过滤。Gupta 博士在实验设计(DOE)和统计分析方面拥有丰富的经验。他拥有印度韦洛尔理工大学的化学工程技术学士学位(B.Tech)，以及马萨诸塞大学洛厄尔分校的化学工程理学硕士(MS)和哲学博士(Ph.D.)学位。他还拥有建模与仿真、纳米技术的研究生证书。

技术审校者简介

Preeti Pandhu 拥有印度普纳大学应用(工业)统计学理学硕士学位。她是 SAS 认证的 SAS 9 基础和高级程序员，也是使用 SAS Enterprise Miner 7 的预测建模师。在分析和培训方面，Preeti 拥有超过 18 年的经验。

她的职业生涯始于统计学讲师，在 IDeaS(现为 SAS 公司)开始了在企业界的旅程，在 IDeaS 她管理优化和预测领域的业务分析师团队。在回到分析领域，为解决方案测试团队和研究/咨询团队做出贡献之前，她作为企业培训师加入 SAS，她使用 SAS 长达 9 年。目前，Preeti 正在投入大量精力创建分析培训公司 DataScienceLab(www.datasciencelab.in)。

致　谢

写书是最有趣且最具挑战性的尝试之一。没有家人的鼓励、指导和支持，本书无法顺利完成。我要感谢Akshat Gupta博士、Ved Prakash Garg、Atul Gupta、Anvita Garg博士、Ayush Gupta、RS Miyan、Ansi Miyan、James Chrostowski博士以及同事和朋友具有创造性的讨论和建议。我要特别感谢Celestin John，从技术支持到解决疑难杂症，他提供了很多帮助。我还要感谢编辑和审稿人深思熟虑和富有洞察力的评论。在完成此项目方面，感谢Apress团队，尤其感谢Divya Modi的耐心、支持和指导。

前　言

对于当今的工业而言，有关分析这一主题的讨论振聋发聩，它是解决企业问题的一种需求。分析有助于挖掘结构化和非结构化数据，从数据中提取有效的见解，从而有助于企业做出有效的决策。在分析中，纵观全球各个行业，我们经常使用 SAS 和 R 进行数据挖掘，构建机器学习和预测性模型。本书聚焦于企业问题和实际分析方法，基于 SAS 和 R 分析语言实现预测性模型和机器学习技术来解决这些问题。

本书的主要目的是帮助精通编写代码、有计划过渡到数据科学、对数据和统计有一个基本理解的统计学家、开发人员、工程师和数据分析师。最具挑战性的部分是构建预测性模型和机器学习算法，在工业中部署这些模型和算法以解决企业问题的实践和实用知识。本书有益于读者在不同的工业领域解决企业问题，在六个工业领域中，通过实际接触各种预测性模型和机器学习算法，提高分析技能。

本书内容

本书重点关注基于 SAS Studio 和 R 分析语言实现预测性模型和机器学习技术来解决这些企业问题的实用分析方法。本书包含了六个不同领域的企业案例分析，基于 SAS Studio 和 R 编写所有代码，获得数据，这有益于所有读者在其各自的企业案例中实践和实现这些模型。

在第 1 章中，讨论关于分析的一般概要，分析在各个行业中的作用，以及一些流行的数据科学和分析工具。第 2 章描述分析在银行业中的作用，详细解释了基于 SAS 和 R 预测银行贷款违约的案例分析。第 3 章描述分析在零售行业中如何发挥作用，详细解释了基于 SAS 和 R 的预测案例分析。第 4 章描述分析如何重塑了电信行业，并详细解释了基于 SAS 和 R 预测客户流失的案例分析。第 5 章描述分析在医疗保健行业中的应用，清楚解释了基于 SAS 和 R，预测良性、恶性乳腺肿瘤概率的案例分析。第 6 章描述分析在航空业中的作用，提供了基于 SAS 和 R 航班到达延误(分钟)的案例分析。第 7 章描述在快速消费品行业中分析的应用，详细解释了使用 SAS 和 R，基于客户的购买历史进行客户细分的企业案例分析。

本书的目标读者

- 针对特定工业问题，希望通过使用实用分析方法实现机器学习技术的数据科学工作者。
- 对数据和统计学有很好的理论知识，希望通过实际接触数据建模提高技能的统计学家、工程师和研究人员。
- 了解数据挖掘，希望实现预测模型和机器学习技术的数据分析师。
- 精通编码，希望过渡到数据科学职业的开发人员。

学习内容

- 分析和数据理解的简介。
- 如何通过分析方法解决工业企业问题。
- 构建预测模型和机器学习技术的实践和实用知识。
- 构建分析策略。

目　　录

第 1 章

各行业中的数据分析及其应用

数据分析已成为当今世界各个商业公司中的重要组成部分。事实上，数据分析本身已经演变成一个行业。大量的软件平台可以用于数据抽取、数据清理、数据分析和数据可视化。一些平台专门致力于前面列出的数据分析的某个方面，而其他平台则提供了通用的工具来完成从数据清理到数据可视化的几乎所有任务。在这些平台中，SAS 和 R 是最流行的数据分析平台，在全球拥有大量的客户。

在 1967 年，统计分析系统(Statistical Analysis System，SAS)作为联邦资助的项目开始崭露头角，供北卡罗来纳州立大学的研究生追踪农业数据之用[1]。今天，在全球市场，SAS 成为数据分析软件的领导者，在 148 个国家都拥有客户[2]。在全球财富 500 强排名前 100 的公司中，有 96%的公司都在使用 SAS。R 原本是一门统计计算语言，多年来，都处在显著的领先地位。R Studio 是 R[3]的集成开发环境(Integrated Development Environment，IDE)，为数据分析提供了一个免费的、用户友好的平台。SAS 和 R 都提供了大量的功能，但各自却都拥有一些相对优势，我们将在本书后续章节中对此进行更详细的讨论。

从全球最大的银行到区域性的运输公司，大量的公司使用数据分析解决各种不同类型的问题。这些不同的应用都有一个共同点：使用数据和统计作为决策的依据。

在本章中，我们将会介绍与数据分析相关的某些关键内容。

1.1 数据分析是什么

人们通常将分析(analytics)定义为对数据进行处理分析，并应用统计模型获得可操作的见解的过程[4]。应用数据分析进行决策是系统化的过程，这个过程从理解行业的本质、一般功能、瓶颈和行业特定的挑战开始。这也有助于我们了解关键企业有哪些，行业的规模，并且知道在某些情况下与操作相关的一般词汇和术语。之后，我们要更深入地了解应用或商业案例的特定领域，在这些特定领域中我们需要应用数据分析。对应用程序、相关的变量和不同数据源可靠性知识的全面了解是非常重要的。

数据分析公司非常关注这些方面，并经常雇用大量特定行业的行业专家，有时甚至雇用某些关键应用的行业专家。在某些案例中，数据分析公司也雇用了商业研究顾问来获得见解和认识。在项目的初步阶段，数据分析公司进行了精细的调查，并进行了一系列的访谈，获得了更多关于公司和商业问题的信息[5]。对行业和应用的彻底了解可以极大地节约成本，改进精度、性能以及模型的实用性。

一旦我们对应用或问题陈述有了全面的理解，就可以启动实现过程。为了解决商业问题而实现数据分析的核心方法如图 1-1 所示[6]。

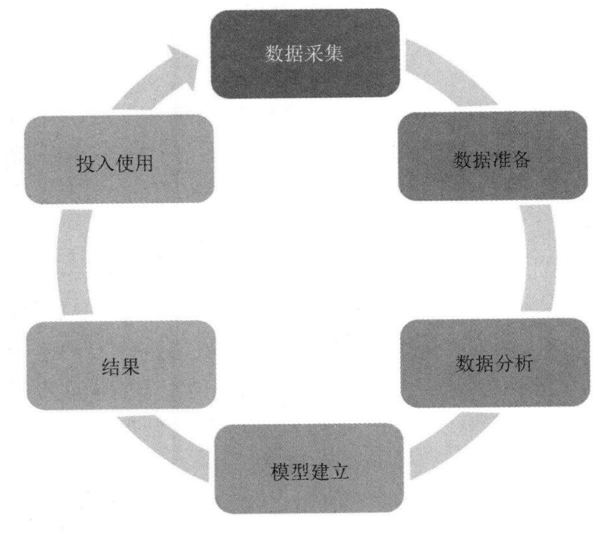

图 1-1　数据分析方法

1.1.1　数据采集

该过程的第一步是数据采集，采集与应用相关的数据。质量、数量、有效性和数据的性质会直接影响到分析的结果。对手头上的数据进行全面的理解是非常关键的。

一些其他变量可能不是直接来自行业或特定应用本身，但如果这些变量被包括进模型，可能会有显著的影响，那么对这些变量有一些认识也是有用的。例如，当开发一个模型来预测航班延误时，天气是一个非常重要的变量，但这个变量需要从不同于数据集中其他数据的源头获得。数据分析公司也拥有某些关键的、可以直接访问的全球数据库，包括天气，财务指标等。近年来，数字社交媒体(如 Twitter 和 Facebook)的数据挖掘也变得非常流行。这种技术还有助于减少对调查和反馈的依赖。图 1-2 显示了各种数据源的维恩图，这些数据可用在给定的应用中。

工业数据
公司特定数据
来自其他源头的数据(天气、社交媒体等)
应用特定数据

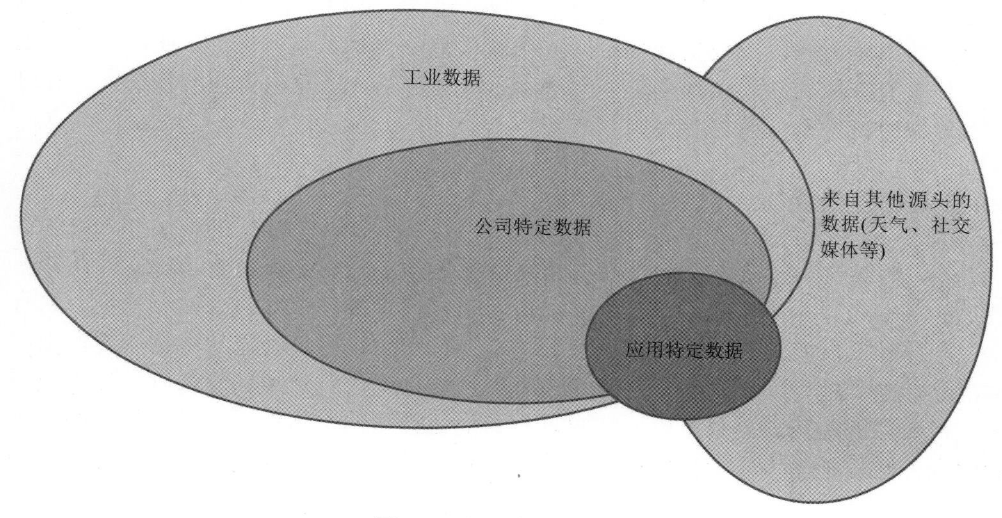

图 1-2　数据源的维恩图

1.1.2　数据准备

下一步是数据准备。通常来说，原始数据的数据格式不能直接用于执行数据分析。简单来说，大多数平台要求数据以矩阵的形式表示，放在不同的列和行中的变量表示不同的观察样本。图 1-3 是显示了一个结构化数据的示例。

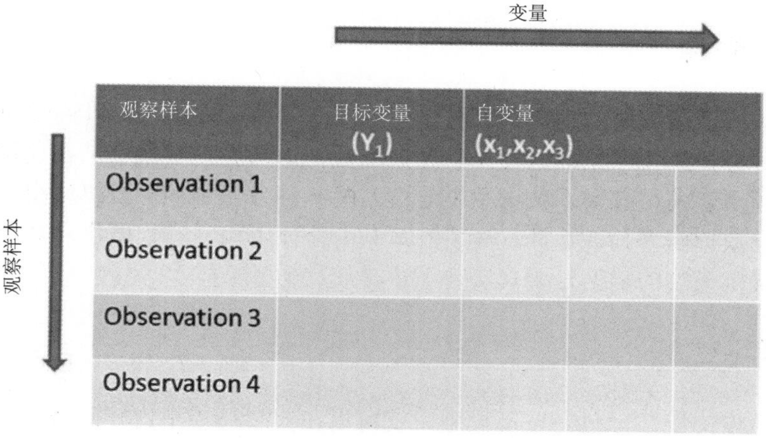

变量
观察样本
观察样本
目标变量 (Y_1)
自变量 (x_1,x_2,x_3)
Observation 1
Observation 2
Observation 3
Observation 4

图 1-3　结构化数据的格式

数据可以以结构化、半结构化和非结构化的形式提供。我们需要做出巨大的努力，将半结构化和非结构化数据转换成可使用的形式，如图 1-3 所示。一旦数据以结构化的形式组合在一起，那么数据准备的下一步骤就是数据清理或清洗。数据清洗包括一些过程，如帮助消除数据的不一致、错误、遗漏，或是消除对于给定数据集，在数据分析阶段或模型建立期间会构成挑战的任何其他问题[8]。在这个阶段的工作与改变变量的格式一样简单，就是运行高级算法，估算出合适的缺失值。在涉及大数据时，这个任务将变得极其复杂。

1.1.3　数据分析

一旦将数据转换成结构化的格式，下一阶段就是进行数据分析。在这个阶段，数据的基本趋势是确定的。这个步骤可以包括：拟合线性或非线性回归模型、执行主成分分析或聚类分析、确定数据是否为正态分布。目标是确定从数据中提取出何种消息，对于给定应用，基本趋势是否有用。这个阶段有利于构建最有用处的模型来获得数据的趋势，并且可以得知数据是否满足模型的基本假设。可以看到的一个示例为，数据是否为正态分布，从而确定是使用参数模型，还是使用非参数模型。

1.1.4　模型建立

一旦确定数据趋势后，下一步就是让数据工作，建立模型，帮助给定的应用，或帮助解决商业问题。有大量的统计模型可供使用，并且新模型每天都在发展。根据复杂度，模型可以显著不同，范围可以从简单的单变量线性回归模型到复杂的机器学习算法。模型的质量不由复杂度控制，而是由其描述数据中真正的趋势和变化的能力、从噪声中筛选信息的能力决定的。

1.1.5　结果

验证从模型得到的结果，确保准确性和模型的鲁棒性。这可以通过两种方式实现：第一种方式是将原始数据集分割为训练数据集和验证数据集。在这种方法中，部分数据用于建模，其余的数据用于验证。另一种方法是，一旦模型得到了部署，使用实时的数据作为验证数据。在某些案例中会使用相同的数据建立多个不同类型的模型，确定模型的输出是否真实，而不是统计假象。

1.1.6　投入使用

对于给定应用，一旦开发了模型，就可以在实时环境中进行部署，如图 1-1 所示，整个过程在本质上有所迭代。很多时候，这些模型必须予以纠正，添加新变量或移除一些变量，提升模型的性能。此外，需要使用新数据不断地重新校正模型，以保持它们能够与时俱进，顺利运行。

1.2 分析的类型

广义来说，分析可以分为三个类别：描述性分析、预测性分析和说明性分析[9]。图 1-4 所示的是这三种类型的分析及其描述。

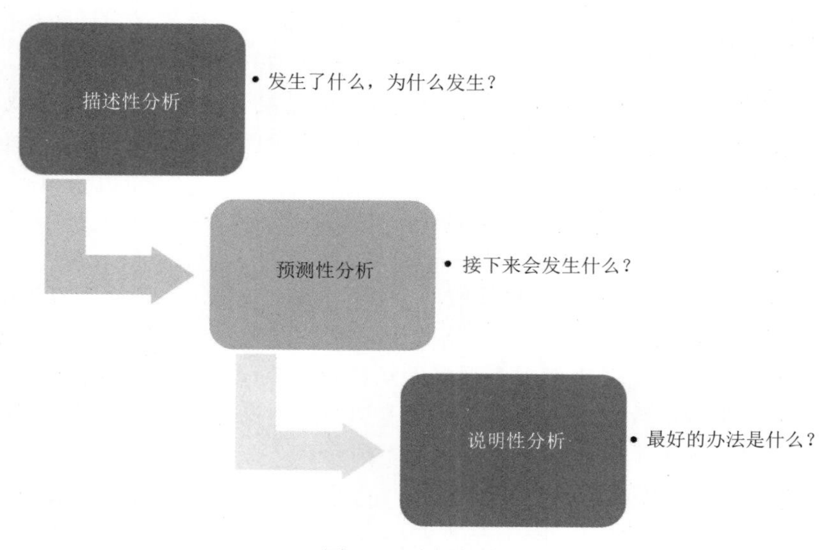

图 1-4 分析的类型

不同类型的信息可以通过应用不同的类别分析来获得。这将在下一节中进行解释。

- 描述性分析：大多数组织使用描述性分析来了解本公司的表现。例如，零售企业的管理可以使用描述性分析，了解过去几年中销售的趋势，或推断出运营成本、产品或服务表现的趋势。
- 预测性分析：在预测性分析的情况下，可以使用历史趋势与其他变量的结合，观察在未来公司会发生什么。例如，在同一家零售公司中管理层可以使用往年的销售趋势预测来年的销售。
- 说明性分析：在说明性分析中，目标是找出可以影响趋势的因子或变量。一旦确定了责任变量，就可以做出策略，给出建议，改进结果。例如，在同一家零售公司中管理层可以确定，运营成本非常高是因为在某些商店中存在商品的大量积压。基于这种认识，对于给定地点，可以给出推荐建议，提出改进的库存管理。

1.3　了解数据及其类型

数据是变量、事实和图形的集合，作为原料创造信息并生成见解。我们需要操作、处理以及排列数据，得到有用的见解。数据可以分成两大形态：定性数据和定量数据[10]。

(1) 定性数据：我们认为使用文字表达以及使用如文本、图片等说明方式表达的数据为定性数据。定性数据采集采用非结构化和半结构化技术。有各种常见的方法来收集定性数据，如进行访谈、日记研究、开放式问卷调查等。定性数据的例子有性别、人口统计详细信息、颜色等，有三种主要类型的定性数据如下所示。

- 标称数据：标称数据有两个或多个类别，但是没有内在的类别等级或顺序。例如，性别和婚姻状况(单身，已婚)是具有两个类别的分类变量，没有内在的类别等级或顺序。
- 有序数据：在有序数据中，类别中分配了各个项，有内在的类别等级或顺序。例如，年龄组：婴儿、青少年、成人和老年人。
- 二进制数据：二进制数据只能取两个可能的值。例如，是/否，真/假。

(2) 定量数据：我们认为使用数字格式表示的数据为定量数据。此类数据用于执行定量分析。定量数据采集使用多得多的结构化技术(即将数据结构化)。有各种常见的方法来采集定量数据，包括调查、网上调查，电话访谈等。定量数据的例子为身高、体重、温度等，有两种定量数据如下所示。

- 离散数据：离散数据基于计数，它只能采用有限数目的值。一般说来，它涉及的是整数。例如，由于在数据科学课上，学生作为一个整体计数，不能继续细分，因此学生的数目是离散数据。我们不可能有 8.3 个学生。
- 连续数据：我们可以测量连续的数据，采用任何数字值，并且连续数据可以有意义地被细分为更精细的层次。例如，可以在更精确的尺度上，测量数据科学学生的体重——千克、克、毫克等。

虽然这是关于数据的话题，却是一个对“大数据”进行基本了解的较好机会。大数据不仅仅是一个时髦词，它正快速成为数据分析的一个重要方面。

在以下章节中，将更详细地讨论这个问题。

1.4　什么是大数据分析

术语“大数据”定义的是海量的结构化和非结构化数据，这些数据的数据量如此之大，以至使用传统的数据库和软件无法进行处理。因此，许多收集、处理和执行大数据分析的组织转向专业的大数据工具，如 NoSQL 数据库、Hadoop、Kafka、MapReduce、Spark 等。大数据是一大群数字和单词。大数据分析是从那些大的数据存储中找到隐藏模式、趋势、相关性和其他有效见解的过程。大数据分析帮助组织充分利用数据，找到新的机会，更快更好地做出决策，提高安全性，以及战胜对手的竞争优势(如更高的利润和更好的客户服务)。大数据的特征通常使用 5V 来描述，即速度、容量、数值、种类和准确性[11]。图 1-5 描述了与大数据相关的 5V。

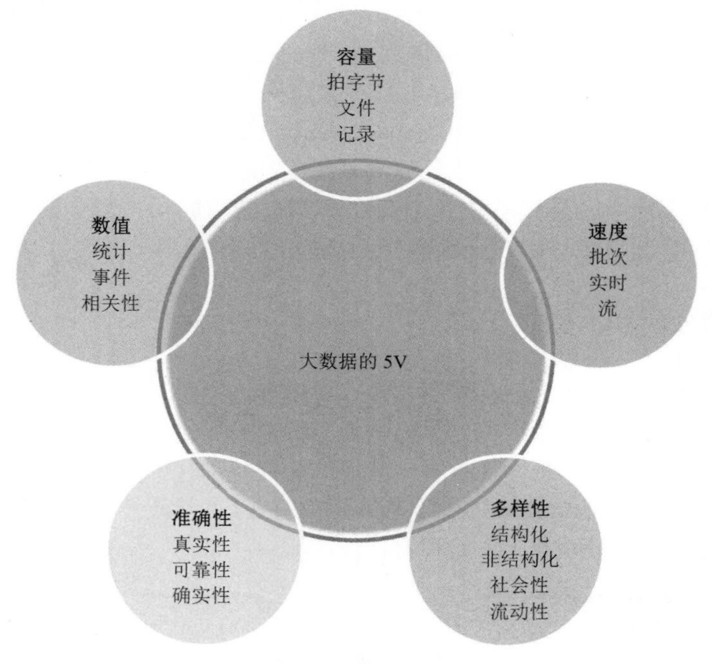

图 1-5　大数据的 5V

大数据分析应用可以协助数据挖掘者、数据科学家、统计建模者和其他专业人士来分析不断增长的结构化和大多数非结构化数据，如来自社交媒体、电子邮件、Web 服务器、传感器等的数据。

大数据分析可以帮助企业理解非传统变量或信息来源，这有助于企业做出更快、更明智的商业决策。

1.4.1　大数据分析的挑战

大多数组织使用大数据分析，体会到了切实的好处，但也遇到了一些不同的障碍，使得组织难以获得大数据分析所承诺带来的好处[12]。下面列出了一些关键的挑战。

- 缺乏内部技能：在实现大数据举措中，组织面临的最重要的挑战是缺乏内部技能，并且雇用数据科学家和数据挖掘者来填补空白，需要高成本。
- 不断增长的数据：大数据分析的另一个重要挑战是数据以惊人的速度增长。这对管理数据的质量、安全性和治理造成了问题。

- 非结构化数据：由于大部分组织都试图利用新兴出现的数据源，因此带来了更多非结构化和半结构化的数据。这些新的非结构化和半结构化数据源大部分是来自社交媒体平台，如 Twitter、Facebook、Web 服务器日志、物联网(Internet of Things，IoT)、移动应用程序、调查等的流数据。这些数据为图像、电子邮件、音频和视频文件等形式。没有先进的大数据分析工具，就不容易分析此类的非结构化数据。
- 数据筒仓(Silo)：在组织中，有几种类型的应用用于创建数据，如客户关系管理(Customer Relationship Management，CRM)、供应链管理(Supply Chain Management，SCM)、企业资源规划(Enterprise Resource Planning，ERP)等。对于组织而言，将所有这些来源广泛的数据集成在一起不是一件容易的任务，这是大数据分析所面临的最大挑战之一。

1.4.2　数据分析和大数据工具

数据科学和分析工具在不断发展，大致可以分为两类：一类是在编程方面具有高水平专业知识以及在统计学和计算机科学有深厚知识的那些专家使用的工具，如 R、SAS、SPSS 等；另一类是普通用户使用的能够自动化一般分析，用于日常报告的工具，如 Rapid Miner、DataRPM、Weka 等。图 1-6 显示了当前流行的，用于不同数据分析应用程序的语言、工具和软件。

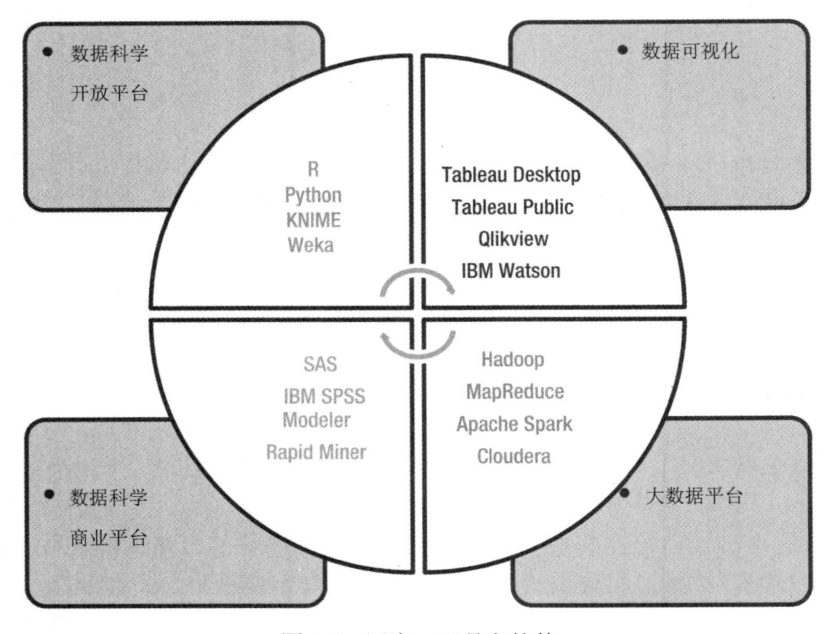

图 1-6　语言、工具和软件

在下一节中将讨论一长串的工具、一些流行的数据科学分析工具。

(1) R：统计学家和数据科学工作者使用的最流行的编程语言

R 是一个开源工具，统计学家和数据科学工作者广泛地使用它来执行统计分析和建模[13]。R 拥有数千个可用的包，使得统计学家和数据科学工作者可以轻松处理从文本分析、语音识别、面部识别和基因科学的任务。在所有行业中，对 R 的需求急剧增长，由于 R 具有很强大的包生态系统，因此变得日益流行。在许多行业中，使用 R 来处理大数据问题，构建统计和预测性模型，从数据中得到有效的见解和隐藏的模式。

(2) SAS(统计分析系统)数据科学和预测性分析软件套件

SAS 是非常流行的用于处理大型非结构化数据集的软件套件，可用于事先分析、多因素分析、数据挖掘和预测分析等。SAS 软件套件拥有超过 200 个组件，如 BASE SAS、SAS/STAT、SAS/ETS、SAS/GRAPH 等。BASE SAS 软件、SAS Enterprise Guide 和 SAS Enterprise Miner 是已许可、所有行业可以将其用于商业目的的工具。SAS University Edition 是免费的 SAS 软件，用于非商业用途，如教学和在 SAS 环境中学习统计和建模。它包括 SAS 组件、BASE SAS、SAS/STAT、SAS/IML、SAS/ACCESS 和 SAS Studio。

虽然 SAS 价格昂贵，却是行业中非常流行的工具。它具有有效快速的支持系统，客户数量超过了 65 000 个。

(3) IBM SPSS Statistics 和 SPSS Modeler：数据挖掘和文本分析软件

SPSS Modeler 和 SPSS Statistics 在 2009 年由 IBM 收购，被认为是数据挖掘、统计和文本分析软件。它用于加载、清理、准备数据，然后构建预测模型，执行其他的分析和统计任务。它具有可视化界面，因此不具有良好编程知识的用户也可以很容易地构建预测模型和统计分析[14]。在许多行业中，它广泛地应用于欺诈检测、风险管理、预测等。IBM SPSS 建模器(17 版) 捆绑在两个单独的软件包中。

- SPSS Modeler Professional：用于结构化数据，如数据库、平面文件等。
- SPSS Modeler Premium：这是一个高性能的分析工具，有助于从数据中获得有效见解。它包括 SPSS Modeler Professional 中的所有功能，此外，还用于执行文本分析[15]、实体分析[16]和社交网络分析。

(4) Python：高级编程语言软件

Python 是一种面向对象的高级编程语言[17]。Python 容易学习，它的语法设计直接明了，具有可读性。Python 用于数据科学和机器学习，数据科学和机器学习的健壮库使用的是 Python 的接口，这使得 Python 在进行数据分析算法和机器学习算法中更流行[18]。

例如，用于统计建模的库(SciPy 和 Numpy)、用于数据挖掘的库(Orange 和 Pattern)，以及用于监督和无监督机器学习的库(Scikit-learn)[19]。

(5) Rapid Miner：GUI 驱动型数据科学软件

Rapid Miner 是开源的数据挖掘软件。它于 2006 年发布，最初被称为 Rapid-I。在 2013 年，将名称由 Rapid-I 改为 Rapid Miner。Rapid Minder 的较旧版本是开源的，但最近的版本需要获得许可。

Rapid Miner 在许多行业中得到广泛应用，在可视化数据、预测建模、模型评估和部署方面进行数据准备[20]。Rapid Miner 具有一个用户友好的图形界面和一个块图方法。预定义块作为即插即用系统。准确地将块进行连接有助于构建各种机器学习算法和统计模型，而不需要编写任何代码。R 和 Python 也可用于编程 Rapid Miner。

1.4.3　在各种行业中数据分析的作用

数字化时代之初就已经得到了大量可访问、可分析和可用的数据。这一点与高度竞争的格局结合，驱动了行业采用数据分析。从银行业、通信业到健康保健和教育这些行业中，每个人都应用了各种不同的预测分析算法，以从数据中获得关键信息，生成有效见解，推动商业决策。

在每个行业中都有大量的应用在应用数据分析。一些应用在许多行业中非常常见，包括：以客户为中心的应用，如分析影响客户流失、参与度和客户满意度的因素。另一个大数据分析应用用于预测财务结果，包括销售、收入、经营成本和利润的预测。此外，在不同行业中，数据分析也广泛地应用于风险管理和欺诈检测，以及价格优化。

也有大量的行业特定的数据分析应用。下面列出几条：在航空业航班延误预测、在医疗保健业癌症缓解期的预测、在农业方面预测小麦产量。

以下是一些受益于预测性分析和大数据分析所得到见解的一些行业的概述。

(1) 保险业

保险业一直依赖于统计来确定保险费率。基于风险的模型形成了计算的基础，用来计算保费。

此处是具体的汽车保险案例。在美国，在这些基于风险的模型中，一些变量是合理的，但是其他变量有待商榷。例如，性别是确定保险率的变量。在同等资格的情况下，一位普通的美国男性司机要比女性司机支付更多费用。如今，人们视这些因素具有歧视性，要求更公平的方法，使用具有更高权重的变量，控制实际的司机。欧洲法院通过了裁决，指出性别不能作为确定保险费的基础[21]。当前的趋势要求考虑个人统计数据而不是广义的人口统计数据的基于风险的模型。这看起来很公平，却明显地要求处理更多的日常数据，使用新模型代替传统模型。

大数据工具和先进的数据分析可能为未来更加公平的保险业铺平道路。在保险业中，预测分析也得到了广泛的应用，可用于进行欺诈检测、理赔分析以及依从性和风险管理。

(2) 旅行和旅游业

旅行和旅游业也使用大数据分析，增强客户体验，提供个性化建议。这些公司使用人口统计数据、用户在某些旅游相关的网页所花的平均时间、个人历史旅游喜好等。

为了提供更好的个性化服务，数据分析也有助于旅游业界预测，预测人们何时旅游、旅行地点、旅行目的等，可用于协助物流和规划，以便以合适的价格提供最佳的客户体验。旅游业也使用预测分析来提供个性化优惠，保证乘客的安全，进行欺诈检测和预测行程延误。

(3) 金融业

在过去几年中，在金融业我们已经看到了急剧或独特的变化。在金融业中的成功都是关于在正确的时间得到正确的信息。使用大数据和预测性分析算法有助于行业从不同数据源收集数据，从交易决策获得支持，预测违约率和风险管理。

(4) 健康产业

健康产业每天都在生成大量的数据。在医院、药房、诊断中心、诊所、研究中心等场所都生成了数据。医疗保健行业的数据具有不同的数据类型，包括数字、图像、X 射线、心电图，甚至是情绪分析。在医疗保健业中，数据分析可用于各种应用，包括疾病的预防和诊断、确定流行病的传播风险、确定新疗法的有效性、给定群体的全身健康趋势等。在医疗保健行业中，数据分析也可以用于非传统应用，如追踪欺诈、追踪假药、优化患者的运输物流。

(5) 电信业

电信业已经获得了大量的客户使用情况和网络的数据。通过应用数据分析，电信公司可以更容易并且以更好的方式了解用户的需求和行为，并相应地提供个性化的优惠和服务。通过提供定制或个性化的优惠，转化率也相应提高。在很大程度上，电信业严重依赖于为各种应用进行提前分析，包括网络优化、欺诈识别、价格优化、预测客户流失率、增强客户体验。

(6) 零售业

零售业是消费者数据驱动的行业，每天都生成大量的消费者交易数据。数据分析不仅有助于零售商了解客户行为和它们的购物模式，也有助于零售商了解消费者在未来会购买什么。在常规的零售商店以及在电子商务公司中，广泛使用了预测性分析来分析历史数据，构建客户参与、供应链优化、价格优化、空间优化和分类规划的模型。

(7) 农业

在过去几年，农业发生了许多变化，数据分析的应用重新定义了这个行业。从农业数据中得到的见解有助于农民对他们的预期成本、每年的亏损、预期的收益有一个更广阔的视野。这在多方面都有助于农业，从预测农药量到预测农作物价格、气候条件、土壤、空气质量、农作物产量来减少浪费，并且保证牲畜的健康达到提高农民的盈利能力的目的。

(8) 能源行业

能源公司可以预测在特定的季节或在一天中的某个时间对能源的需求，然后使用这个数据在不同电网之间实现能源的供需平衡。能源行业必须有效地在供需流量之间找到合适的平衡点，因为供应过多的能源会造成较低的利润，而供应过少的能源会使客户不愉快，去找寻其他供应商，导致客户流失。在能源行业，与用电、停电、变压器和发电机相关的数据有助于自动预测、电网设备的优化以及确定能源使用的趋势。

1.4.4 谁是分析竞争者

今天，所有的行业都在竞争，这些行业基于其分析能力，获得成功。每个组织都广泛而有条不紊地使用分析，深入思考，严格执行，获得竞争力。分析竞争者在行业中进行分析，做出最明智的商业决策，以获得独特的能力，使其比行业中的其他竞争者做得更好。

例如，亚马逊的独特能力是“客户忠诚度和更好的服务。”图 1-7 显示了在每一个行业中的分析竞争者。

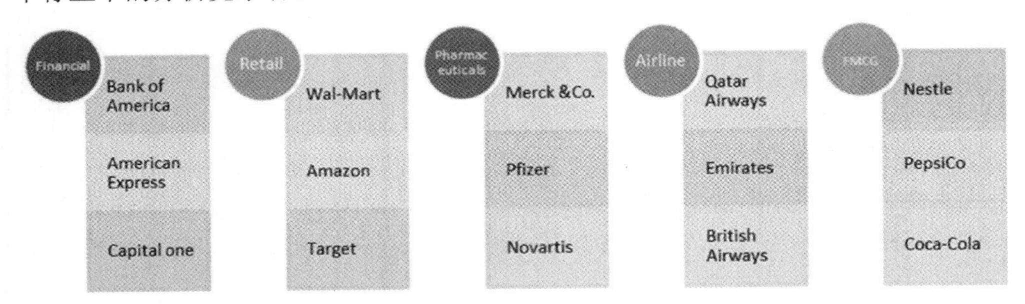

图 1-7 在每个行业中的分析竞争者

1.5 不同行业中的关键模型及其应用

在给定情况下，数据分析应用仅仅受限于三个方面：手头上的数据、不同模型的知识和数据科学家的创造力。本书讨论了六种模型，用于解决给定行业给定商业问题。这些模型可以用于解决不同行业的各种商业问题。表 1-1 显示了本书所讨论的在六大行业中的六种模型。

表 1-1 不同行业中的六种模型

行业	算法与模型					
	逻辑回归模型	时间序列模型	决策树	随机森林	多元线性回归模型	RFM，k 均值聚类
银行业	预测贷款违约	预测银行存储率	贷款信用度应用	信用卡欺诈检测	预测银行业绩	检测电子银行钓鱼网站
零售业	基于信用风险的公司业绩	销售预测	预测业务失败	预测忠诚客户在行为上部分叛变	预测超市的能源消耗	将零售物品组成组分类为快消和慢消类别
电信业	客户流失	预测电信收入	客户流失	预测欺诈交易	情商在雇员客户服务方面业绩的作用	挖掘电信客户的获利能力
卫生保健业	预测患者成为高消耗卫生保健用户的风险	预测患者达到率进行最佳的员工调度	预测乳腺癌的生存概率	预测恶性(良性)肿瘤的概率	预测停留在医院的时间长度	细分患者，对患者价值进行评估
航空业	机场满意度	预测航班需求	预测乘客的未出现率	诊断航空湍流	航班抵达晚点	基于旅游行为进行细分乘客
快速消费品业	客户选择 客户流失	预测保质期短的产品的库存和销售	预测客户流失	空间分配分析	分析广告开销在公司成长方面的影响	客户细分

1.6 小结

在本章中，我们讨论了数据、分析、分析类型以及用于数据挖掘和模型建立的不同分析工具。也讨论了分析的关键应用，这些分析的关键应用重新定义了不同的行业。在接下来的章节中，将详细讨论 6 种重要行业和数据分析的角色。每章都提供了对行业的简要概述，并在对应的节中列出了关键的公司活动，以及在给定的行业中分析的具体应用。在每一章中都提出了案例分析，解决与行业相关的实际商业问题。每个独特的模型用来解决给定的问题。我们对每个模型的统计背景、基本假设和关键特征都进行了详细的解释。本书提供了使用 R 和 SAS 所编写的执行模型的代码，对不同的输出图和其他的结果可视化技术，以及简单的结果分析方法都进行了讨论。

第 2 章

银行业案例分析

银行业是现代业务的基本支柱之一。由于银行这个行业剪羊毛的本质，总是能够访问大量可靠消费者的数据。此外，在银行业中，还有其他两个因素扮演了重要的角色，使这个行业成为实现数据分析的先行者。

第一个因素是，金融业很快就体会到了计算机的意义，并成为计算机技术的早期采用者。在 1950 年，美国银行率先采用计算机记账和校验处理[1]。斯坦福研究院(Stanford Research Institute，SRI)开发研制出计算机、电子记录器/会计(Electronics Recording Machine, Accounting，ERMA)机器的原型，并由通用电气计算机部门制造这些设备[2]。ERMA 的开发不仅仅革命性地改变了记账和校验处理，还给银行账户数据处理带来了关键改变。例如，在此程序下，第一次概念化了银行账户编号作为唯一标识符这个概念，至今，这个概念还被用于处理财务数据。截至 1993 年 10 月，按照美国人口普查局的数据，私营金融部门的工人在工作中使用计算机的比例最高。

第二个因素是，由于要进行报告，因此要求银行要有监管环境，能够一直访问数据。在 20 世纪 80 年代初，银行监管和报告发生了重要的变化，这为国际银行系统提供了更多所需的稳定性。在 1988 年，由十国集团(G10)的中央银行代表组成的银行监管的巴塞尔委员会公布了 “巴塞尔协议”或“巴塞尔 I”。巴塞尔 I 提供了指引，能够准确量化银行易受的各种金融风险，要求银行手头上一直要有足够的资金来平衡这些风险[3]。巴塞尔 II[4]和巴塞尔 III[5]的改革遵循了巴塞尔 I，对银行部门的稳定性更有影响。就数据而言，这意味着，金融机构和银行必须获得资产负债表的信息，并且资产负债表实体外的信息必须可用，并且基于报告的目的，要使用易于访问和分析的格式。这些因素以数字的格式提供了相关可靠的结构化数据，因此提供了实现数据分析所需的基础。

在本章中演示了为银行业预测银行贷款违约的案例。本案例使用了 R 和 SAS Studio。本章的其余部分组织如下。在下一节中，讨论了重定义银行业的关键分析应用。接下来的小节详细讨论了逻辑回归模型、方程、假设和模型拟合。此后的小节提供了基于 R 进行数据探索的主要步骤和任务。在接下来的小节中，基于 R 执行了逻辑回归模型，并且展示了模型输出的每个部分。接下来的小节基于 SAS Studio，讨论了数据探索、模型构建并解释了每个部分。在最后一个小节中对本章进行了小结。

2.1 在银行部门中分析的应用

今天在银行业中，数据分析几乎成为主流，我们可以在一些事实中得到证据，例如，从前 100 家银行中，90%的银行使用 SAS6 以及所有的主要专业服务网络，包括麦肯锡咨询公司、波士顿咨询集团(BCG)、德勤、普华永道(PWC)、安永(E&Y)、Klynveld 泥炭国际会计公司(KPMG)等众多公司为银行业提供金融分析服务。基于由 SAS 银行业客户[7]所提供的应用总结所构建的词云如图 2-1 所示。

图 2-1 银行部门中的数据分析应用

在重定义银行业时，就整体意义上而言，从减轻风险、欺诈检测、争取和留住客户、预测到交叉销售和向上销售的增加，Analytics(分析)扮演了主要角色。本节中提供了其中一些关键应用的概述。

2.1.1 通过交叉销售和向上销售增加利润

交叉销售和向上销售是在不同的具有不同投资组合的行业中所应用的销售策

略。当今，银行业是具有不同金融产品(offering)，如支票和储蓄账户、信用卡和借记卡、短期贷款和长期贷款，以及抵押贷款的完美示例。交叉销售可以定义为一种销售策略，影响现有客户和新客户除了购买最初产品和服务之外，也购买配套的产品或服务；而向上销售是另一种销售策略，影响现有客户购买更高价值的产品或相同产品线的服务[8]。

在预测性分析的帮助下，现代银行业能够收集和整合来自不同部门的数据，例如商业贷款、个人贷款、定期存款等内部数据。分析团队分析这些数据，建立模型，推导出见解。收集社交媒体(如 Twitter)的客户数据，通过应用情感分析模型或文本分析来分析客户的情感，这种创造性的方法也获得了大量的人气。

情感分析有助于银行预测客户有兴趣购买的下一个产品系列[9]。只有当银行了解客户的需要时，如客户对产品或服务是否感到满意，何种类型的投资带给他们高收入，客户是否在寻找任何定制或个性化的产品或服务等，交叉销售和向上销售才可能高效。银行有各种渠道，通过电话银行、网络、电子邮件、短信等与客户互动，对其产品和服务进行交叉销售和向上销售。稳固的客户关系和客户忠诚度，为驱动高效的交叉销售和向上销售带来了额外的优势[10]。

2.1.2 最大限度地减少客户流失

客户流失或消耗定义为客户不使用你的服务，或失去了客户。在任何行业，流失阻碍了成长，这是行业失败的标志[11]。高流失率意味着，由于种种原因，客户对产品和服务不满意。

根据客户的习惯、需求、投资等，银行业分析帮助分析客户过去的购买行为，并相应地定制客户的产品来满足客户的需要，让客户开心和满意。银行使用广泛的预测性分析和机器学习技术，如回归[12]、决策树和支持向量机(SVM)[13]来确定客户流失的概率，确定客户流失的责任因素。我们开发了针对性的策略来解决流失的责任因素，同时为那些具有最高风险流失的客户提供促销优惠以及广告，让他们开心满意。针对性的方法可以有助于显著降低与客户流失相关的开销，并有助于银行确定和解决系统问题。

2.1.3 增加获取客户的能力

创造或获取新客户是每个行业成长的重中之重。预测性分析和机器学习算法有助于银行通过使用有吸引力的产品，通过大量的宣传和有效的广告活动来吸引新客户，让客户意识到其产品和服务。

获取新客户的成本总是比留住老客户高。银行对复杂的数据进行部署分析，这样它们就可以分析数据，获得更好的见解。KYC(了解客户)有助于银行以更好的方式了解其客户的背景，如客户有兴趣使用何种类型的产品和服务？这有助于银行相应地为客户定制产品和服务，追踪管理他们的投资组合，让客户感到开心和满意，如此一来，满意的客户就倾向于购买更多的产品，坚持更长的时间，传播其产品和服务的良好口碑。在制造了新客户后，改进客户体验对留住客户非常重要。为了在竞争激烈的世界中生存，银行应该通过应用分析和营销策略，高度重视改善客户体验。

2.1.4 预测银行贷款违约

贷款是银行最大的收入来源。净利息收入源(如贷款)的盈利能力依赖于两个方面：利率和低违约率。

2007 年，抵押贷款危机给金融市场带来了极大的冲击。这次次贷危机[14]背后的主要原因是，基于房价会上升这个假设，以较低的利率借出大量房贷。放款人习惯使用最少的文件验证，甚至在借款人缺乏最小凭据的情况下批准贷款。由于这些做法，住房市场变得极不稳定，导致了数量巨大的贷款违约和丧失抵押品赎回权。许多美国投资银行破产了，其中最著名的例子是雷曼兄弟。

为了防止这样的金融浩劫的再次发生，新的银行监管必须落实到位，银行实行了严格的措施，最小化贷款违约率。[15]这些方法包括，更严格的借款人信息和文件的验证，以及开发工具集，使用历史数据，以统计的方式确定可能出现的违约。这些工具主要包括分析和机器学习技术，如使用逻辑回归和决策树来量化贷款申请人的违约倾向。

2.1.5 预测欺诈活动

银行欺诈定义为使用非法方式或放纵非法活动，从银行或其他金融机构获得金钱、资金、信贷或资产的行为。

最常见的欺诈威胁是网络钓鱼、信用卡/借记卡诈骗、支票诈骗、会计欺诈、身份盗用和洗钱[16]。图 2-2 显示了银行部门中不同类型欺诈行为的图表。

- 网络钓鱼：在网络钓鱼中，客户会收到垃圾邮件。通过这些电子邮件，这些钓鱼网站通过要求用户更新其登录名和密码信息、信用卡信息等方式，试图访问客户的账户信息。通过创建与银行看似一样的网站，使得这些垃圾邮件看似来自银行，从而诱骗用户。一旦收到任何这种类型的邮件，客户应该忽略它们，必要时，向相应的银行报告此类垃圾邮件。
- 信用卡/借记卡诈骗：当个人信用卡被另一个人或第三方盗用，购买商品和服务，这就发生了信用卡/借记卡诈骗。

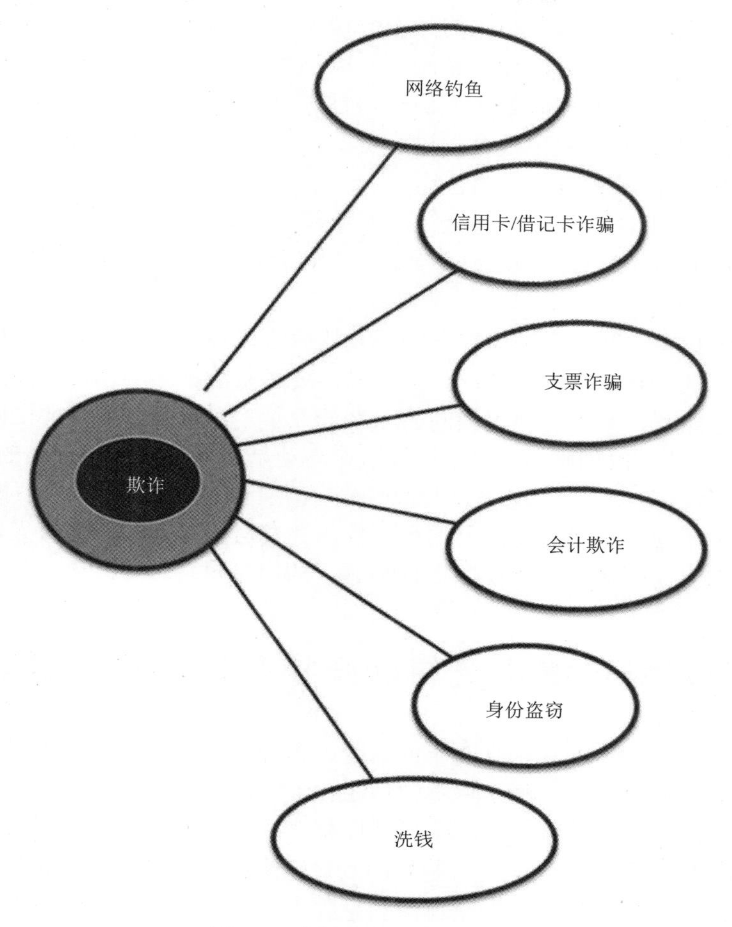

图 2-2　在银行部门中的欺诈

- 支票诈骗：未得到授权人的许可，修改和复制支票，例如，将 100 美元的支票修改为 1000 美元，这就发生了支票诈骗。在其他情况下，一些人利用支票兑现动作的滞后，即使用支票作为支付方式，却没有可用的资金支持兑现。
- 会计欺诈：为了财政收益，故意伪造财务记录和估价，这就构成了会计欺诈。伪造记录可能包括的行为，如虚报资产、虚报营业收入和利润，和(或)低估负债与费用。金融诈骗的主要动机是为了吸引投资者，或寻求银行和其他金融机构的金融服务和支持。对于检测会计欺诈，各种数据挖掘、预测性分析和机器学习技术日益普及，包括离群值识别、神经网络、决策树和回归模型[17]。

- 身份盗窃：与金融业相关的身份盗窃定义为“为了获得财务收益，非法获得个人资料和财务信息的做法”。欺骗者可以使用所有这些个人资料来获取财务利益或其他好处，如访问银行账户、贷款、信用卡等，这样欺骗者就可以很容易地取出现金，进行贷款，然后消失不见，这就导致了巨大的经济损失，受害者将会叫苦连天。
- 洗钱：当非法收到大量的金钱，而隐藏或隐瞒了金钱的真正来源(如来自恐怖活动，走私毒品等)，使得金钱看起来是从合法的来源收到，这就发生了洗钱[18]。

在洗钱过程中，在一个国家存入脏钱，然后将钱转到其他国家，这样就可以安全地使用这笔钱。有许多洗钱的动作，例如，突然激活不活动的银行账户，并将巨额现金存入该账户，某个人使用相同的名字开设了多个账户，进行非法的银行交易等。此处，有一些实时的案例，其中银行欺诈活动是造成巨大经济损失的主要原因。例如，1873 年的英国央行伪造案[19]、摩尔多瓦银行欺诈丑闻[20]、俄罗斯洗钱案[21]等。分析有助于银行预测欺诈交易的可能性，并发送预警信号，这样人们就可以立即有效地采取预防措施，帮助挽回银行和客户的巨额财务损失。

2.2 案例分析：使用逻辑回归模型预测银行贷款违约

在现代银行业中，商业银行有不同的收入来源，可分为非利息来源和净利息来源。非利息来源包括，存款账户服务(如 ATM，网上支付，安全存款)和现金管理服务(如工资单处理)。在另一方面，净利息收益基本上由不同类型的贷款产品构成，其中银行通过以高于其存款所支付利息的利息率来放贷赚钱。尽管非利息收入在上升，银行所挣的钱中有超过一半来自净利息收入[22]。银行的成功在很大程度上依赖于，它可以给出多少贷款，同时保持低违约率，其中违约指的是借款人无力及时偿还贷款。在此案例分析中，演示了应用逻辑回归模型预测哪个客户具有更高的倾向性在银行贷款上违约。

我们将逻辑回归或评定模型定义为一种回归模型，在这个模型中因变量或目标变量是二元或二分的，如只具有两个值，违约/不违约、欺诈/不欺诈、生/死等；自变量或解释变量可以是二元的、连续的、定序的等。

当因变量或目标变量只有两个值，那么我们认为其是二项式逻辑回归[23]。在其他案例中，当目标变量具有多于两个的值或结果类别时，那么应用多项式回归；如果多个结果类别是有序的，那么我们认为其为有序逻辑模型，例如，目标变量具有多个有序的类别，如优、良和平均。

我们使用逻辑回归模型或评定模型来建模数据，描述目标变量(因二元变量)和自变量(解释变量)之间的关系。在不同领域，如医疗科学、生命科学、精算学等，我们使用逻辑回归模型。例如，需要预测患者是否会重新进医院？客户是否会违约银行贷款？客户是否会流失？在所有这些案例中，目标变量是二元或二分的，仅有两个值(是或否)。当因变量是二元的时候，我们应用逻辑回归模型，使用过去和历史数据预测未来事件。

2.2.1 逻辑回归方程

在逻辑回归中，可以预测二元结果的概率。因此在逻辑回归公式中，当概率 $y=1$ 时，使用 P 表示；当概率 $y=0$ 时，使用 $1-P$ 表示。

$$\ln\left(\frac{P}{1-P}\right)=\beta_0+\beta_1 x_1+\beta_2 x_2,\ \cdots,\ \beta_n x_n \tag{1}$$

其中，$\ln\left(\frac{P}{1-P}\right)$=逻辑函数，$x_1,x_2,\cdots,x_n$=自变量，$\beta_0$=逻辑回归模型截距，

$\beta_1,\beta_2,\cdots,\beta_n=N$ 个自变量的逻辑回归系数。

2.2.2 概率

在逻辑回归中，我们将比值比(odd ratio)定义为事件(1 或是)发生的概率比无事件(0 或非)发生的概率。例如，有个样本有 60 名失业借款人，50 名在银行贷款上违约，10 名未在银行贷款上违约；而在另一个具有 60 名就业借款人中，40 名在银行贷款上违约，20 名未在银行贷款上违约。

状态	违约	未违约	总借贷人
无业借贷人	50	10	60
就业借贷人	40	20	60

无业借贷人银行贷款违约的概率计算如下。

$$P=50/60\approx 0.8(\text{保留小数点后一位})$$

$$q=1-P=1-0.8=0.2$$

对于无业借贷人，银行贷款违约的概率是 0.8，无银行贷款违约的概率为 0.2。

就业借贷人银行贷款违约的概率计算如下。

$$P=40/60\approx 0.6(\text{保留小数点后一位})$$

$$q=1-P=1-0.6=0.4$$

对于就业借贷人，银行贷款违约的概率是 0.6，无银行贷款违约的概率为 0.4。

现在，下一步，我们使用这些概率来计算无业和就业借贷人银行贷款违约的比值比。

Odds (无业) = 0.8/0.2 = 4

Odds (就业) = 0.6/0.4 = 1.5

比值比：比值比就是两个概率的比。在这个例子中，比值比是将无业借贷人的比值除以就业借贷人的比值计算得到。

OR=4/1.5≈2.66(保留小数点后两位)

2.2.3　逻辑回归曲线

逻辑回归曲线是 S 形曲线，如图 2-3 所示。在 S 形曲线中，一开始，曲线缓慢地线性增长，接下来是呈指数级增长，然后再次缓慢增长，直至稳定。当因变量(y)为二元时(0,1 或是，否)，自变量(x)为数值时，逻辑回归模型拟合曲线显示了因变量(y)与自变量(x)之间的关系。

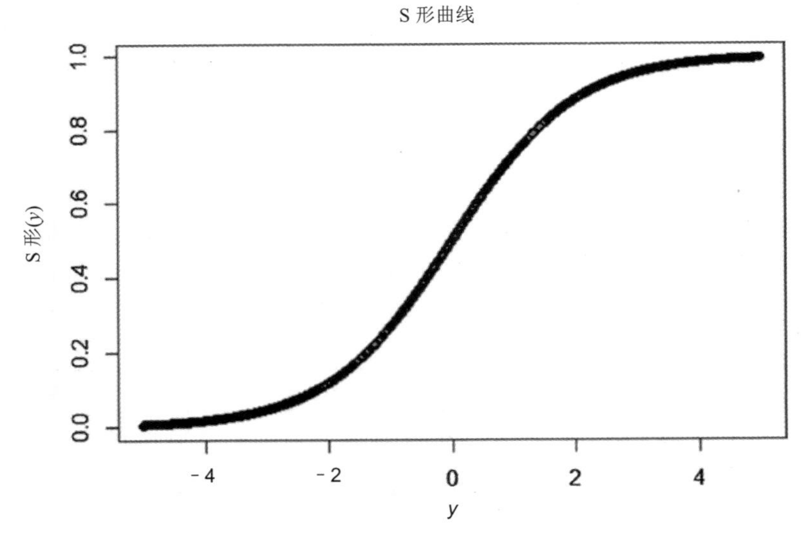

图 2-3　逻辑回归 S 形曲线

2.2.4　逻辑回归假设

开发所有统计模型，都要记住某些相关数据特性的某些假设。至关重要的是，所应用的建立在数据上的模型必须与这些假设一致才可以获得可靠的结果。除了这些假设，我们也要遵循某些模型特定的格式，确保数据与模型的基本运作一致。在实现模型之前，执行数据的条件化和结构化时，假设可以进行一些改变。

关键逻辑回归假设和格式列举如下：

(1) 在逻辑回归中，目标变量必须是离散的，并且大部分为二元或二分的。这是线性回归模型和逻辑模型之间的关键区别，是对逻辑模型的主要要求。

(2) 逻辑回归估计事件发生的概率 $P(y = 1)$，因此，因变量或目标变量必须得到相应的编码，所期望的结果必须编码为 1。

(3) 回归模型既不应该过度拟合，也不应该欠拟合。由于对噪声进行错误响应，因此过度拟合数据会显著失去预测能力。然而，由于在整体上可变性的响应，因此欠拟合缺乏准确性[24]。

(4) 在模型中，自变量之间不应该存在多重共线性，所有自变量应该互相独立[25]。自变量或解释变量必须与比值的对数线性相关，逻辑回归模型与线性回归模型一样，不要求因变量或目标变量与自变量或解释变量之间为线性关系。

(5) 除了这些假设和格式要求外，由于最大似然估计(MLE)比普通最小二乘法(OLS)的能力小，因此逻辑回归模型需要相当大的样本量[26]。

逻辑回归模型的拟合与评估

完成模型拟合检验，评估模型拟合数据的好坏，以及模型可以在多大程度上准确预测所观察到的数值或实际值。所观察到的数值与预测值之间的差值越小，模型越好。预测值与观察值之间的差值也称为残差。评估模型拟合最常用的方法是似然比检验以及 Hosmer&Lemeshow 检验。

(1) 似然比检验：人们使用似然比检验比较两个嵌套式泛化的线性模型。如此处所示，完成了简化模型(具有少量几个预测器)和完全模型之间的比较[27]。用来测量精简模型和完全模型(具有 k 个自由度)不同的公式，如下所示：

$$\chi^2 = -2\ln(\text{精简模型的似然值}) - (-2\ln(\text{完全模型的似然值}))$$

如果模型拟合的 p 值小于 0.05，则意味着完全模型拟合比精简模型更好。

(2) Hosmer-Lemeshow 检验：Hosmer-Lemeshow 检验是反映拟合优度的另一种方法。在这个检验中，在皮尔森卡方(Pearson Chi-Square)的帮助下，检验了事件的观察比例与人口亚群模型中的预测概率相同。在这个检验中，预测概率被分为十分位数，即 10 个组。

用于计算 Hosmer-Lemeshow 检验的公式为：

$$H = \sum_{g=1}^{10} \frac{\left(O_g - E_g\right)^2}{E_g}$$

其中：

O_g=在第 g 个组中，没有所观察到的事件。

E_g=在第 g 个组中，没有所预期的事件。

这个检验遵循了 8 个(组数-2)自由度的卡方(Chi-Square)分布。这个 Hosmer-Lemeshow 检验的输出为卡方值和 p 值。

如果 p 值比较小，如 p 值小于 0.05 时，这表明模型拟合得不太好；如果 p 值比较大，大于 0.05，这表明模型拟合得比较好。由于亚群数目的选择，我们通常不推荐 Hosmer-Lemeshow 检验。

2.3 在逻辑回归模型中的各个自变量统计检验

2.3.1 逻辑回归

一旦完成了整个模型拟合检验，那么下一步就是检查模型中每个自变量的重要性，或者检查自变量的显著贡献。

在建立逻辑回归模型之后，我们知道了单个自变量的 rw 逻辑回归系数，从这个系数可以得出结论；当所有其他自变量保持恒定时，如果第 n 个自变量改变 1 个单位，那么预测结果概率的对数将改变 Y_n 个单位。

为了确定在逻辑回归中自变量的重要性，我们可以应用不同类型的检验，如沃尔德统计检验和似然比检验。

(1) 沃尔德统计检验：我们使用沃尔德统计检验确定在模型中自变量的重要性，或者通过观察单个自变量逻辑回归系数，确定自变量如何高效和有效地预测因变量。

使用此公式计算沃尔德统计检验[28]：

$$W_J = \left(\frac{B_J}{\text{SE of } B_J} \right)^2$$

其中：

B_J 是回归系数。

SE of B_J 是回归系数的标准误差。

在沃尔德统计中，零假设指的是感兴趣的系数等于 0 的情况，备选假设指的是系数不为 0 的情况。如果沃尔德统计检验接受零假设，那么我们就可以得出结论，从模型中移除此变量将不会影响到模型的拟合度。

虽然沃尔德统计检验容易计算，但是它也有缺点。如在一些情况下，数据具有较大的系数估计值，即趋向于增加标准误差，从而减小了沃尔德统计的值。由于沃尔德统计具有较小的值，因此，即使一些自变量在模型中扮演了重要的角色，但是我们也可能会认为在模型中这些自变量无关紧要。

(2) 似然比检验：似然比检验除了可以用于对模型拟合度进行评估，也可用于确定在模型中单个自变量的贡献。使用下式对此检验进行计算：

$$G=-2(\ln(\text{精简模型})-\ln(\text{完全模型}))$$

$$\chi^2=-2\ln(\text{精简模型的似然值})-(-2\ln(\text{完全模型的似然值}))$$

将单个自变量有序输入模型中，然后，为了研究模型中每个自变量的贡献，完成模型，比较精简模型和完全模型。精简模型和完全模型之间的偏差越小，因变量(或目标变量)与自变量(或解释变量)之间的相关性就越好。

2.3.2 在逻辑回归模型中预测值的验证

在预测值的验证中，我们使用了一些测量方法，如混淆矩阵和接收者操作特征(ROC)，模型在预测目标或因变量的准确性；换言之，我们可以说这测出了模型的准确度。

- 混淆矩阵

混淆矩阵是用于评估预测准确性或逻辑回归模型性能的技术，它是一个 2 行 2 列的二维分类表。每一列代表二分或二元预测分类，每一行代表二分或二元实际分类[29]。

在因变量是二元或二分的情况下，让我们使用例子来解释逻辑回归模型的混淆矩阵。在这个示例中，如果我们要预测客户流失，Yes 指的是客户会流失，No 指的是客户不会流失。在进行客户流失测试时，我们总共测试了 185 个客户。在这 185 个客户中，分类器预测 130 个 Yes，55 个 No。事实上，在样本数据中，共有 125 个客户流失了，60 个客户没有流失。

表 2-1 为样本分类表。列表示的是二元或二分预测结果，行表示的是二元或二分的实际结果。

表 2-1 分类表

N=185	预测输出		
实际输出	No	Yes	总行数
No	50(TN)	10(FP)	**60**
Yes	5(FN)	120(TP)	**125**
总列数	**55**	**130**	**185**

在上面的混淆矩阵表中，显示了真阳性、真阴性、假阳性、假阴性。

- 真阳性(TP)：这种情况下，我们预测 Yes(客户会流失)，实际中他们确实流失了。
- 真阴性(TN)：这种情况下，我们预测 No(客户不会流失)，实际中他们没有流失。
- 假阳性(FP)：这种情况下，我们预测 Yes(客户会流失)，但实际中他们没有流失；这就是熟知的 I 型错误。
- 假阴性(FN)：这种情况下，我们预测 No(客户不会流失)，但实际中他们却流失了，这就是熟知的 II 型错误。

我们使用二元分类器混淆矩阵来计算各种比率，如准确率、错误率、真阳性率、假阳性率、特异性、精度和流行率。

- 准确率：准确率是准确预测的结果数除以总结果数所得到的分数值。由下式计算：

$$\frac{\text{TP+TN}}{\text{TP+FP+FN+TN}}$$

$$\frac{120+50}{50+10+5+120}=\frac{170}{185}\approx 0.92\text{(保留小数点后两位)}$$

其中：

TP =真阳性

TN =真阴性

FP =假阳性

FN =假阴性

- 错误率：错误率也被称为错配率，是错误预测的结果数除以总结果数的分数值。其计算公式为：

$$1-\text{准确率}$$

$$1-0.92=0.08$$

- 真阳性率：我们将真阳性率(TPR)定义为准确预测的阳性结果与实际阳性结果的比值。我们也将其称为灵敏度，由下式计算：

$$\frac{\text{TP}}{\text{TP+FN}}=\frac{120}{125}=0.96$$

- 假阳性率：我们将假阳性率(FPR)定义为错误预测的阳性结果与实际阴性结果的比值。简单说来，这意味着当实际为阴性时，模型预测为阳性的概率。这由下式计算：

$$\frac{\text{FP}}{\text{TN+FP}}=\frac{10}{60}\approx 0.17\text{(保留小数点后两位)}$$

- 特异性：我们将特异性定义为正确预测的阴性结果与实际阴性结果的比值，简单说来，当实际为阴性时，模型预测为阴性的概率。这由下式计算：

$$1 - FPR=1 - 0.17=0.83$$

- 精度：我们将精度定义为准确预测的阳性结果与总体阳性结果的比值，简单来说，就是当模型预测为阳性，模型正确的概率。精度的公式为：

$$\frac{TP}{TP+FP}=\frac{120}{130}\approx 0.92(\text{保留小数点后两位})$$

- 流行率：我们将流行率定义为实际阳性结果与总结果的比值，由下式计算得到：

$$\frac{TP+FN}{TN+TP+FP+FN}=\frac{125}{185}\approx 0.68(\text{保留小数点后两位})$$

- 接收者操作特征(ROC)曲线和曲线下方面积(AUC)：ROC 曲线为将真阳性率(TPR)或灵敏度作为 y 轴，假阳性率(FPR)或 1-特异性作为 x 轴所绘制的曲线。通俗来说，TPR 是实际为阳性，模型预测为阳性的概率；FPR 为实际为阴性，而模型预测为阳性的概率。

我们使用 ROC 曲线来从视觉上测试二分或二元分类器的性能，使用曲线下方面积(AUC)来量化模型的性能。

一般说来，我们认为 AUC 大于 70%的模型为准确模型。AUC 曲线越接近于 1，模型预测的准确度就越高。

图 2-4 和图 2-5 所示的是接收者操作特征(ROC)曲线和曲线下方面积(AUC)。在对角线之上的曲线表示性能更好，对角线之下的曲线表示性能较差，接近 1 表示性能最好。

曲线下方面积(AUC)值的变化范围为 0.5~1.0，其中 0.5 表示预测能力较差，1.0 表示能够准确预测或预测能力最佳。

在图中，接近于 1 表示模型预测准确度高。AUC 值越高，模型预测的准确度就越高；AUC 值越低，模型预测的准确度就越差。

图 2-4 和图 2-5 分别显示了模型 A 和模型 B 的 ROC 曲线和 AUC。模型 A(AUC)的值为 68%，模型 B(AUC)的值为 97%。因此，比起模型 A，模型 B 预测的准确度更高。

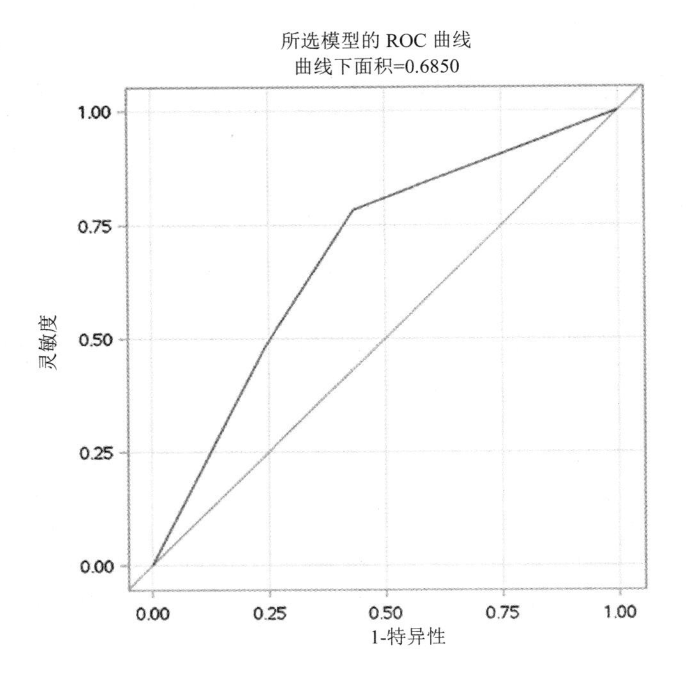

图 2-4 逻辑回归的 ROC 曲线和 AUC：模型 A

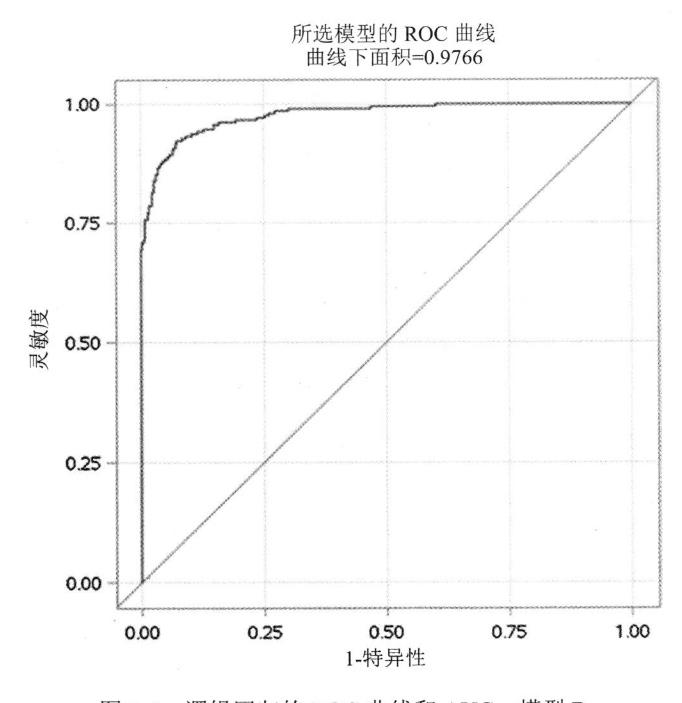

图 2-5 逻辑回归的 ROC 曲线和 AUC：模型 B

2.4 基于 R 的逻辑回归模型

在此银行案例的研究中，我们讨论了数据，以及在数据中所使用的变量。然后，我们讨论了基于 R 的探索性数据分析，我们将其视为数据分析过程中的第一步。探索性数据分析有助于我们以广阔的视野观察现有数据中的模式、趋势、总计、离群值、遗漏值等。

我们还讨论了基于 R 建立逻辑回归模型，并对其输出进行解释。

企业问题：预测银行贷款违约概率。

企业解决方案：建立逻辑回归模型。

2.4.1 关于数据

在银行案例分析中，为了详细说明银行贷款违约，我们创建了逻辑回归模型，并综合生成了数据。在该数据集中，共有 1000 个观测值和 16 个变量，13 个变量为数值类型，3 个变量为分类类型。

贷款违约数据集包含了 1000 名贷款申请人的信息。在数据中，违约是因变量或目标变量，其中 1 表示的是存在贷款违约，0 表示的是不存在贷款违约。在此数据集中，70%为未违约贷款申请者，30%为违约贷款申请者。我们使用这个数据集来建立逻辑回归模型，预测银行违约贷款的概率。

基于 R，创建自己的工作目录，导入数据集。

```
#从工作目录中读取数据，创建自己的工作目录，读取数据集

setwd("C:/Users/Deep/Desktop/data")

data1 <- read.csv ("C:/Users/Deep/Desktop/data/
loan_default.csv",header=TRUE,sep=",")

data2<-data.frame(data1)
```

2.4.2 执行数据探索

在探索性数据分析中，我们采用了更广阔的视野，观察现有数据中的模式、趋势、总计、离群值、遗漏值等。在下面部分，我们讨论用于数据探索的 R 代码，及其输出。

```
#执行探索性数据分析，了解数据
#显示数据集的前 6 行，观察数据的样子
```

```
 head (data2)
 Default Checking_amount Term Credit_score Gender Marital_status Car_loan
1       0             988   15          796 Female         Single        1
2       0             458   15          813 Female         Single        1
3       0             158   14          756 Female         Single        0
4       1             300   25          737 Female         Single        0
5       1              63   24          662 Female         Single        0
6       0            1071   20          828   Male        Married        1
 Personal_loan Home_loan Education_loan Emp_status Amount Saving_amount
1            0         0              0   employed   1536          3455
2            0         0              0   employed    947          3600
3            1         0              0   employed   1678          3093
4            0         0              1   employed   1804          2449
5            0         0              1 unemployed   1184          2867
6            0         0              0   employed    475          3282
 Emp_duration Age No_of_credit_acc
1          12  38                1
2          25  36                1
3          43  34                1
4           0  29                1
5           4  30                1
6          12  32                2
```

#显示数据集的后 6 行，观察数据的样子

```
tail(data2)

   Default Checking_amount Term Credit_score Gender Marital_status
995      0             589   20          733   Male        Married
996      1              17   21          562   Male        Married
997      0             590   18          873 Female         Single
998      0             343   16          824   Male        Married
999      0             709   16          811   Male        Married
1000     0             991   15          794   Male        Married
    Car_loan Personal_loan Home_loan Education_loan Emp_status Amount
995        1             0         0              0 unemployed    829
996        1             0         0              0 unemployed   1328
```

```
997         1         0         0         0 unemployed  1433
998         0         1         0         0 unemployed  1465
999         1         0         0         0 unemployed  1359
1000        0         1         0         0 unemployed  1321
  Saving_amount Emp_duration Age No_of_credit_acc
995        3171          70   33                4
996        2658         118   28                5
997        3469         108   29                5
998        3426          99   31                4
999        3114         113   28                6
1000       3309          95   33                8
```

```
#描述数据的结构，显示了在数据中出现每个变量的数据类型，如特定的数据是否为数值、
#是否为因子等。

str(data2)
```

```
'data.frame'       : 1000 obs. of 16 variables:
$ Default          : int 0 0 0 1 1 0 0 0 0 1 ...
$ Checking_amount  : int 988 458 158 300 63 1071 -192 172 585 189 ...
$ Term             : int 15 15 14 25 24 20 13 16 20 19 ...
$ Credit_score     : int 796 813 756 737 662 828 856 763 778 649 ...
$ Gender           : Factor w/2 levels "Female","Male": 1 1 1 1 1 2 2
                     1 1 2 ...
$ Marital_status   : Factor w/2 levels"Married","Single": 2 2 2 2 2 1
                     2 2 2 1 ...
$ Car_loan         : int 1 1 0 0 0 1 1 1 1 1 ...
$ Personal_loan    : int 0 0 1 0 0 0 0 0 0 0 ...
$ Home_loan        : int 0 0 0 0 0 0 0 0 0 0 ...
$ Education_loan   : int 0 0 0 1 1 0 0 0 0 0 ...
$ Emp_status       : Factor w/ 2 levels "employed","unemployed": 1 1
                     1 1  2 1 1 1 2 1 ...
$ Amount           : int 1536 947 1678 1804 1184 475 626 1224 1162 786 ...
$ Saving_amount    : int 3455 3600 3093 2449 2867 3282 3398 3022 3475
                     2711 ...
$ Emp_duration     : int 12 25 43 0 4 12 11 12 12 0 ...
$ Age              : int 38 36 34 29 30 32 38 36 36 29 ...
```

```
$ No_of_credit_acc: int 1 1 1 1 1 2 1 1 1 1 ...

#显示了数据的列名

names(data2)

 [1] "Default"          "Checking_amount"   "Term"
 [4] "Credit_score"     "Gender"            "Marital_status"
 [7] "Car_loan"         "Personal_loan"     "Home_loan"
[10] "Education_loan"   "Emp_status"        "Amount"
[13] "Saving_amount"    "Emp_duration"      "Age"
[16] "No_of_credit_acc"

#显示了数据的总计或描述性统计

summary(data2$Amount)
   Min.   1st Qu.   Median   Mean   3rd Qu.   Max.
   244    1016      1226     1219   1420      2362

#检查数据中存在的缺失值

sum(is.na(data2))
[1] 0
is.na(data2)
  Default Checking_amount Term Credit_score Gender Marital_status
[1,]    FALSE        FALSE FALSE         FALSE   FALSE           FALSE
[2,]    FALSE        FALSE FALSE         FALSE   FALSE           FALSE
[3,]    FALSE        FALSE FALSE         FALSE   FALSE           FALSE
[4,]    FALSE        FALSE FALSE         FALSE   FALSE           FALSE
[5,]    FALSE        FALSE FALSE         FALSE   FALSE           FALSE
[6,]    FALSE        FALSE FALSE         FALSE   FALSE           FALSE
  Car_loan Personal_loan Home_loan Education_loan Emp_status Amount
[1,]   FALSE         FALSE       FALSE          FALSE        FALSE FALSE
[2,]   FALSE         FALSE       FALSE          FALSE        FALSE FALSE
[3,]   FALSE         FALSE       FALSE          FALSE        FALSE FALSE
[4,]   FALSE         FALSE       FALSE          FALSE        FALSE FALSE
[5,]   FALSE         FALSE       FALSE          FALSE        FALSE FALSE
[6,]   FALSE         FALSE       FALSE          FALSE        FALSE FALSE
```

```
  Saving_amount Emp_duration Age No_of_credit_acc
[1,]      FALSE        FALSE FALSE            FALSE
[2,]      FALSE        FALSE FALSE            FALSE
[3,]      FALSE        FALSE FALSE            FALSE
[4,]      FALSE        FALSE FALSE            FALSE
[5,]      FALSE        FALSE FALSE            FALSE
[6,]      FALSE        FALSE FALSE            FALSE
```

这个案例中显示了部分输出。False 表示数据中不存在缺失值，如果在数据中有任何变量存在缺失值，则表示为 TRUE。

如果在数据中存在大量的缺失值，那么模型的准确度会受到影响。由于缺失值降低了研究的统计力量，产生偏离估计，导致不正确的结论，因此影响了模型的准确性。为了得到高效正确的模型，我们有必要填补缺失值；我们拥有众多的缺失值填补技术，如均值、k-最近邻、模糊 k 均值等，可以应用这些技术处理数据中出现的缺失值[30]。

```
#为了找到变量之间的相关性
corr <- cor.test(data2$Default, data2$Term,
method = "pearson" )
corr

    Pearson's product-moment correlation

data: data2$Default and data2$Term
t = 11.494, df = 998, p-value < 2.2e-16
alternative hypothesis: true correlation is not equal to 0
95 percent confidence interval:
0.2859874 0.3955278

sample estimates:
   cor
```

我们使用皮尔逊积矩相关系数来找出两个变量之间的相关性。在 default 和 term 变量之间有中度正相关(34%)，这意味着这两个变量互为正比例。

随着 term 的增加，default 也在增加。为了确定变量之间的相关性是否显著，我们需要对比 p 值和显著性水平(0.05)。在这个案例中，default 和 term 之间的相关性 p 值小于显著性水平(0.05)，这表明该相关系数是显著的。相关性通常具有三种类型：

正相关、负相关和不相关。当两个变量互为正比时，这两个变量为正相关；当两个变量互为反比时，这两个变量为负相关；当两个变量没有关系时，这两个变量不相关[31]。

2.4.3　完全数据的建模与解释

在此案例中，最初我们使用完整的数据进行建模和解释，在下一节中，我们将数据随机分为两部分：训练数据集和测试数据集。我们使用训练数据集进行建模，使用测试数据集测试模型的性能。由于采样的缘故，可以看到两个模型的输出有所不同。详细说明见下一节。

```
#使用 glm 和完全数据构建逻辑回归模型

fullmodel1 <-glm(Default~.,data = data2,family=binomial
(link=logit ))

summary(fullmodel1)

Call:
glm(formula = Default ~ ., family = binomial(link = logit),
data = data2)

Deviance Residuals:
     Min        1Q      Median      3Q        Max
  -3.1820   -0.1761   -0.0439   0.0415    3.3985
```

观察代码清单 2-1 中的系数，有一些变量的 p 值小于 0.05，这些是模型中的显著变量。另一些变量，如 Gender、Marital_status、Car_loan、Personal_loan、Home_loan、Education_loan、Emp_status、Amount、Emp_duration 和 No_of_credit_acc，其 p 值大于 0.05，因此是非显著变量。从模型中移除非显著变量，重新运行模型，参见代码清单 2-1。

代码清单 2-1　系数表(1)

```
Call:
glm(formula = Default ~ ., family = binomial(link = logit), data =
data2)

Deviance Residuals:
```

```
    Min        1Q      Median     3Q        Max
-3.1820   -0.1761   -0.0439  0.0415   3.3985

Coefficients:
                      Estimate Std. Error z value Pr(>|z|)
(Intercept)          39.6415229 4.7284136   8.384   < 2e-16 ***
Checking_amount      -0.0050880 0.0006759  -7.528   5.14e-14 ***
Term                  0.1703676 0.0520728   3.272   0.00107 **
Credit_score         -0.0109793 0.0020746  -5.292   1.21e-07 ***
GenderMale            0.1950806 0.5095698   0.383   0.70184
Marital_statusSingle  0.3351480 0.4920120   0.681   0.49576
Car_loan             -0.6004643 2.7585197  -0.218   0.82768
Personal_loan        -1.5540876 2.7585124  -0.563   0.57318
Home_loan            -3.5684378 2.8457131  -1.254   0.20985
Education_loan        0.6498873 2.7894965   0.233   0.81578
Emp_statusunemployed  0.5872532 0.3474376   1.690   0.09098 .
Amount                0.0008026 0.0005114   1.569   0.11653
Saving_amount        -0.0048212 0.0006085  -7.922   2.33e-15 ***
Emp_duration          0.0029178 0.0044391   0.657   0.51099
Age                  -0.6475369 0.0646616 -10.014   < 2e-16 ***
No_of_credit_acc     -0.0968614 0.1006467  -0.962   0.33585
---
Signif. codes: 0 '***' 0.001 '**' 0.01 '*' 0.05 '.' 0.1 ' ' 1

(Dispersion parameter for binomial family taken to be 1)

    Null deviance: 1221.73 on 999 degrees of freedom
Residual deviance: 297.65 on 984 degrees of freedom
AIC: 329.65

Number of Fisher Scoring iterations: 7

#为了使用完全数据构建最终的逻辑模型，移除非显著变量
full data

fullmodel2<-glm(Default~Checking_amount+Term+Credit_score
```

```
+Saving_amount+Age,data = data2,family=binomial(link=logit))

summary(fullmodel2)
```

现在，仅仅选择显著变量，重新构建模型，观察系数，如代码清单 2-2 所示，我们将 p 值小于 0.05 的变量视为模型中的显著变量。

代码清单 2-2 系数表(2)

```
Call:
glm(formula = Default ~ Checking_amount + Term + Credit_score +
Saving_amount + Age,
family = binomial(link = logit), data = data2)
Deviance Residuals:
    Min       1Q     Median      3Q       Max
-2.9474  -0.2083   -0.0548   0.0696    3.3564

Coefficients:
                   Estimate Std. Error z value Pr(>|z|)
(Intercept)      38.8480502  3.5109294  11.065  < 2e-16 ***
Checking_amount  -0.0048409  0.0006180  -7.834 4.74e-15 ***
Term              0.1748115  0.0473527   3.692 0.000223 ***
Credit_score     -0.0113945  0.0019752  -5.769 7.99e-09 ***
Saving_amount    -0.0045122  0.0005515  -8.182 2.80e-16 ***
Age              -0.6285817  0.0587648 -10.697  < 2e-16 ***
---
Signif. codes: 0 '***' 0.001 '**' 0.01 '*' 0.05 '.' 0.1 ' ' 1

(Dispersion parameter for binomial family taken to be 1)

    Null deviance: 1221.73  on 999 degrees of freedom
Residual deviance:  339.97  on 994 degrees of freedom
AIC: 351.97

Number of Fisher Scoring iterations: 7
```

代码清单 2-2 显示的是系数(标记的估计)、标准误差、z 值和 p 值。从统计学说，由于 Checking_amount、Term、Credit_score、Saving_amount 和 Age 的 p 值小于 0.05，

因此这些系数是显著的。在逻辑回归模型中，预测变量增加一个单位，结果概率的对数将会显示出变化(增加或减少)。我们可以将此解释为：

(1) 在 Checking_amount 上每变化一个单位，银行贷款违约与银行贷款未违约的概率的对数将减少 0.004。这意味着，随着 Checking_amount 的增加，银行贷款违约的概率减小。

Checking_amount 越高，银行贷款违约的概率越小。Checking_amount 越低，银行贷款违约的概率越大。

(2) Term 变量也类似，Term 变量增加一个单位，银行贷款违约与银行贷款未违约的概率的对数将增加 0.174。这意味着，银行贷款违约的概率随着 Term 的增加而增加。Term 越大，银行贷款违约的概率越高；Term 越小，银行贷款违约的概率越低。

```
#将数据集以 70:30 的比例分成训练数据集和验证数据集
```

现在，我们将数据分为两个部分，训练数据集和测试数据集；划分的比例为 70∶30，这意味着 70%的数据被作为训练数据集，30%的数据被作为测试数据集。我们使用训练数据集构建模型，测试数据集测试模型的性能。

```
train_obs <- floor (0.7*nrow (data2))
print(train_obs)

#为了重新生成样本，设置 seed

set.seed(2)
train_ind <- sample(seq_len(nrow(data2)),size=train_obs)
test <- -train_ind

#在训练数据集中，观察样本的数目
train_data<-data2[train_ind,]

#在测试数据集中，观察样本的数目

test_data<-data2[-train_ind,]
```

2.4.4 训练数据和测试数据的模型构建及其解释

```
#使用 glm 和训练数据构建逻辑回归模型

model1<-glm(Default~.,data=train_data,family=binomial(link=logit))
```

```
summary(model1)

Call:
glm(formula = Default ~ ., family = binomial(link = logit),
data = train_data)

Deviance Residuals:
     Min        1Q    Median         3Q        Max
-2.44674 -0.13513 -0.03275   0.02618   3.05506
```

观察在代码清单 2-3 中的系数，这是 p 值小于 0.05 的变量，因此所有的这些变量都是模型中的显著变量。但是还有一些变量，如 Gender、Marital_status、Car_loan、Personal_loan、Home_loan、Education_loan、Amount、Emp_duration 以及 No_of_credit_acc，它们的 p 值不小于 0.05，因此在模型中，所有这些变量为非显著变量。

代码清单 2-3 系数表(3)

```
Call:
glm(formula = Default ~ ., family = binomial(link = logit),
data = train_data)

Deviance Residuals:
     Min         1Q      Median       3Q        Max
-2.44674   -0.13513   -0.03275  0.02618   3.05506

Coefficients:
                       Estimate Std. Error z value Pr(>|z|)
(Intercept)            39.9012820 10.6353095   3.752 0.000176 ***
Checking_amount        -0.0058119 0.0009446   -6.152 7.63e-10 ***
Term                    0.2332288 0.0709242    3.288 0.001008 **
Credit_score           -0.0125048 0.0029325   -4.264 2.01e-05 ***
GenderMale              0.6522404 0.6859874    0.951 0.341703
Marital_statusSingle    0.4063002 0.6492109    0.626 0.531422
Car_loan                1.8317824 9.5329269    0.192 0.847622
Personal_loan           0.7887203 9.5337033    0.083 0.934066
Home_loan              -1.3617547 9.5933313   -0.142 0.887121
Education_loan          3.4385998 9.5529812    0.360 0.718884
```

```
Emp_statusunemployed  1.0376664 0.4708135   2.204 0.027525 *
Amount                0.0005337 0.0006388   0.835 0.403508
Saving_amount        -0.0050924 0.0007743  -6.577 4.82e-11 ***
Emp_duration          0.0042426 0.0058951   0.720 0.471728
Age                  -0.7256567 0.0904776  -8.020 1.05e-15 ***
No_of_credit_acc     -0.0165636 0.1232871  -0.134 0.893126
---
Signif. codes: 0 '***' 0.001 '**' 0.01 '*' 0.05 '.' 0.1 ' ' 1

(Dispersion parameter for binomial family taken to be 1)

    Null deviance: 846.57 on 699 degrees of freedom
Residual deviance: 184.38 on 684 degrees of freedom
AIC: 216.38

Number of Fisher Scoring iterations: 8
```

让我们移除模型中的所有非显著变量，重新运行模型。

```
#移除非显著变量，使用训练数据构建最终的回归模型
model2<-glm(Default~Checking_amount+Term+Credit_score
+Emp_status+Saving_amount+Age,data=
train_data,family=binomial(link=logit))

summary(model2)

Call:
glm(formula = Default ~ Checking_amount + Term + Credit_score +
Emp_status+ Saving_amount + Age, family = binomial
(link = logit), data = train_data)

Deviance Residuals:
    Min       1Q    Median     3Q      Max
-2.1098  -0.1742  -0.0394  0.0343  3.2053
```

代码清单 2-4 显示了系数(标记的估计)、标准误差、z 值和 p 值。从统计学来说，由于 Checking_amount、Term、Credit_score、Emp_status、Saving_amount 以及 Age

的 p 值小于 0.05，因此这些系数是显著的。

代码清单 2-4　系数表(4)

```
Call:
glm(formula = Default ~ Checking_amount + Term + Credit_score +
Emp_status + Saving_amount + Age,
family = binomial(link = logit), data = train_data)

Deviance Residuals:
    Min       1Q    Median      3Q     Max
-2.1098 -0.1742   -0.0394 0.0343 3.2053

Coefficients:
                         Estimate Std. Error z value Pr(>|z|)
(Intercept)           43.3709264  4.9060101  8.840 < 2e-16 ***
Checking_amount       -0.0056965  0.0008912 -6.392 1.64e-10 ***
Term                   0.2077360  0.0623154  3.334 0.000857 ***
Credit_score          -0.0147534  0.0028522 -5.173 2.31e-07 ***
Emp_statusunemployed  0.9124408  0.3942729  2.314 0.020655 *
Saving_amount         -0.0049131  0.0007260 -6.768 1.31e-11 ***
Age                   -0.6885308  0.0806182 -8.541 < 2e-16 ***
---
Signif. codes: 0 '***' 0.001 '**' 0.01 '*' 0.05 '.' 0.1 ' ' 1

(Dispersion parameter for binomial family taken to be 1)

   Null deviance: 846.57 on 699 degrees of freedom
Residual deviance: 210.78 on 693 degrees of freedom
AIC: 224.78

Number of Fisher Scoring iterations: 8
```

在逻辑回归模型中，预测变量增加一个单位，结果概率的对数将会显示出变化(增加或减小)。我们可以将其解释为：

(1) Checking_amount 每增加一个单位，银行贷款违约和银行贷款未违约的比值的对数减小 0.005。

(2) Term 变量也类似，Term 变量增加一个单位，银行贷款违约与银行贷款未违约的比值的对数将增加 0.207。

Emp_status 类别系数的解释有一点不同。

例如，Emp_Status 是 Emp_statusunemployed 的银行贷款违约人群与 Emp_Status 是 Emp_statusemployed 的银行贷款违约人群(忽略类别)相比，银行贷款违约的概率的对数增加了 0.912。

这意味着银行违约的概率随着 Emp_statusunemployed 与 Emp_ statusemployed 比值的增加而增加，此处，我们可以将 Emp_statusemployed 认定为参考组，因此为忽略类别。Emp_statusunemployed 越多，银行贷款违约的概率越高。

```
#检查方差膨胀因子，VIF > 5 to 10- 高相关性
```

方差膨胀因子是对多重共线性的测试。VIF 测试有助于确定存在于数据中自变量之间的多重共线性。

```
#安装 car 包
install.packages("car")
library(car)

vif(model2)
```

方差膨胀因子是对多重共线性的测试[32]，这个 VIF 测试有助于确定存在于数据中自变量之间的多重共线性。VIF 的值大于 5 小于 10 表示存在多重共线性，在构建模型时，要去掉具有高的多重共线性值的变量，因此这对模型的正确度没有影响。在代码清单 2-5 中，所显示变量的 VIF 值都没有大于 5 小于 10 的，因此模型中不存在多重共线性。

代码清单 2-5 VIF 表

```
                         VIF
Checking_amount          1.202188
Term                     1.035386
Credit_score             1.096243
Emp_status               1.095911
Saving_amount            1.186483
Age                      1.306097
```

为了预测银行贷款违约的概率，应用预测函数，设置概率截止值，如概率大于 70%，显示为 1(银行贷款违约)，否则显示为 0(银行贷款未违约)。这意味着所有预测为 1 或概率高于 70%的，我们认为银行贷款违约的可能性很高。

```
#使用测试数据预测模型
```

```
Prob <-predict(model2,test_data,type ="response")

prob1<- data.frameProb

#设置截止概率值

results <- ifelse(prob1 > 0.7,1,0)
```

2.4.5 预测值验证

在预测值验证中，我们使用一些测量方法，如混淆矩阵和接收器操作特性来找出模型如何准确预测目标或因变量；或换句话说，这测量了模型的正确度。在上述逻辑回归模型预测值验证的小节中，我们已经详细解释了每个概念。

```
#显示混淆矩阵或分类表

table(testing_high,results)
#计算错误率

misclasificationerror <- mean(results != testing_high)
misclasificationerror

#计算准确率

accuracyrate <- 1-misclasificationerror
print(accuracyrate)
```

在表 2-2 中所示的分类表，我们将 testing_high 视为实际结果，将 results 视为预测结果。

表 2-2　分类表

	结果	
testing_high	0	1
0	197	8
1	17	78

对角线值得到了正确归类，因此，所述的准确率可以计算为：

$$准确率=\frac{197+78}{197+8+17+78}=\frac{275}{300}\approx 0.92(保留小数点后两位)$$

错误率或误分类率可计算为：

$$1-准确率=1-0.92=0.08$$

```
#计算混淆矩阵和统计

install.packages("caret")
library(caret)
confusionMatrix(prediction, testing_high,positive ="1")
```

在混淆矩阵中，如果在数据中只有两因素层级，那么默认情况下，我们将第一个层级作为“阳性”结果。在这个数据中，未指出何种情况为第一个层级，0 表示阴性，因此我们重写了违约，正确分配阳性为“1”。

```
Confusion Matrix and Statistics

          Reference
Prediction    0    1
         0  197   17
         1    8   78
               Accuracy : 0.9167
                 95% CI : (0.8794, 0.9453)
    No Information Rate : 0.6833
    P-Value [Acc > NIR] : <2e-16

                  Kappa : 0.8024
 Mcnemar's Test P-Value : 0.1096

            Sensitivity : 0.8211
            Specificity : 0.9610
         Pos Pred Value : 0.9070
         Neg Pred Value : 0.9206
             Prevalence : 0.3167
         Detection Rate : 0.2600
   Detection Prevalence : 0.2867
```

```
        Balanced Accuracy : 0.8910

         'Positive' Class : 1
```

在逻辑回归模型预测值验证的小节中，我们给出了如灵敏度、特异性等统计值的详细说明。

```
#执行接收器操作特性(ROC)测试和计算曲线下方面积(AUC)

install.packages("ROCR")

library(ROCR)

#计算AUC，使用模型预测违约

prob <- predict(model2, newdata=test_data, type="response")

pred <- prediction(prob, test_data$Default)

pmf <- performance(pred, measure = "tpr", x.measure = "fpr")

plot(pmf,col= "red" )

auc <- performance(pred, measure = "auc")

auc <- auc@y.values[[1]]
auc
[1] 0.9688318
```

在图 2-6 中显示了接收器操作特性(ROC)曲线和曲线下方面积(AUC)。*y* 轴显示了真阳性率(TPR)或灵敏度，*x* 轴显示了假阳性率(FRP)或 1-特异性，曲线接近 1 表示模型为最佳性能。

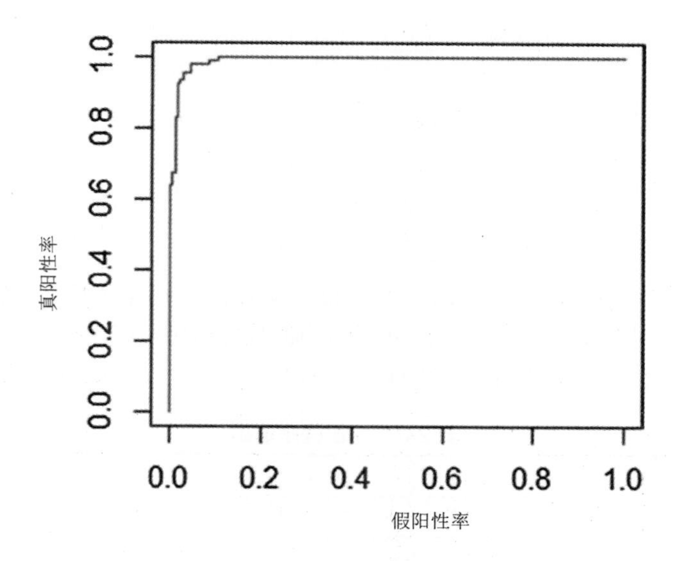

图 2-6　ROC 曲线和 AUC

我们将曲线下方面积(AUC)值大于 70%认为这个模型具有高的预测准确度。在这个案例分析中，详细阐述了逻辑回归模型的曲线下方面积(AUC)值如何在 96%左右，因此我们认为这个是准确模型。

2.5　基于 SAS 的逻辑回归模型

在本节中我们将讨论不同的 SAS 程序，如 proc content、 proc means、 proc freq 和 proc univariate。我们也将讨论使用完整的数据构建逻辑回归模型来预测银行贷款违约，同时对 Program 1 中的 SAS 代码以及每个部分的输出做出解释。在后面我们讨论将数据集分为两个部分：训练数据集和测试数据集，同时对 Program 2、Program 2.1 和 Program 2.2 中的 SAS 代码以及每个部分的输出做出解释。

```
/* 使用 SAS 创建自己的库(如此处的 libref)，并提及了路径 */
libname libref "/home/aro1260/deep";

/* 导入货款违约数据集 */
PROC IMPORT DATAFILE= "/home/aroragaurav1260/data/loan_default.csv"
        DBMS=CSV Replace
          OUT=libref.loan_default;
          GETNAMES=YES;
```

```
RUN;

/* 检查数据中数值变量的缺失值数目 */

proc means data = libref.loan_default NMISS N ;
run;
```

为了检查数据中数值变量的缺失值数目，N Miss 表示数据中缺失 obs 的数目，N 表示数据中未缺失 obs 的数目。在下列的均值程序(MEANS Procedure)输出中，如表 2-3 所示，对于每个变量而言，N Miss 的数目为 0，因此在数据中不存在缺失值。

表 2-3　均值程序输出

MEANS 程序		
变量	N Miss	N
Default	0	1000
Checking_amount	0	1000
Term	0	1000
Credit_score	0	1000
Car_loan	0	1000
Personal_loan	0	1000
Home_loan	0	1000
Education_loan	0	1000
Amount	0	1000
Saving_amount	0	1000
Emp_duration	0	1000
Age	0	1000
No_of_credit_acc	0	1000

```
/*检查数据内容*/
PROC CONTENTS DATA=libref.loan_default;
```

在表 2-4 中显示了这个案例中程序内容的部分输出。这显示了数据的内容，如观察样本数目、数据中变量的数目、库、每个变量的数据类型、变量为数值类型还是字符类型(具有属性 Length、Format 或 Informat)。

表 2-4　CONTENTS 程序的部分输出

CONTENTS 程序

数据集名称	LIBREF.LOAN_DEFAULT	观察样本	1000
成员类型	DATA	变量	16
引擎	V9	索引	0
创建日期	10/04/2017 13:52:55	观察样本长度	128
上一次修改的日期	10/04/2017 13:52:55	删除的观察样本	0
保护		压缩	No
数据集类型		排序	No
标签			
数据表示	SOLARIS_X86_64, LINUX_X86_64, ALPHA_TRU 64, LINUX_IA64		
编码	utf-8 Unicode (UTF-8)		

按字母排列的变量和属性列表

#	变量	类型	长度	格式	输入格式
15	Age	Num	8	BEST12.	BEST32.
12	Amount	Num	8	BEST12.	BEST32.
7	Car_loan	Num	8	BEST12.	BEST32.
2	Checking_amount	Num	8	BEST12.	BEST32.
4	Credit_score	Num	8	BEST12.	BEST32.
1	Default	Num	8	BEST12.	BEST32.
10	Education_loan	Num	8	BEST12.	BEST32.
14	Emp_duration	Num	8	BEST12.	BEST32.
11	Emp_status	Char	10	$10.	$10.
5	Gender	Char	6	$6.	$6.
9	Home_loan	Num	8	BEST12.	BEST32.
6	Marital_status	Char	7	$7.	$7.
16	No_of_credit_acc	Num	8	BEST12.	BEST32.
8	Personal_loan	Num	8	BEST12.	BEST32.
13	Saving_amount	Num	8	BEST12.	BEST32.
3	Term	Num	8	BEST12.	BEST32

```
/*数据的描述性统计*/
proc means data = libref.loan_default;
var Term Saving_amount ;
run;
```

应用 proc means，显示了数据的描述性统计或总计，如观察样本数(N)、均值(Mean)、标准偏差(Standard Deviation)；同时表示了各自变量的最小值和最大值。见表 2-5。

表 2-5　proc means 的部分输出

MEANS 程序					
变量	N	均值	标准偏差	最小值	最大值
Term	1000	17.8150000	3.2405673	9.0000000	27.0000000
Saving_amount	1000	3179.27	339.5497508	2082.00	4108.00

```
/*应用 Proc freq 观察数据的频率*/

proc freq data = libref.loan_default ;
tables Emp_status Default Default * Emp_status;
run;
```

FREQ 程序表示带有累积频率和累积百分比的每个层级频率的数目，如就业人员的数目、失业人员的数目、未违约(0)的数目和违约(1)的数目。见表 2-6。

表 2-6　FREQ 程序

FREQ 程序				
就业状态	频率	百分比	累计频率	累计百分比
就业	308	30.80	308	30.80
无业	692	69.20	1000	100.00

违约	频率	百分比	累计频率	累计百分比
0	700	70.00	700	70.00
1	300	30.00	1000	100.00

在两个变量之间的交互，如违约(default)和 Emp_status，显示为 default by Emp_status 表，具有频率、百分比、行百分比和列百分比的详细信息。

频率 百分比 行百分比 列百分比	违约	根据就业状态得到的违约表 就业状态 就业	无业	总计
	0	218	482	700
		21.80	48.20	70.00
		31.14	68.86	
		70.78	69.65	
	1	90	210	300
		9.00	21.00	30.00
		30.00	70.00	
		29.22	30.35	
	总计	308	692	1000
		30.8	69.20	100.00

```
/* 应用 proc univariate 获得更多数据的详细总计信息*/

proc univariate data = libref.loan_default;
var Saving_amount;
histogram Saving_amount/normal;
run;
```

表 2-7 显示了在这种案例中 UNIVARIATE 程序的部分输出。

表 2-7　UNIVARIATE 程序的部分输出

Part1

UNIVARIATE 程序			
变量: Saving_amount			
动差			
N	1000	总和权重	1000
均值	3179.266	总和观察样本	3179266
标准偏差	339.549751	方差	115294.033
偏度	-0.1555899	峰度	-0.1041112
未校正的 SS	1.02229E10	校正的 SS	115178739
系数变化	10.6801303	标准误差均值	10.7375059

proc univariate 是用来显示数据的详细总计或描述性统计的其中一个程序。Part 1 显示了峰度、偏度、标准偏差、未校正的 SS、校正的 SS、标准误差均值等。

Part 2 显示了相对基本的统计信息，如均值、中值、众数、标准偏差、方差、全距、四分位距。

Part 2

基本统计测量方法			
位置		差异量	
均值	3179.266	标准偏差	339.54975
中值	3203.000	方差	115294
众数	3201.000	全距	2026
		四分位距	451.50000

注意：所表示的众数是 5 个众数里最小的一个(以 5 个进行计数)

Part 3 显示了 Test 列，这个列列出了所有不同的检验，如学生 t 检验、符号检验和符号秩检验。第二列是 statistic 列，这个列列出了检验统计的值。第三列是 *p* 值列，这个列列出了与检验统计相关的 *p* 值。在这个案例中，所有检验值及其对应的 *p* 值小于 0.0001，因此，得出的结论为，在统计学上变量是显著的。

Part 3

位置检验: Mu0=0				
检验方法	统计		*p* 值	
学生 t 检验	T	296.0898	Pr > |t|	<0.0001
符号	M	500	Pr ≥ |M|	<0.0001
符号秩检验	S	250250	Pr ≥ |S|	<0.0001

Part 4 显示了分位数(quantile)，如 100% Max、99%、95%、90%、75%Q3 等。

Part 4

分位数(Definition 5)	
层级	分位数
100% Max	4108.0
99%	3971.5
95%	3716.5
90%	3606.5
75% Q3	3402.5
50% Median	3203.0
25% Q1	2951.0
10%	2728.5

(续表)

分位数(Definition 5)	
层级	分位数
5%	2613.5
1%	2356.0
0% Min	2082.0

Part 5 显示了变量的 5 个最低值和 5 个最高值。

Part 5

极端观察样本			
最低值		最高值	
值	观察样本	值	观察样本
2082	616	4014	146
2145	740	4021	608
2191	532	4022	659
2191	14	4044	407
2248	971	4108	373

我们也可以使用它来评估数据的正态分布。图 2-7 显示了数据中存在的 Saving_amount 的正态分布。

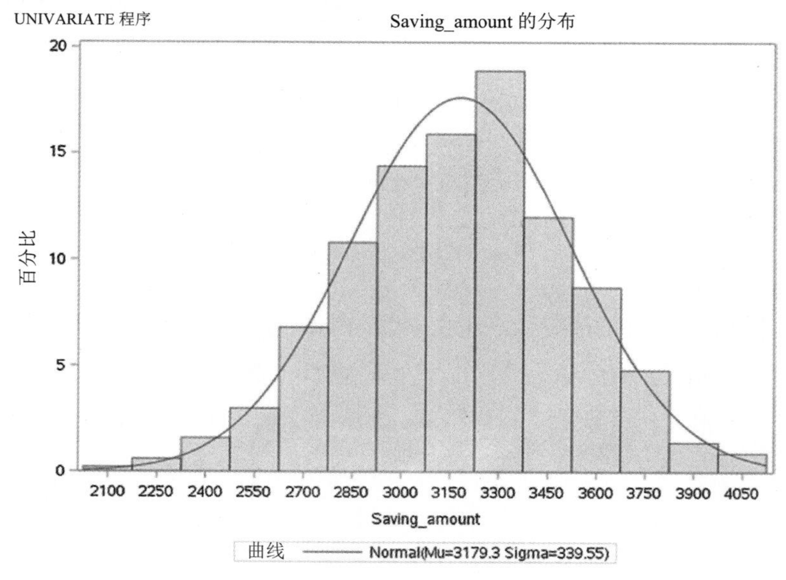

图 2-7　Saving_amount 的正态分布

Part 6 显示了具有正态曲线(如图 2-7 所示)变量 Saving_amount 的直方图。正态分布曲线的估计参数在参数、符号、估计值列出。在参数列中，显示了 Saving_amount 变量的均值=3179.27，标准偏差= 339.55。

Part 6

UNIVARIATE 程序		
Saving_amount 的拟合正态分布		
正态分布的参数		
参数	标志	估计值
均值	Mu	3179.266
标准偏差	Sigma	339.5498

Part 7 显示了正态分布的三个拟合优度检验：Kolmogorov-Smirnov、Cramér-von Mises 和 Anderson-Darling 检验。所有检验的 p 值都小于 0.05，因此可以得出结论，所拟合的正态分布模型较好地表示了 Saving_amount 分布。

Part 7

正态分布的拟合优度检验				
检验方法	统计		*p* 值	
Kolmogorov-Smirnov	D	0.03447951	Pr > D	<0.010
Cramér-von Mises	W-Sq	0.14736169	Pr > W-Sq	0.026
Anderson-Darling	A-Sq	0.77278213	Pr > A-Sq	0.046

```
/* 应用 proc corr，找出数据中变量之间的相关性 */

proc corr data = libref.loan_default;
var Default Age;
run;
```

皮尔逊相关系数(Pearson Correlation Coefficients)显示了变量之间的相关性，此处，由于 Default(违约)与 Age(年龄)互为反比例，因此这两个变量之间的相关性为 −0.66445，负相关，这显示了银行贷款违约，随着年龄的增加而减小。见表 2-8。

表 2-8 CORR 程序

CORR 程序						
两个变量:			Default Age			

简单统计						
变量	N	均值	标准偏差	总计	最小值	最大值
Default	1000	0.30000	0.45849	300.00000	0	1.00000
Age	1000	31.20900	4.09317	31209	18.00000	42.00000

皮尔逊相关系数, N = 1000 Prob > |r| under H0: Rho=0		
	Default	Age
Default	1.00000	−0.66445 < 0.0001
Age	−0.66445 < 0.0001	1.00000

完全数据的建模与解释

在本节中，我们基于 SAS Studio，使用完整的数据进行建模和解释。在下一节中，我们随机地将数据分成两个部分：训练数据集和测试数据集。我们使用训练数据集构建模型，使用测试数据集来测试模型的表现。由于采样的缘故，在两个模型(完全和训练)的 SAS 输出中，可以看到有所不同。

在 Program 1 中的代码提到了 Descending 选项，因此 SAS 将建模 Default=1。如果忽略了 descending 选项，那么 SAS 将可以预测 Default=0 的概率。因此，在 proc logistic 中，由于默认情况下，proc logistic 建模为 0 而不是 1，因此添加 Descending 选项是基本的。当数据中有类别变量时，添加 Class 语句，因此为了在模型中添加类别变量，使用 Class 语句。在斜线后，使用 param=effect ref=first 选项，这样它就可以与 R 结果匹配，在 R 结果中，默认情况下，类别变量的第一个类别被省略了。在数据中，因变量为 default，自变量是 Checking_amount、 Term Credit_score、Car_loan、Personal_loan、 Home_loan、Education_loan、 Amount、 Saving_ amount、Emp_duration、 Gender、Marital_status、 Age、 No_of_credit_acc 和 Emp_status。在逻辑回归中，由于这是二项式系列，因此在默认情况下，在逻辑回归中，Link=logit。使用 Score 语句，就可以使用拟合模型来对 loan_default 数据评分(存在于工作库 libref 中)。生成最终输出，在这个最终输出中，可以看到，数据与所预测的值一起显示并保存在数据集 Logistic_result 中。

```
/*使用完全数据构建逻辑回归模型*/
Program1:

proc logistic data = libref.loan_default descending ;
class Gender Marital_status Emp_status
/ param=effect ref=first;
model default = Checking_amount Term Credit_score Car_loan
Personal_loan
Home_loan Education_loan Amount Saving_amount Emp_duration Gender
Marital_status Age No_of_credit_acc Emp_status / link=logit;
score out = Logistic_result ;
run;
```

表 2-9 中显示的部分输出，显示了系数(标记的估计)、标准误差(误差)、沃尔德卡方(Wald Chi-Square)统计以及相关联的 p 值。表 2-9 显示了变量，其中 p 值小于 0.05，在模型中只有这些变量起到了显著的作用，因此所有其他 p 值大于 0.05 的非显著变量被移除了。仅仅使用显著变量，如 Checking_amount、Term、Credit_score、Saving_ amount 和 Age，重新构建模型。

表 2-9　系数表(1)

最大似然估计值分析						
参数		DF	估计	标准误差	沃尔德卡方	Pr>ChiSq
Intercept		1	40.2003	4.7469	71.7210	<0.0001
Checking_amount		1	−0.00509	0.000676	56.6661	<0.0001
Term		1	0.1704	0.0521	10.7029	0.0011
Credit_score		1	−0.0110	0.00207	28.0043	<0.0001
Car_loan		1	−0.6005	2.7588	0.0474	0.8277
Personal_loan		1	−1.5541	2.7588	0.3173	0.5732
Home_loan		1	−3.5684	2.8460	1.5721	0.2099
Education_loan		1	0.6499	2.7898	0.0543	0.8158
Amount		1	0.000803	0.000511	2.4630	0.1166
Saving_amount		1	−0.00482	0.000609	62.7550	<0.0001
Emp_duration		1	0.00292	0.00444	0.4320	0.5110
Gender	Male	1	0.0975	0.2548	0.1465	0.7019
Marital_status	Single	1	0.1676	0.2460	0.4639	0.4958
Age		1	−0.6475	0.0647	100.2633	<0.0001
No_of_credit_acc		1	−0.0969	0.1007	0.9261	0.3359
Emp_status	Unemployed	1	0.2936	0.1737	2.8566	0.0910

在 Program 1.1 代码中，default 是数据中的因变量，Checking_amount、Term、Credit_score、Saving_amount 和 Age 是先前确定的模型中的显著自变量。使用 Score 语句,就可以使用所拟合的模型来对 loan_default 数据(存在于工作库 libref 中)评分。生成最终输出，在这个最终输出中，我们可以看到数据与所预测值一起显示并保存在数据集 Logistic_result 中。

```
/* 在移除数据中的非显著变量后，使用完全数据重新构建逻辑模型 */

/*Program1.1*/

proc logistic data = libref.loan_default descending;
model default = Checking_amount Term Credit_score
Saving_amount Age/ link=logit;
score out = Logistic_result ;
run;
```

Program 1.1 的逻辑回归输出被分为几个部分，在下面将分别讨论各个部分。

Program 1.1 输出的 Part 1 显示了用于分析的 loan_default 文件，Part 2 显示了分析中所读所使用的观察样本的总数等于 1000。违约是分析中的因变量或目标变量。SAS 使用二进制逻辑模型建模违约，优化的技术使用的是费雪计分(Fisher's Scoring)。

Part 1

LOGISTIC 程序	
模型信息	
数据集	LIBREF LOAN_DEFAULT
响应变量	Default
响应层级数目	2
模型	binary logit
优化技术	Fisher's scoring

Part 2

所读取的观察样本数目	1000
所使用的观察样本数目	1000

Program 1.1 的 Part 3 显示的是正在建模的 Default=1 时的概率，在代码中，使用 Descending 选项进行显示。如果忽略了 Descending 选项，SAS 将建模 Default=0，

完整模型的结果是相反的。相反获得 default=1 的概率，模型就可以预测 Default=0 的概率。因此，在 proc logistic 中，由于在默认情况下，proc logistic 建模 0，而不是 1，因此加入 Descending 选项是必不可少的。

Part 3

响应资料		
有序值	违约	总频率
1	1	300
2	0	700
所建模的概率为 Default= ‘1’		
模型收敛状态		
满足收敛标准(GCONV=1E-8)		

Program 1.1 的 Part 4 的模型拟合统计(Model Fit Statistics)显示了模型拟合输出，这将有助于评估模型的整体拟合。完整模型-2 log L(1221.729)将用于与嵌套模型比较。AIC 和 SC 是在模型中使用的信息标准。

Part 4

模型拟合统计		
标准	仅截距	截距和协变量
AIC	1223.729	351.970
SC	1228.636	381.416
−2 Log L	1221.729	339.970

Program 1.1 的 Part 5 显示了似然比、评分和沃尔德检验(Walt test)。具有 5 个自由度的似然比卡方(881.7588)和相关 p 值为 0.0001 表示完全模型的拟合比 Null 模型的拟合好得多。类似的，具有 5 个自由度的评分检验，卡方为 635.5405，其相关 p 值为 0.0001；具有 5 个自由度的沃尔德检验，卡方为 181.1945，其相关 p 值为 0.0001，在统计学上，这表示模型是有意义的。

Part 5

检验全局零假设: BETA=0			
检验方法	卡方	DF	Pr > ChiSq
似然比检验	881.7588	5	<0.0001
评分检验	635.5404	5	<0.0001
沃尔德检验	186.1945	5	<0.0001

表 2-10(Program 1.1 的 Part 6)显示系数(标记的估计)、标准误差(误差)、沃尔德

卡方统计以及相关联的 p 值。系数表 2-10 显示了所有有意义的变量，即 p 值小于 0.05，如 Checking_amount、Term、 Credit_score、 Saving_amount 和 Age。

由于这些变量的 p 值小于 0.05，因此在统计学上，Checking_amount、Term、Credit_score、Saving_amount 和 Age 的系数是显著的。在逻辑回归模型中，预测变量每增加一个单位，在输出的概率对数上就可以显示出变化(增加或减小)。这可以解释为：

- Checking_amount 每改变一个单位，银行贷款违约与银行贷款未违约比值的对数将减少 0.004。
- Term 变量也类似，Term 变量增加一个单位，银行贷款违约与银行贷款未违约的比值的对数将增加 0.174。
- 对于 Credit_score 而言，Credit_score 改变一个单位，银行贷款违约与银行贷款未违约比值的对数将减少 0.011。
- 对于 Saving_amount 而言，Saving_amount 改变一个单位，银行贷款违约与银行贷款未违约比值的对数将减少 0.004。
- 对于 Age 而言，Age 改变一个单位，银行贷款违约与银行贷款未违约比值的对数将减少 0.628。

注意：

当模型是使用完全数据构建时，基于 R 和 SAS 工具构建的二项式逻辑模型系数表的值总是很类似。

表 2-10 系数表(2)

Part 6

最大似然估计分析

参数	DF	估计	标准误差	沃尔德卡方	Pr > ChiSq
Intercept	1	38.8469	3.5109	122.4281	<0.0001
Checking_amount	1	−0.00484	0.000618	61.3643	<0.0001
Term	1	0.1748	0.0474	13.6281	0.0002
Credit_score	1	−0.0114	0.00198	33.2773	<0.0001
Saving_amount	1	−0.00451	0.000552	66.9354	<0.0001
Age	1	−0.6286	0.0588	114.4127	<0.0001

Program 1.1 的 Part 7 显示的是每个显著变量的比值比估计，以及无相互作用变量对应的 95%沃尔德置信区间。比值比是幂系数，如 Checking_amount 的系数值为 −0.00484，其 exp(0.00484)为 0.995。类似的，Term 系数的值为 0.1748，其 exp(0.1748)为 1.191，同样也可以计算其他变量的幂系数。

例如，这可以解释为，Checking_amount 每增加一个单位，银行贷款违约(与银行贷款未违约)的比值将减少，为原先的 0.995；类似的，Term 每增加一个单位，银行贷款违约(与银行贷款未违约)的比值将增加，为原先的 1.191 倍。

Part 7

比值比估计

效应	点估计	95%沃尔德置信区间的上限和下限	
Checking_amount	0.995	0.994	0.996
Term	1.191	1.085	1.307
Credit_score	0.989	0.985	0.993
Saving_amount	0.995	0.994	0.997
Age	0.533	0.475	0.598

Program 1.1 的 Part 8 显示预测概率和所观察反应的关联。在以上小节中，显示了一些评估模型预测准确性的测量值，即模型在预测目标或因变量方面表现的出色程度。一致性(concordant)定义为观察样本中，非违约银行贷款(default=0)的预测概率比银行贷款违约(default=1)低。不一致性(discordant)定义为，观察样本中，非违约银行贷款(default=0)的预测概率比银行贷款违约(default=1)高。观察样本中，非违约银行贷款和违约银行贷款的预测概率相同时，我们认为这是相持(Tied)。

当一致性配对百分比较高，不一致性配对百分比较低时，就预测能力而言，我们认为这种模型是较好的模型。配对定义为在贷款违约的这个数据集中的所有可能的观察样本对，其中未违约贷款申请等于 700，违约贷款申请等于 300。

因此，700×300 = 210000。在 proc logistic 中，有 4 种等级相关指数，如 Somers'D、Gamma、Tau-a 和 C 统计，这些是评估模型预测能力的检验。在这 4 种检验中，我们常用 C 统计评估模型的预测准确性，C 统计的值越高，模型预测的准确性就越高。

Part 8

预测概率与所观察反应的关联

一致性百分比	97.8	**Somers' D**	0.956
不一致性百分比	2.2	**Gamma**	0.956
相持百分比	0.0	**Tau-a**	0.402
对数	210000	**C**	0.978

```
/* 将数据集划分成训练数据集(70%)和测试数据集(30%)*/

proc surveyselect data= libref.loan_default
method=srs seed=2 outall
```

```
samprate=0.7 out=libref.credit_subset;

proc print data=libref.credit_subset;
  run;
```

在 SURVEYSELECT 程序部分，我们采用简单随机采样的方法划分数据，Part 9 显示了采样率为 0.7，并将种子设置为 2(与使用 R 时，采用的种子值一样)。我们设置种子值，重现相同的样本，Credit_ subset 是执行采样之后的输出数据集。我们可以运行 proc print 打印 Credit_subset 的输出文件。

SURVEYSELECT 程序	
选择方法	简单随机采样

Part 9

输入数据集	LOAN_DEFAULT
随机数字种子	2
采样率	0.7
采样尺寸	700
选择概率	0.7
采样权重	0
输出数据集	CREDIT_SUBSET

现在，基于选择变量，将数据分为训练数据和测试数据。当选择(selection)等于 1 时，将所有这些观察样本分配给训练数据集；当选择(selection)等于 0 时，将所有这些观察样本分配给测试数据集。

```
/* 所选择的变量值为 1 意味着为训练数据集进行选择，为 0 意味着为测试数据集进行选择 */

data libref.training;
set libref.credit_subset;
if selected=1;
proc print;

data libref.testing;
set libref.credit_subset;
if selected=0;
proc print;
```

```
/* 在训练和测试数据上运行 proc freq 来检查目标变量的平衡数据 */

proc freq data = libref.training;
tables Default;
run;
```

FREQ 程序表显示在具有 700 个观察样本的训练数据集中，Default=0 的观察样本有 490 个，Default=1 的观察样本为 210。

FREQ 程序

违约	频率	百分比	累积频率	累积百分比
0	490	70.00	490	70.00
1	210	30.00	700	100.00

```
proc freq data = libref.testing;
tables Default;
run;
```

FREQ 程序表显示在具有 700 个观察样本的测试数据集中，Default=0 的观察样本有 210 个，Default=0 的观察样本为 90。

FREQ 程序

违约	频率	百分比	累积频率	累积百分比
0	210	70.00	210	70.00
1	90	30.00	300	100.00

在 Program 2 的代码中，Descending 选项，Class 语句，param = effect ref = first are, Link = logit 的使用理由在先前 Program 1 中已经进行了解释。在数据中，违约(default)是因变量，在当前模型中 Checking_amount、 Term Credit_score、 Car_loan、Personal_loan、 Home_loan、Education_loan、 Amount、Saving_amount、Emp_duration、Gender、Marital_status、Age、No_of_credit_acc 和 Emp_status 都是自变量。我们使用 Score 语句，这样可以使用拟合模型来对出现在工作库 libref 中的测试数据进行评分。

程序生成了最终输出，在最终输出中可以看到，预测值与数据一起显示并保存在数据集 Logistic_output 中。

```
/* 使用训练数据集，构建逻辑回归模型 */

/*Program2*/
```

```
ODS GRAPHICS ON;
proc logistic data = libref.training
descending PLOTS (ONLY) = ROC ;
class Gender Marital_status Emp_status
/param=effect ref=first;
model default = Checking_amount Term Credit_score Car_loan Personal_
loan   Home_loan   Education_loan Amount    Saving_amount Emp_
duration Gender Marital_status Age No_of_credit_acc Emp_
status     / link=logit;
score data = libref.testing out=WORK.Logistic_output;
run;
ODS GRAPHICS OFF;
```

表 2-11 显示了系数(标记的估计)、标准误差(误差)、沃尔德卡方统计以及相关联的 p 值。系数表 2-11 显示了变量，其中只有 p 值小于 0.05 的变量在模型中才能起到显著作用，因此所有其他 p 值大于 0.05 的非显著变量都被移除了。仅仅使用显著变量，如 Checking_amount、Term、Credit_score、Saving_ amount、Age 和 Emp_status 来重新构建模型。

表 2-11　系数表(3)

最大似然估计值分析						
参数		DF	估计	标准误差	沃尔德卡方	Pr > ChiSq
Intercept		1	38.8716	6.2033	39.2658	<0.0001
Checking_amount		1	−0.00487	0.000794	37.7006	<0.0001
Term		1	0.1766	0.0643	7.5517	0.0060
Credit_score		1	−0.0122	0.00258	22.4641	<0.0001
Car_loan		1	−1.1416	4.2380	0.0726	0.7876
Personal_loan		1	−2.3299	4.2369	0.3024	0.5824
Home_loan		1	−4.6337	4.4005	1.1088	0.2923
Education_loan		1	−0.2952	4.2672	0.0048	0.9448
Amount		1	0.00140	0.000641	4.7757	0.0289
Saving_amount		1	−0.00444	0.000717	38.3498	<0.0001
Emp_duration		1	−0.00091	0.00545	0.0281	0.8668
Gender	Male	1	0.0382	0.6184	0.0038	0.9507

(续表)

参数		DF	估计	标准误差	沃尔德卡方	Pr > ChiSq
Marital_status	Single	1	0.3143	0.5850	0.2887	0.5911
Age		1	−0.6318	0.0761	68.9736	<0.0001
No_of_credit_ac		1	−0.1440	0.1196	1.4489	0.2287
Emp_statu	Unemployed	1	1.0806	0.4364	6.1327	0.0133

```
/* 使用显著变量构建逻辑模型 */
/*Program2.1*/

ODS GRAPHICS ON;
proc logistic data = libref.training
descending PLOTS (ONLY) = ROC ;
class Emp_status/ param=ref ref=first;
model default = Checking_amount Term Credit_score Emp_status
Amount Saving_amount Age/ link=logit ;
score data = libref.testing out=WORK.Logistic_output;
run;
ODS GRAPHICS OFF;
```

表 2-12 显示了系数(标记的估计)、标准误差(误差)、沃尔德卡方统计以及相关联的 p 值。系数表 2-12 显示了变量，其中只有 p 值小于 0.05 的变量在模型中才能起到有意义(显著)作用，因此所有其他 p 值小于 0. 05 的无意义变量都被移除了。仅仅使用有意义的变量，如 Checking_amount、Term、Credit_score、Saving_ amount、Age 和 Emp_status 来重新构建最终的模型。

表 2-12 系数表(4)

最大似然估计值分析					
参数	DF	估计	标准误差	沃尔德卡方	Pr > ChiSq
Intercept	1	36.0641	4.0925	77.6561	<0.0001
Checking_amount	1	−0.00477	0.000738	41.8069	<0.0001
Term	1	0.1919	0.0571	11.2911	0.0008
Credit_score	1	−0.0121	0.00249	23.4346	<0.0001

(续表)

参数		DF	估计	标准误差	沃尔德卡方	Pr > ChiSq
Emp_status	**Unemployed**	1	0.8525	0.3811	5.0030	0.0253
Amount		1	0.000846	0.000598	2.0008	0.1572
Saving_amount		1	−0.00410	0.000650	39.7314	<0.0001
Age			−0.6251	0.0713	76.8687	<0.0001

```
/* 只使用有意义的变量重新构建最终逻辑模型 */
/*Program2.2*/

ODS GRAPHICS ON;
proc logistic data = libref.training
descending PLOTS (ONLY) = ROC ;
class Emp_status/ param=ref ref=first;
model default = Checking_amount Term Credit_score Emp_status
Saving_amount Age/ link=logit ;
score data = libref.testing out=WORK.Logistic_output;
run;
ODS GRAPHICS OFF;
```

我们将 Program 2.2 的逻辑回归输出划分成几个部分，并在下面分别讨论。

Program 2.2 输出的 Part 1 和 Part 2 显示了正在分析的训练数据文件，在分析中所读取所使用的观察样本总数等于 700。违约是分析中的因变量或目标变量。SAS 使用二进制逻辑模型建模违约，优化的技术使用的是费雪计分。

Part 1

LOGISTIC 程序	
模型信息	
数据集	LIBREF.TRAINING
响应变量	Default
响应层级数目	2
模型	binary logit
优化技术	Fisher's scoring

Part 2

所读取的观察样本数目	700
所使用的观察样本数目	700

Program 2.2 的 Part 3 显示的是正在建模的 Default=1 的概率，这在代码中使用降序的选项进行显示。

Part 3

响应资料

有序值	违约	总频率
1	1	210
2	0	490

所建模的概率为 Default=‘1’。

Program 2.2 的 Part 4 显示在 Emp_status 中，使用 0 表示 Employed，1 表示 Unemployed。

Part 4

类别层级信息

类别	值	设计变量
Emp_status	就业	0
	无业	1

模型收敛状态

满足收敛标准(GCONV=1E-8)

来自 Program 2.2 的 Part 5 的模型拟合统计显示了模型拟合输出，这有助于评估模型的整体拟合。完全模型-2 log L(885.210)用于与嵌套模型比较。AIC 和 SC 是在模型中使用的信息标准。

Part 5

模型拟合统计

标准	仅截距	截距和协变量
AIC	857.210	254.069
SC	861.761	285.926
-2 Log L	855.210	240.069

Part 6 显示的是似然比检验、评分检验和沃尔德检验。具有 6 个自由度的似然比，卡方为 615.1415，其相关 p 值为 0.0001，表示完全模型的拟合比 Null 模型的拟

合好得多。类似的，具有 6 个自由度的评分检验，卡方为 443.5417，其相关 *p* 值为 0.0001；具有 6 个自由度的沃尔德检验，卡方为 133.8054，其相关 *p* 值为 0.0001，这表示模型在统计学上是显著的。

Part 6

检验全局零假设: BETA=0			
检验方法	**卡方**	**DF**	**Pr > ChiSq**
似然比检验	615.1415	6	<0.0001
评分检验	443.5417	6	<0.0001
沃尔德检验	133.8054	6	<0.0001

来自 Program 2.2 的 Part 7 的 3 型效应分析(Type 3 Analysis of Effects)分别显示了模型中单个变量的检验。卡方检验统计和相关的 *p* 值(*p* 值小于 0.05)表示在模型中 6 个变量的每一个都能显著改进模型拟合。

Part 7

3 型效应分析			
效应	**DF**	**沃尔德卡方**	**Pr > ChiSq**
Checking_amount	1	42.3971	<0.0001
Term	1	11.4042	0.0007
Credit_score	1	22.7258	<0.0001
Emp_status	1	5.2419	0.0220
Saving_amount	1	39.5409	<0.0001
Age	1	79.5906	<0.0001

Program 2.2 的 Part 8 的表 2-13，显示了系数(标记的估计)、标准误差(误差)、沃尔德卡方统计以及相关联的 *p* 值。系数表 2-13 显示了所有显著变量，即 *p* 值小于 0.05，如 Checking_amount、Term、Credit_score、Saving_amount 和 Age。由于这些变量的 *p* 值小于 0.05，因此在统计学上，Checking_amount、Term、Credit_score、Saving_amount 和 Age 的系数是显著的。在逻辑回归模型中，预测变量每增加一个单位，在输出的比值对数上就显示出变化(增加或减小)。这可以解释为：

- Checking_amount 每改变一个单位，银行贷款违约与银行贷款未违约比值的对数将减少 0.004。
- Term 变量也类似，Term 变量增加一个单位，银行贷款违约与银行贷款未违约的比值的对数将增加 0.174。

- 对于 Emp_status 类别，系数具有不同的解释。例如，具有 unemployed 的 Emp_status 对比具有 employed 的 Emp_status，这使银行贷款违约比值对数增加了 0.871。

表 2-13 系数表(5)

Part 8

最大似然估计值分析						
参数		DF	估计	标准误差	沃尔德卡方	Pr > ChiSq
Intercept		1	37.0413	4.0704	82.8109	<0.0001
Checking_amount		1	−0.00476	0.000731	42.3971	<0.0001
Term		1	0.1919	0.0568	11.4042	0.0007
Credit_score		1	−0.0119	0.00249	22.7258	<0.0001
Emp_status	**Unemployed**	1	0.8711	0.3805	5.2419	0.0220
Saving_amount		1	−0.00409	0.000651	39.5409	<0.0001
Age		1	−0.6296	0.0706	79.5906	<0.0001

Part 9 比值比估计值显示了每个显著变量的点估计值，以及无相互作用变量对应的 95%沃尔德置信区间。比值比是幂系数，如 Checking_amount 的系数值为 −0.00476，其 exp(0.00476)为 0.995。类似的，Term 系数的值为 0.1919，其 exp(0.1919)为 1.212，同样也可以计算其他变量的幂系数。

例如，这可以解释为，Checking_amount 每增加一个单位，银行贷款违约(与银行贷款未违约)的比值将减少，为原先的 0.995。类似的，Term 每增加一个单位，银行贷款违约(与银行贷款未违约)的比值将增加，为原先的 1.212 倍。

Part 9

比值比估计值			
效应	点估计	95%沃尔德置信区间的上限和下限	
Checking_amount	0.995	0.994	0.997
Term	1.212	1.084	1.354
Credit_score	0.988	0.983	0.993
Emp_status unemployed vs employed	2.389	1.134	5.037
Saving_amount	0.996	0.995	0.997
Age	0.533	0.464	0.612

所预测概率和所观察的反应相关的 Part 10 显示了评估模型预测准确性的一些测量值，以及在预测目标变量或因变量时，模型的表现。

Part 10

预测概率与所观察反应的关联			
一致性百分比	97.7	**Somers' D**	0.953
不一致性百分比	2.3	**Gamma**	0.953
相持百分比	0.0	**Tau-a**	0.401
对数	102900	**C**	0.977

图 2-8 显示了接收者操作特征(ROC)曲线和曲线下方面积(AUC)。将灵敏度作为 y 轴，将 1-特异性作为 x 轴，在对角线上方的曲线表示性能较好，在对角线下方表示性能较差，接近于 1 表示最佳性能。

曲线下方面积(AUC)值的变化范围为 0.5~1.0，其中 0.5 表示最差或糟糕的预测能力，而 1.0 被认为具有准确或最佳的预测能力。图接近于 1 表示模型预测的准确性高。AUC 的值越高，模型预测的准确性越好；AUC 的值越低，模型预测的准确性越差。在这个模型中，AUC 的值为 97%，这表示该模型具有较高的预测准确性。

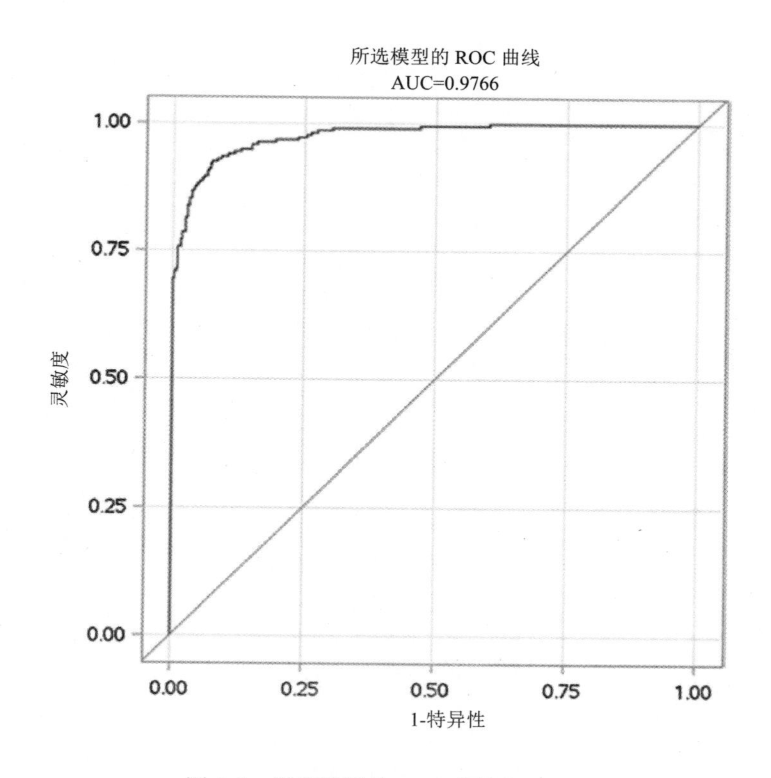

图 2-8 逻辑模型的 ROC 曲线和 AUC

2.6 小结

在本章中，我们学习了银行业中数据分析的应用，这是最先采用计算机和数据分析的其中一个领域。在本章中所讨论的模型是逻辑回归模型。本章讨论了模型的各种特性、特征和假设。对于银行业而言，预测银行贷款违约是一个有挑战性的问题，这有助于银行在借出银行贷款方面，更好地了解其客户。本章借助预测银行贷款违约的案例分析，展示了在真实生活场景中模型的实际应用。本章使用 R 和 SAS Studio 进行了模型的开发、执行、可视化、结果分析和评价。

第 3 章

零售业案例分析

零售指的是从制造商和批发商处大批量地购买产品和服务，然后将这些产品和服务销售出租给单个消费者，供个人和家庭使用的行为[1]。在零售业中，产品和服务可以通过各种渠道销售给消费者，如实体店销售、网上销售、电邮销售、电话销售和上门销售。零售业是世界上最大的私营行业之一，在经济成功中扮演了重要的角色。来自美国人口普查局公布的数据表明，仅在美国，2015 年，零售业的利润就超过 47000 亿美元[2]。

传统零售业的主体为小型的当地商店，但是今天，全球化、技术和不断变化的消费观念已经完全改变了零售业。今天的零售业由大型的零售连锁店主宰， 如沃尔玛、好市多和电子商务巨头亚马逊[3]。

美国和欧洲公司主宰着全球零售市场。沃尔玛公司是全球最大的零售商，CVS 和亚马逊分别占据了第二和第三的位置。其他一些顶级的全球零售商，包括好市多、乐购、克罗格、OHG、麦德龙、家得宝、Careefour SA 和 Target。在电子商务或在线零售领域，亚马逊拔得头筹，阿里巴巴紧随其后。

在本章中，我们将讨论分析在零售业中的关键应用，然后讨论时间序列分析的 ARIMA 方法的一般性质，以及 ARIMA 模型的步骤。我们也将讨论季节性 ARIMA(SARIMA)模型，同时演示使用季节性 ARIMA 模型(SARIMA)基于 R 和 SAS Studio 进行销售预测的案例分析。

3.1 零售业中的供应链

在零售供应链中的主要参与者包括制造商、批发商、零售商和消费者。供应链管理是任何企业或行业的一个重要方面，但是在零售行业的情况下，这是极为重要的一个方面。今天零售巨头的成功在很大程度上依赖于优化复杂的供应链(由多个国家和多个国际的制造商和批发商组成)。我们也做出了努力，减少中间环节，从而减少从生产端到消费端的时间，增加利润。传统的零售供应链顺序包含了由批发商批量购买制造商的产品，然后转售给各种零售商。零售商负责最终销售产品给消费者。零售巨头沃尔玛和亚马逊都采用了创新的供应链管理方法，其中包括，直接与制造商交易，具有优化的配送中心网络，并且在一些情况下，也管理自己的运输网络[4]。图 3-1 显示了传统零售供应链中的关键参与者及其他们的角色。

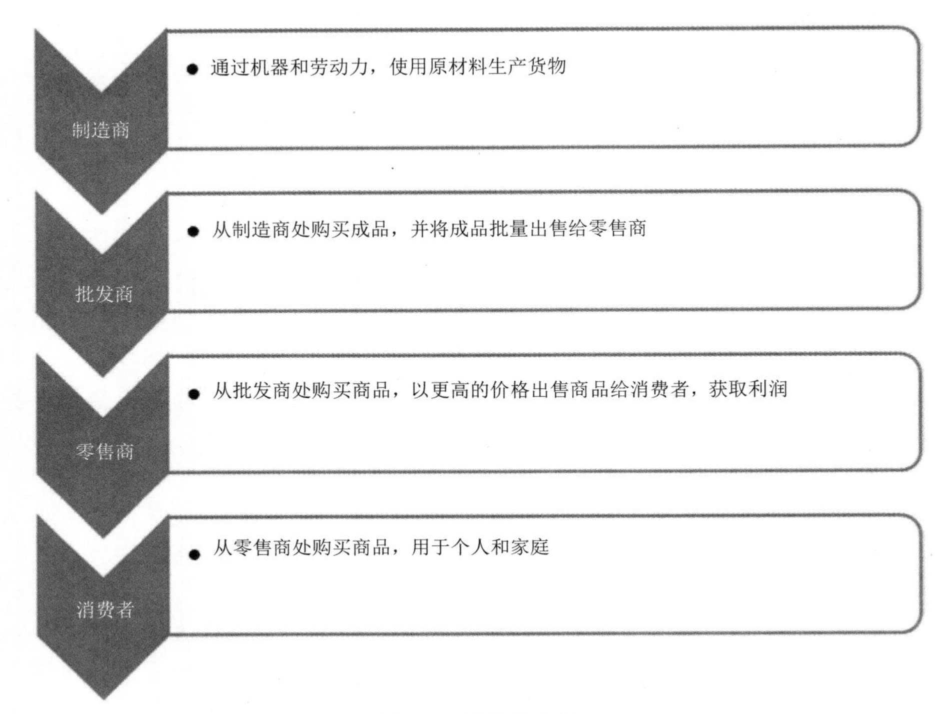

图 3-1　零售供应链

3.2　零售商店的类型

零售店的类型有若干种，这些类型的零售店，在业务规模、销售策略和定价方面都彼此不同[5]。

- 百货商店：在百货商店中，最终用户在同一个商店中就可以购买不同的产品，如服装、电子产品、家居用品等。每个百货商店都有自己的营销策略，推销他们的产品，使用最有效的方式服务消费者。梅西公司(Macy’s Inc.)就是百货公司的一个例子。

- 超级市场：超级市场零售商专注于以较低、实惠的价格销售食品和非食品物品。在超级市场中，消费者可以购买商品，也可以享受其他服务，如药店、花店等。Costco 公司就是超级市场的一个示例。
- 便利店：便利店即迷你超市，由于这些商店位于居民区，开得早，关得晚，因此会以较高的价格销售有限范围内的一些产品。7-11(7&I 控股)就是便利连锁店的一个例子。
- 专卖店：在专卖店中，客户可以购买某个特定行业的专门产品。在这样的商店中，由于专门的销售人员具有关于产品的专业技能和知识，因此客户服务质量非常高。专卖店专注于商店布局、商品推销和推广品牌，让品牌更加流行。Zara 服装就是专卖店的一个例子。
- 折扣店：折扣店是为了增加销售量，应用了许多战术，提供了种类繁多高折扣产品的零售店类型。折扣店可以是全线的折扣店，如沃尔玛，它们以一定的折扣，销售所有类型的商品，如服装、家居用品、玩具等。专业折扣店，如 Home Depot，提供了单线的折扣价。
- 电子零售商：电子零售商能够让客户在线购买产品，以合理的价格快速地交付高质量的产品，如亚马逊。

3.3 零售行业中分析的作用

零售业是消费数据驱动的行业，这个行业每天都在产生大批量的消费交易数据。例如，沃尔玛是世界上最大的零售商，每小时产生近百万客户的交易数据，但是收集这些多样化的数据，对零售商而言是不够的。为了从这些多样化的数据中得到见解，要应用预测性建模和提前分析，这有助于零售商在当今这个动荡的市场中做出有效的决策。

传统的零售店和电子商务公司都广泛地应用预测性分析来分析历史数据，构建客户参与、供应链优化、价格优化、空间优化和分类规划的模型。下面我们讨论一些关键应用的概述。

3.3.1 客户参与

在客户参与方面，预测性分析起了关键作用。零售公司通过社交媒体、网站、店内销售等采集了大量的数据。零售业的成功在很大程度上依赖于对消费者心态和行为的理解，以及依赖于制定客户参与的战略，来吸引越来越多的客户。

在今天这个竞争激烈的市场，所有的零售商都取消了传统的地毯式促销活动，代之以更成熟的客户参与的方法，即零售商提供更人性化和更定制化的优惠，锁定消费者[6]。为了分析海量的在线数据和店内数据，零售商应用预测性建模和机器学习算法，360 度无死角地理解客户[7]。

我们通过模式分析模型，如相关性分析或购物篮分析，分析客户的消费行为。这些模型有助于零售商理解产品或物品的似然性，即客户倾向于一起购买这些产品[8]。关联规则挖掘考虑了 Apriori 算法中的支持度、置信度和提升度，帮助在大数据项集中找到相关性。

在客户参与方面，为客户提供智能而满意的购物体验具有附加值。我们通过观察消费者过去的购买行为，使用推荐引擎和协同过滤技术，推荐产品给消费者。我们应用使用了预测性建模技术，如 k-均值(k-means)的客户细分方法，基于客户的购买行为、喜好的物品、厌恶的物品，对客户进行细分[9]。所有这些技术有助于零售商以更好的方式理解客户的行为，并相应地调整其营销活动，使用个性化和定制化的报价锁定他们，最终使得客户进行更多的购买，获得更多的用户忠诚度。

网络和社交媒体分析是分析消费者心态的另一个关键驱动因素，有助于客户参与。使用自然语言处理技术[10]、文本分析和情感分析来分析消费者数据、挖掘客户在社交媒体(如 Twitter、Facebook)上关于产品和服务的评价有助于以有效的方式了解客户的心态。

例如，零售公司 X 为了了解客户的想法以及客户对其产品的看法，通过进行情感分析，让消费者对其产品和服务进行评分，分析来自线上销售和店内销售的客户的历史评论数据。无论消费者的情感是正面的、负面的还是中性的，这都有助于公司了解让客户开心和满意的因素；反之，也有助于公司了解什么因素让客户不开心和不满意。这将有助于公司制定战略营销和促销方法，解决不开心客户的问题，重新获得他们的信任，从而增加客户的忠诚度[11]。让客户开心是增加零售企业收入和利润的关键。

3.3.2　供应链优化

在零售企业中，预测性分析和大数据技术在管理有效顺畅的供应链方面扮演了尤为重要的角色。今天的零售市场正在蓬勃发展，竞争非常激烈。为了在这样竞争激烈的环境中茁壮成长，所有成功的零售商，如沃尔玛、CVS 和 Costco，为了驱动销售，提高利润率，都在使用内部和外部数据，应用提前分析和机器学习技术，有效地对供应链进行管理。

供应链定义为所完成的商品从生产商到供应商，并最终交付给消费者的活动。成功高效的供应链管理就是减少库存、需要时产品就在货架上。库存管理是所有零售商所面临的最大挑战，对于所有零售商而言，弥补供需之间的差距是必需的，库存过量或是库存不足都会损害零售企业。因此，对于每个供应商而言，为了击败竞争对手，驱动销售，库存优化是必需的。

高效的物流服务，也就是挑选、打包和运输成品，是另一个关键因素。现代物流服务有助于及时交货，快速给商店补充库存。在任何时刻，物流公司使用自动化设备，如 RFID 技术，即利用电磁场自动识别和跟踪附着在物品上的标签，确定运输物品的位置，确定所运输物品在多长时间内将会到达目的地[12]。通过在历史数据上应用预测性分析分类模型，如决策树、逻辑回归等，有助于零售商确定物品的运输是否有延迟，这样客户就可以通过电子邮件得到通知。

同样，在仓库管理系统中，RFID 技术可以帮助零售商在较短的时间内，找到其想知道包装盒的所有详细信息，并且不容易出现人为错误。在运输过程中，采用 RFID 技术的零售商甚至可以明显地给出物流中心的信息。

自动补充系统，如识别技术(条形码和扫描仪)[13]，有助于零售商追踪出货率，并且有助于零售商更快地补充商店内的库存，如何时订购，订购的量等。在 SCM 业中，为了减少对人工的依赖，使用了一些自动化设备，最终导致生产率的提高，减小了人工操作的错误。

3.3.3 价格优化

在零售中，定价是驱动毛利率和销售数据的一个关键因素。对于零售商而言，确定正确的产品价格是非常关键的。高价格将会削弱客户忠诚度，特别是当消费者对价格非常敏感，而低廉价格或降价促销将会产生低利润，对零售商造成损失。

在零售业中，价格优化包括两个主要步骤：价格弹性，这显示了价格上的变化对产品(除了奢侈品)需求的影响；价格水平优化，即如何设定价格最大化产品的利润。

传统零售习惯仅仅依赖过去的经验和假设进行产品定价，但是现在，预测性分析在如何在适合的时间对适合的产品设定适合的价格中起到了巨大的作用。确定对驱动产品销售起重要作用的因素有助于零售商以更好的方式确定最优价格，制定降价策略，防止会造成零售商数百万美元损失的不必要的降价促销。

高级分析方法，如决策树、逻辑回归、需求模型[14]、和价格弹性分析有助于为每个产品估算价格回应率，确定最优价格[15]。这有助于零售商销售更多产品，获得更多的利润。同样，店间库存有助于由于人口因素，将某个商店不好销售的产品转移到相关的对此产品需求较高的另一家商店，因此可以以全价格、盈利的方式卖出此产品。这些策略在消除不必需的降价促销、提高盈利能力方面非常有帮助。

3.3.4 空间优化和分类组合规划

在当今这个竞争激烈的世界中，空间优化和分类组合规划已成为在零售行业中所有零售商、制造商和批发商的必需技能。分类组合规划指的是为了驱动高销售高利润，基于尺寸、样式、颜色等，得到关于在商品类别中展示的产品类别、产品宽度、展示量信息的过程。图 3-2 显示了最大零售巨头沃尔玛的分类规划过程。

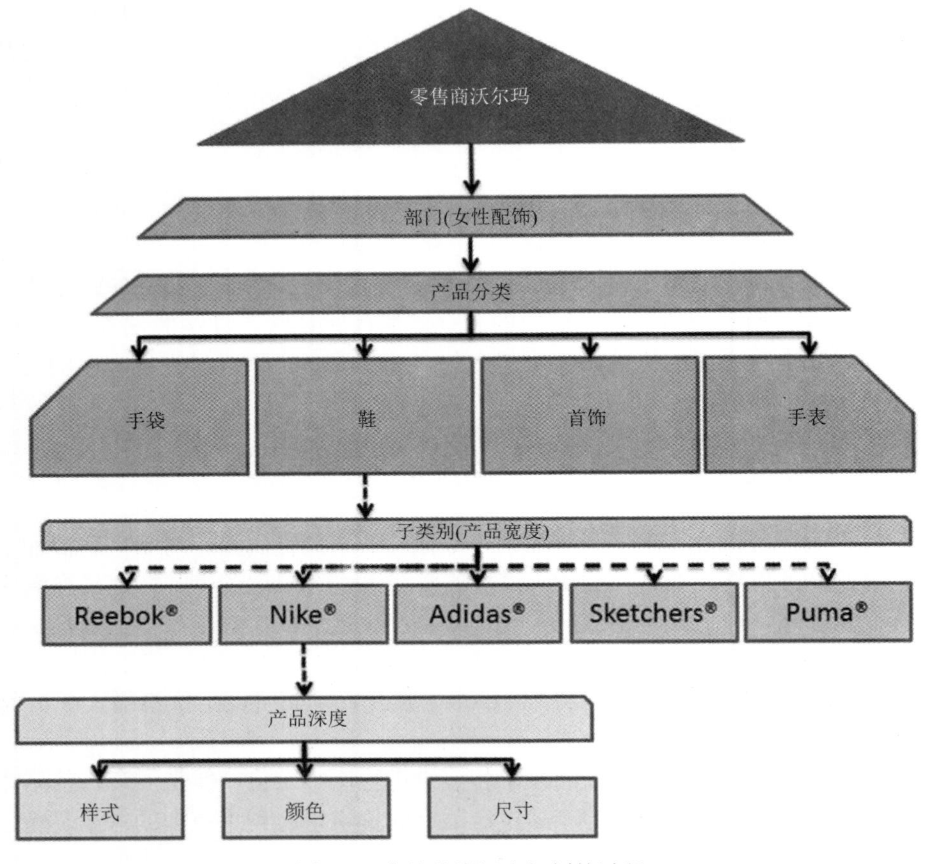

图 3-2　商品分类组合规划的过程

从成本和需求这两个角度来看，高效的商品组合对于所有零售商都是有帮助的。如果商店中有热销的物品，那么这就可以最小化运营成本，并且通过提供给客户最优选 SKU(存货单位)，满足客户需求，从而提高客户满意度。低效的商品组合提高了库存成本。例如，如果在货架上低需求的产品占据了很长的时间，那么它们阻碍了热销物品放在其位置上的可能性，从而间接影响了商店可能的总收入。同时，不良滞销的商品组合将使得商店看起来非常陈旧，从而进一步影响客户满意度。

空间优化和分类组合规划是密不可分的。哪些产品类别应放置在商店中的什么位置，某些物品或产品类别应该分配多少空间，这对零售商而言都是非常重要的决定，基于历史数据，各个零售商的决定都是不同的。例如，在便利店分配给面包的空间与在杂货店分配给面包的空间是不同的，这是因为便利店可以仅仅提供 3SKU

给面包，而传统的杂货店可能需要提供 30SKU 给面包。面包对传统的杂货店而言，更重要，而对便利店而言，不是很重要，因此在面包空间的分配上会出现不同，从而在商品组合上也出现了不同。借助预测性分析和机器学习算法，如决策树、市场购物篮分析等[16]，通过分析历史数据，有助于零售商找出哪种类型的物品或产品应该放在商店中的什么位置，在货架上应该给哪种产品类别更多空间。

3.4 案例分析：使用 SARIMA 模型为 Glen 零售商提供销售预测

在此零售的案例分析中，数据与零售商 Glen 的食品和饮料的销售相关。零售商使用机器学习算法，如 ARIMA(自回归集成移动平均模型)或 ANN(人工神经网络)多元回归等[17]，进行销售预测，帮助零售商更好地规划库存、提高商店的生产效率，做出有效的商业决策。

时间序列数据的定义为在一系列规则的时间间隔内所观测到的值，例如，每月、每周、每季度等。如果数据不是在一系列规则的间隔内观测得到，则这些数据不适合用于预测。在这样的场景中，要通过将不规则的数据转化为规则的时间序列数据填充数据中的间隙。我们可以使用多种方法填充或汇总数据，使得数据适用于时间序列分析。在一个单变量的时间序列中，只有一个目标变量，我们可以使用其值来预测未来，使用它来进行销售预测、天气预测、商品价格预测等。时间序列数据遵循不同类型的模式，我们可以将时间序列数据分为趋势、季节性、周期性和随机性分量[18]。在数据中，时间序列可能拥有其中一些分量或所有 4 个分量。这些分量通常可以进行相乘或相加，如：

Y_t=T+S+C+R……加法

Y_t=T*S*C*R……乘法

(1) 趋势：趋势可以是向上或积极的趋势，也可以是向下或消极的趋势；它通常是持续一年以上的长期模式。当没有出现增加或减少的趋势时，就意味着这个时间序列是均值平稳序列，没有必要在数据中寻找差别。

(2) 季节性：在数据中，在一个规则的时间间隔内出现的模式，如由于圣诞节，12 月出现了销售高峰，这种模式在每年的 12 月都会出现；对于季度性或日常性数据，也是如此。季节性通常具有一个固定的周期。如图 3-3 所示，这是显示出了季节性模式的月度零售数据，这种模式在每年的 12 月重复出现。

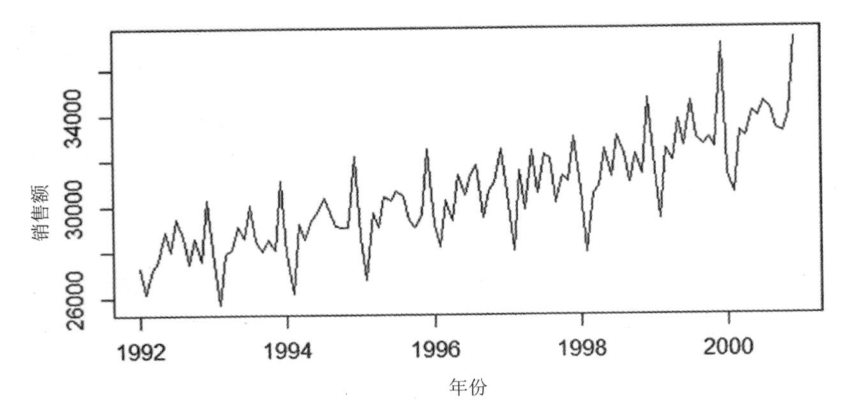

图 3-3　显示出了季节性模式的月度零售数据

(3) 周期性：周期性模式是非季节性分量，在数据中出现时，它有上升和下降的情况，但不是固定的时期。周期性趋势至少需要一年以上，并且周期性不是规则的模式，除了时间，很多其他因素也会影响周期性，如经济衰退、通货膨胀等。例如，在不同的时间段，每个国家都有不同的预算政策。

(4) 随机性：随机性分量在数据中是不能解释和不可预测的分量。每个时间序列都具有一些不可预测和不可解释的分量。从序列中提取出所有三种序列(趋势性、季节性和周期性)后，剩下的分量具有随机性，是不可预测的。

ARIMA 模型概述

ARIMA 模型是在单变量时间序列数据中最广泛使用的计量经济学模型之一。Box 和 Jenkins 最早使用它来开发单变量时间序列模型进行预测。ARIMA 模型也被称为 Box-Jenkins 模型。ARIMA 表示的是自回归集成移动平均[19]。ARIMA 模型具有三个参数：AR、I 和 MA，其中 AR 是自回归的缩写，由 p 表示；I 是整合的缩写，由 d 表示；MA 是移动平均的缩写，由 q 表示。

1. 自回归模型

自回归(AR)模型由参数 p 表示。我们将自回归模型定义为其输出变量 Y_t 可以使用过去的值进行回归的模型，例如：

Y_{t-1}，表示 AR=1

Y_{t-2}，表示 AR=2

Y_{t-3}，表示 AR=3

自回归模型的通用表示如下。

$$Y_t = \beta_0 + \beta_1 Y_{t-1} + \beta_2 Y_{t-2} + \beta_3 Y_{t-3} + \cdots \beta_p Y_{t-p} + \varepsilon_t$$

其中

Y_t =在时间段 t 测量的 y

β_0=常数

$\beta_1 Y_{t-1}$ = AR(1)模型，使用时刻 t-1 的值预测时刻 t 的值

$\beta_2 Y_{t-2}$ = AR(2)模型，使用时刻 t-1 和 t-2 的值预测时刻 t 的值

$\beta_3 Y_{t-3}$ = AR(3)模型，使用时刻 t-1、t-2 和 t-3 的值预测时刻 t 的值

$\beta_p Y_{t-p}$ = AR(p)模型，使用时刻 t-p 的值预测时刻 t 的值

ε_t=误差项

2. 移动平均模型

移动平均(MA)模型使用参数 q 表示。我们将移动平均模型或 MA 模型定义为输出变量 Y_t 只依赖于自身过去值的随机误差项，例如：

ε_{t-1}，表示 MA=1

ε_{t-2}，表示 MA=2

ε_{t-3}，表示 MA=3

移动平均模型的通用表示如下所示。

$$Y_t = \beta_0 + \varepsilon_t + \Phi_1 \varepsilon_{t-1} + \Phi_2 \varepsilon_{t-2} + \Phi_3 \varepsilon_{t-3} + \cdots \Phi_q \varepsilon_{t-q}$$

其中

Y_t =在时间段 t 测量的 y

β_0=常数

ε_t=误差项

$\Phi_1 \varepsilon_{t-1}$ = MA(1)模型，时间 t 的值取决于过去值误差项 ε_{t-1}

$\Phi_2 \varepsilon_{t-2}$ = MA(2)模型，时间 t 的值取决于过去值误差项 ε_{t-1} 和 ε_{t-2}

$\Phi_3 \varepsilon_{t-3}$ = MA(3)模型，时间 t 的值取决于过去值误差项 ε_{t-1}、ε_{t-2} 和 ε_{t-3}

$\Phi_q \varepsilon_{t-q}$ = MA(q)模型，时间 t 的值取决于过去值误差项 ε_{t-q}

3. 自回归移动平均模型

当将自回归(AR)和移动平均(MA)模型结合在一起时，它们就成为 ARMA 模型。在这种情况下，时间序列模型取决于其过去值 p 和其过去的误差值 q。自回归移动平均模型的通用表示如下所示。

$$Y_t = \beta_0 + \beta_1 Y_{t-1} + \beta_2 Y_{t-2} + \cdots \beta_p Y_{t-p} + \varepsilon_t + \Phi_1 \varepsilon_{t-1} + \Phi_2 \varepsilon_{t-2} + \cdots \Phi_q \varepsilon_{t-q}$$

4. 集成模型

在时间序列分析中，自回归集成移动平均模型(ARIMA)是自回归移动平均模型(ARMA)的泛化。比方说，我们对预测食品和饮料的销售感兴趣。一些误差与预测相关。ARMA 模型告诉商家，未来的食品饮料销售如何取决于过去的食品饮料销售和与其相关的误差。ARIMA 模型在将食品饮料销售的趋势分量或季节分量计入考量之后，也给出了同样的信息。因此，从应用的角度来看，ARMA 模型不足以应用于非平稳时间序列的情况，而 ARIMA 模型可以囊括非平稳时间序列的情况。在 ARIMA 模型中，最重要的标准是序列必须是平稳的。当 Y 不依赖于时间时，我们可以认为序列是平稳的；这表示序列 Y_t 的均值和方差不随时间的改变而改变，是不变的。如图 3-4 所示，这显示的是一个平稳的序列。

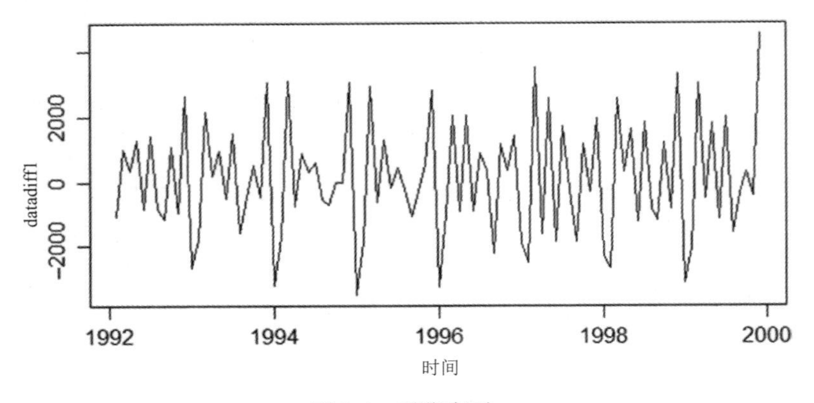

图 3-4　平稳序列

当序列 Y 依赖于时间，其均值和方差随着时间的变化而变化，我们认为此序列是非平稳的。如图 3-5 所示，这是非平稳序列。

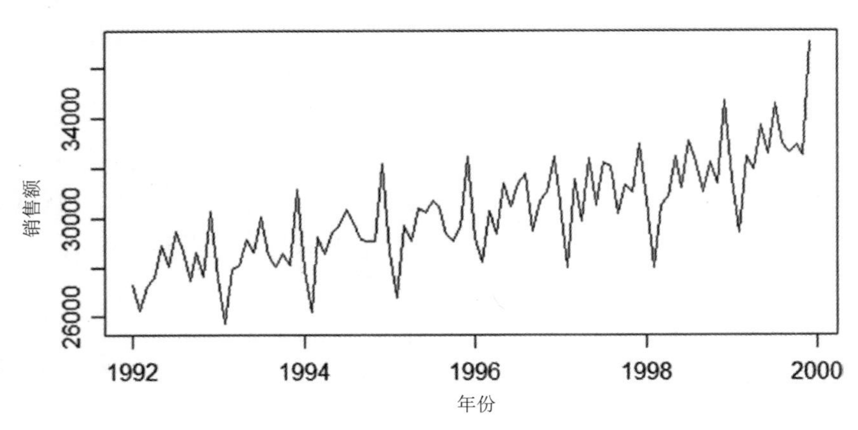

图 3-5　非平稳序列

如果是非平稳序列，我们会进行数据差分将序列转换为平稳序列，这样可以获得均值为 0。如果方差不是常数，那么我们对转换求对数，让方差变成常数。可以进行一次或多次差分操作使序列平稳。当序列进行差分操作一次，我们就可以说，这进行了一阶积分，使用 I(1)表示；对序列进行差分操作两次，我们就可以说，这进行了二阶积分，使用 I(2)表示；当序列不需要差分操作就是平稳的，我们使用 I(0)表示，在此种情况下，(d=0)，我们将其称为 ARMA(p，q)模型。在差分的情况下，过差分会给出错误的预测，是不好的，因此为了让序列平稳，获得正确的预测，正确的差分是关键。

3.5 ARIMA 建模的三个步骤

使用 Box-Jenkins 方法的单变量时间序列预测模型由三个阶段组成：识别、估计和预测。Box-Jenkins 方法只适用于平稳序列，因此第一步是检查序列是否平稳。如果序列不平稳，那么借助差分操作得到平稳序列。下一步是检查是否有白噪声，如果在模型中有白噪声，那么序列不适用于 ARIMA 模型。对于白噪声及其影响的详细解释将在第二部分的 Program 1 中说明。

3.5.1 识别阶段

在识别阶段，我们进行差分操作得到平稳序列。相关性方法基于自相关函数(Autocorrelation Factor，ACF)和偏自相关函数(Partial Autocorrelation Factor，PACF)。自相关定义是与自身相关或与相同的序列相关，如在 Y_t 和 Y_{t-1} 之间的相关。ACF 有助于确定 q 的滞后数量。偏自相关函数(PACF)与 ACF 类似，定义为在移除了中间时间滞后处的相关效应时，Y_t 和 Y_{t-p} 之间的相关。PACF 有助于识别 p 的滞后数量。

ACF 相关图是 ACF 相对于滞后(lag)的图，类似的，PACF 相关图是 PACF 相对于滞后(lag)的图。在 ACF 和 PACF 相关图的帮助下，可以确定 p(AR)和 q(MA)的值。另一个方法是基于最大似然的信息标准。我们认为具有最低 AIC 值的 ARIMA(p，d，q)模型是最佳模型。具有平稳序列和非平稳序列的 ACF 和 PACF 的详细解释将在本章的 3.8 节和 3.9 节中看到。图 3-6 所示的是 ACF 相关图，图 3-7 所示的是 PACF 相关图。

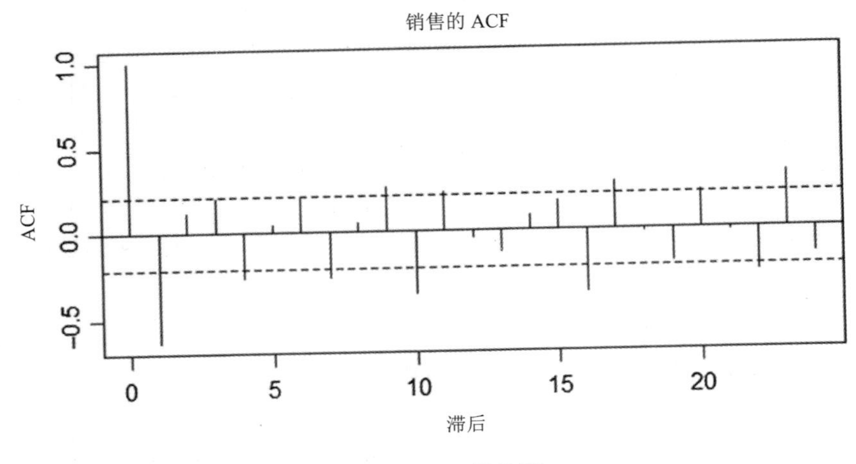

图 3-6 ACF 相关图

自相关函数(ACF)是时间序列和其自身滞后之间相关系数的曲线图。通过观察 ACF 曲线图，我们可以初步确定 AR 项的数量。

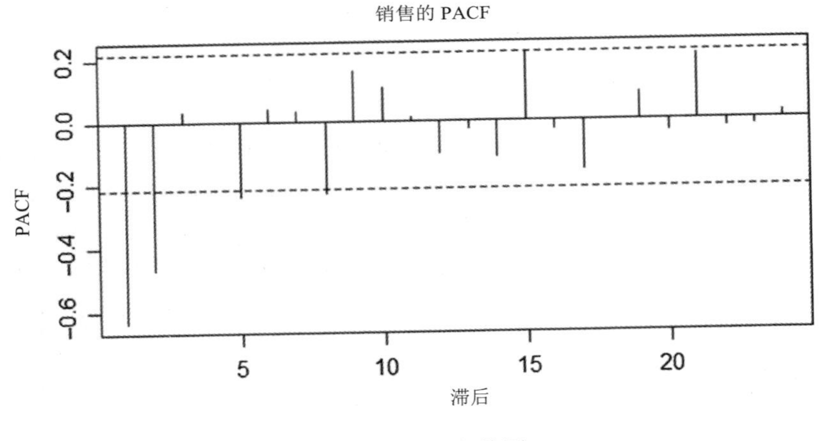

图 3-7 PACF 相关图

偏自相关函数(PACF)是时间序列和其自身滞后之间的偏相关系数。通过观察 PACF 曲线图，我们可以初步确定 MA 项的数量。

3.5.2 估计和诊断检查阶段

在 ARMA 模型中，存在一些方法来估算模型的参数，有 Yule 步行者法、矩量法、条件最小二乘法、最大似然法等。这些方法可以用于参数估计，我们可以一直重复使用这种方法直到选中最好的模型。在诊断检查阶段，我们在显著性检验的帮助下，对模型的适当性进行了测量。通过观察 t 值，可以指示模型中的显著项和非显著项。拟合优度统计检验有助于模型的比较。最好的模型选择标准基于最低 AIC 和 BIC 值。参数估计值的相关性有助于评估参数估计值之间的相关性。参数估计值之间的高相关性会影响到结果。

应用于残差的卡方检验有助于识别白噪声，如果在残差中存在自相关，这意味着没有白噪声；如果残差不相关，这意味着存在白噪声。残差必须是不相关的，均值为 0；如果残差的均值不是 0，这意味着预测有偏差。

3.5.3 预测阶段

最后一个阶段是预测阶段，即在预测的 95%置信区间(即较低的置信区间和较高的置信区间)内和标准误差估计范围内，我们对时间序列的未来值进行了预测。Lead 指的是预测多少个周期，如 12 个月、1 年等；ID 指的是日期，用于标识时间序列观察样本的日期；区间指的是数据是每月、每周还是每年，我们使用 out 选项存储预测的输出。图 3-8 显示的是对销售的预测。深黑色线显示的是销售的预测值。

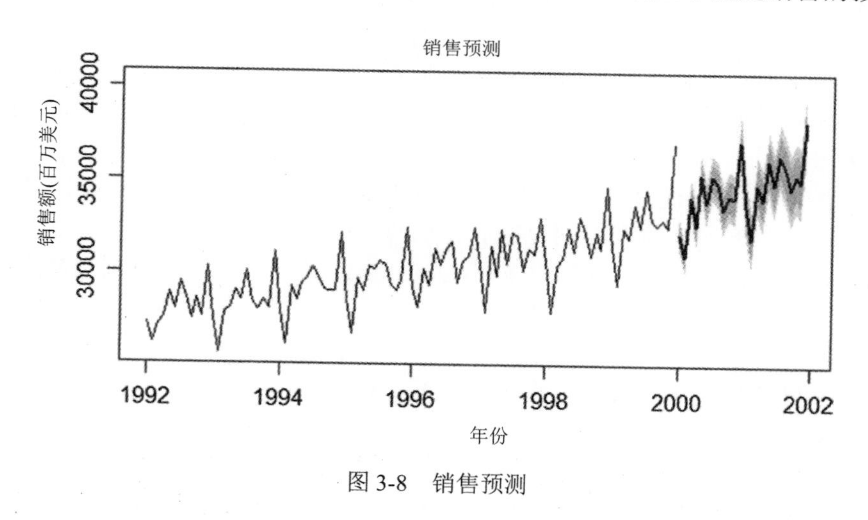

图 3-8 销售预测

3.6 季节性 ARIMA 模型或 SARIMA

季节性 ARIMA 模型或 SARIMA 包括季节性和非季节性因素，这些因素出现在乘法模型中。季节性 ARIMA 模型表示为：

ARIMA(p, d, q)×(P, D, Q)s

其中

p =非季节性自回归或 AR 阶数

d =非季节性差分(I)或积分阶数

q =非季节性移动平均或 MA 阶数

P =季节性自回归或 AR 阶数

D =季节差分(I)或积分阶数

Q =季节性移动平均或 MA 阶数

s =重复季节性模式的时间周期

例如，$ARIMA(1,1,1)\times(1,1,1)_{12}$

这个模型包括非季节性 AR(1)项、非季节性差分(1)、非季节性 MA(1)项、季节性 AR(1)项、季节性的差分(1)、季节性的 MA(1)项，并且月度数据的季节性时间周期为 s=12。

在时间序列上季节性是一种持续的模式，即在 s 个时间周期内重复，其中 s 是重复季节模式时间周期的数目。例如，当月度数据中存在季节性时，s 等于每年 12 个时间周期；当在季度数据中存在季节性时，s 等于每年 4 个时间周期；当在周度数据中存在季节性时，s 等于每年 7 个时间周期。由于在数据中存在连续的季节性模式，因此季节性也可能导致不平稳的序列，例如，当在月度销售数据中存在季节性，每年特定的月份就重复了销售旺季和淡季的模式。

时间序列模型涉及滞后项，也可能涉及差分数据(对趋势性做出解释)。在描述时间序列滞后的差分过程中，Backshift 算子 B 是一种非常有用的符号。例如，Byt = yt-1 指的是在 yt 上进行 B 运算，效果是将数据向后移 1 个单位。类似的，在 yt 上应用 B 两次，就是将数据在时间上向后移动两个单位。

为了将非平稳序列转换为平稳序列，我们进行了季节性差分：就月度数据而言，季节性差分等于 12，这可以表示为：

$(1-B^{12})Y_t=Y_t-Y_{t-12}$

对于季度数据而言，季节性差分等于 4，这可以表示为：

$(1-B^4)Y_t=Y_t-Y_{t-4}$

如果数据中存在趋势性，那么可以应用非季节性差分。

但是更多情况下，应用的是非季节差分 1，在一些情况下，差分也可以为 2、3，这取决于数据。非季节性差分(1)表示为$(1-B)Y_t=Y_t-Y_{t-1}$。在数据中，当同时存在趋势性和季节性时，为了将序列转换为平稳序列，可以同时应用非季节性差分和季节性差分。图 3-9 显示了 ACF 和 PACF 相关图，其中同时考虑了非季节性和季节性因素。

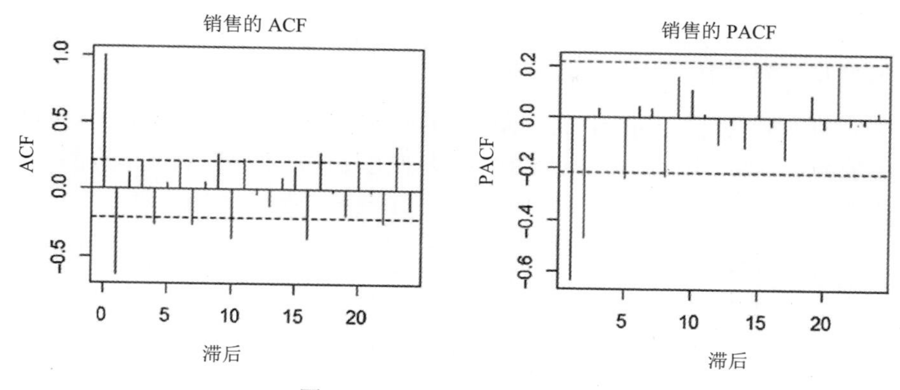

图 3-9　ACF 和 PACF 相关图

在 ACF 和 PACF 相关图中，如图 3-9 所示，观察 ACF 在滞后 0、1、10 和 16 处的尖峰，然后观察 PACF 在滞后 1 和 2 处的尖峰。我们可以将 ARIMA 表示为 ARIMA(2, 1, 1)(0, 1, 1)$_{12}$。

这个模型包括非季节性 AR(2)项、非季节性差分(1)、非季节性 MA(1)项、季节性 AR(0)项、季节性差分(1)、季节性 MA(1)项，并且月度数据的季节性时间周期为 s=12。

3.7　评估时间序列模型的预测准确度

有多种方法来测量预测的准确度。用于评估时间序列模型预测准确性的常见测量方法是比例相关测量法，如平均绝对误差(Mean Absolute Error，MAE)，均方根误差(RMSE)。比例无关的测量法，如平均绝对误差百分比(MAPE)[20]。

(1) 平均绝对误差(MAE)：MAE 是一个非常流行的测量方法，用于评估和预测相同单位的单个数据集上的准确性。MAE 是比例相关的，因此不能用于比较序列(序列使用不同的单位)。例如，让 x 为观测值，x^为预测值，那么预测误差为(预测值 - 观测值)的值，即 $e_i = x\hat{} - x$。

我们将平均绝对误差(MAE)定义为所有绝对误差的平均值，其计算公式为：MAE =mean(| x^ - x|)。

其中

x^ =预测值

x =观测值

(2) 均方根误差(Root Mean Squared Error，RMSE)：同样，RMSE 也是一个比例相关的测量方法，用于比较基于相同比例或单位不同模型的预测能力。误差越小，模型的预测能力越好。RMSE 测量的是残差或预测误差有多大，通过如下公式进行计算：

$$\text{RMSE}=\sqrt{\text{mean}\left(e_{\text{i}}^{2}\right)}$$

(3) 平均绝对误差百分比(Mean Absolute Percentage Error，MAPE)：MAPE 是比例无关的测量方法，因此是一种常用的方法来比较具有不同比例或单位的不同模型的预测能力。在 MAPE 中，正确度使用百分比表示，其计算公式为：

$$\text{MAPE}=\frac{100}{n}\sum_{t=1}^{n}|\ x_{\text{t}}\text{-}x^{\wedge}/x_{\text{t}}\ |$$

其中

x_{t} =实际值

$x^{\wedge}$ =预测值

| |=绝对值符号

MAPE 值越低，模型的预测能力越好；MAPE 值越高，模型预测能力就越差。MAPE 具有一些缺点，它不适用于在观测数据中具有 0 值的情况。非常小的观测值导致了高的百分比误差。具有百分比误差的另一种情况是比例基于数量，因此它仅仅在百分比相同、比例不断变化的情况下发挥作用。

3.8　基于 R 的季节性 ARIMA 模型

在零售的案例分析中，我们讨论了数据以及在数据中使用的变量。然后，我们讨论了基于 R 语言的探索性数据分析，这被认为是数据分析过程中的第一步。探索性数据分析有助于使用可视化和定量的方法，以更开阔的视野观察在现有数据中的模式、趋势、总和、离群值、遗漏值等。我们也讨论了使用食品饮料的综合销售数据，基于 R 语言构建的季节性 ARIMA 模型，模型验证和销售预测。

企业问题：预测零售的食品饮料的销售。

企业解决方案：使用 SARIMA 构建时间序列模型。

3.8.1　关于数据

在这个零售案例分析中，建立季节性 ARIMA 模型，预测零售的食品饮料的销售，并同时生成数据。在这个数据集中，共有 309 个观察样本，两个变量。周期和销售变量是数值型的，数据采集的日期从 1992 年 1 月 1 日到 2017 年 9 月 1 日。在数据中，销售是因变量。我们使用历史数据集来预测零售的食品饮料在未来 30 个月的销售。

基于 R 语言，创建自己的工作目录，导入数据集。

```
#从工作目录中读取数据，创建自己的工作目录，直接读取数据集

setwd("C:/Users/Deep/Desktop/data")

data1 <- read.csv ("C:/Users/Deep/Desktop/data/
final_sales.csv",header=TRUE,sep=",")

#将数据转换成时间序列数据

data <- ts(data1[,2],start = c(1992,1),frequency = 12)
data
```

3.8.2 对时间序列数据执行数据探索

在探索性数据分析中，我们通过可视化和定量方法，以更广阔的视野观察现有数据中的模式、趋势、季节性差异、非季节性差异、总结、离群值、遗漏值等。下面讨论用于数据探索的 R 代码及其输出。

```
#执行探索性数据分析，了解数据

#显示时间序列数据的开始日期

start(data)

[1] 1992 1

#显示时间序列数据的结束日期

end(data)

[1] 2017 9

#显示时间序列数据的频率为月度、季度、还是周度

frequency(data)
```

```
[1] 12

#显示数据类型，这是时间序列数据

class(data)
[1] "ts"

#显示时间序列数据的描述性统计

summary(data)
  Min     1st Qu  Median   Mean   3rd Qu    Max.
28235     35168    42036    43133  50171  64663

#检查在时间序列数据中存在的缺失值

is.na(data)

 [1] FALSE FALSE FALSE FALSE FALSE FALSE FALSE FALSE FALSE FALSE
[11] FALSE FALSE FALSE FALSE FALSE FALSE FALSE FALSE FALSE FALSE
[21] FALSE FALSE FALSE FALSE FALSE FALSE FALSE FALSE FALSE FALSE
```

在这种情况下显示了部分输出。False 表示在数据中没有缺失值；如果在数据中存在缺失值，则表示为 TRUE。

```
#画出时间序列数据
plot(data, xlab='Years', ylab = 'Sales')
```

图 3-10 显示了从 1992 年至 2017 年食品饮料的月度销售数据。

在数据中有一个上升的趋势，由于季节性，即销售(*Y*)依赖于时间，在每年的 12 月存在一个重复的销售旺季模式，因此这是一个非平稳序列。将非平稳数据转化为平稳数据，采用季节性差分是 ARIMA 模型中的第一个重要的步骤。这个平稳序列的均值为 0，方差为常数。

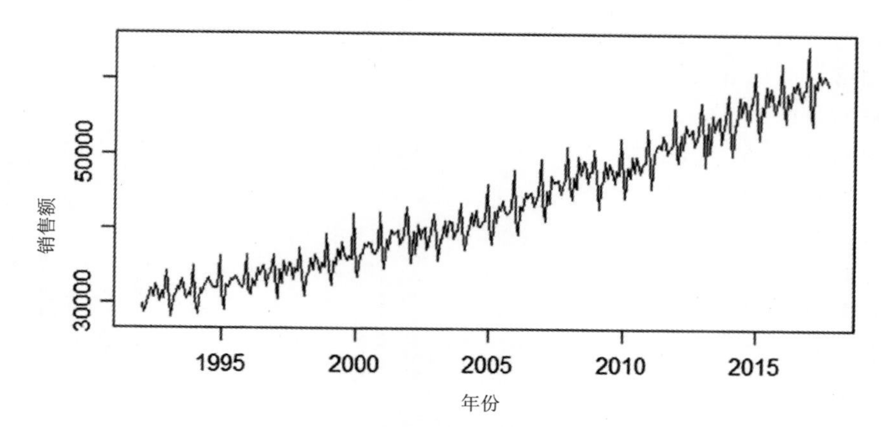

图 3-10　从 1992 年至 2017 年每月的零售食品饮料的销售

```
#安装 astsa 包

install.packages("astsa")
library(astsa)

# 查看原始数据中的 ACF 和 PACF

acf2(data,max.lag = 24)

       ACF  PACF
 [1,] 0.95  0.95
 [2,] 0.93  0.30
 [3,] 0.92  0.23
 [4,] 0.92  0.16
 [5,] 0.92  0.24
 [6,] 0.90 -0.19
 [7,] 0.90  0.25
 [8,] 0.89 -0.21
 [9,] 0.87  0.01
[10,] 0.86 -0.20
[11,] 0.86  0.32
[12,] 0.89  0.28
[13,] 0.84 -0.56
[14,] 0.82 -0.01
```

```
[15,] 0.81  0.12
[16,] 0.81  0.01
[17,] 0.81  0.01
[18,] 0.79  0.03
[19,] 0.80  0.07
[20,] 0.78 -0.17
[21,] 0.76  0.00
[22,] 0.75  0.15
[23,] 0.75  0.05
[24,] 0.77 -0.04
```

图 3-11 显示了使用原始数据的自相关函数(ACF)和偏自相关函数(PACF)，这是非平稳序列。ACF 和 PACF 图衰减得很缓慢，表示这是非平稳序列。

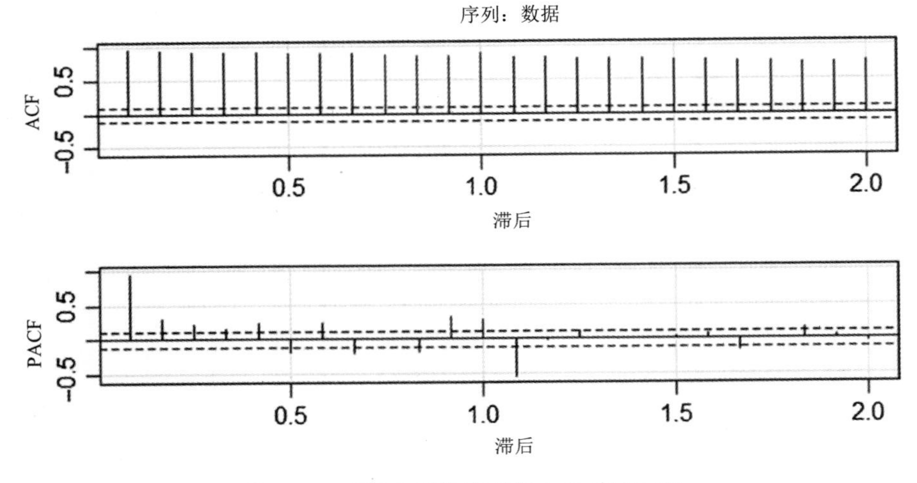

图 3-11　表示非平稳序列的 ACF 和 PACF

```
#季节性差分零售销售
datadiff12 <- diff(data,12)
#画出季节性差分零售销售
plot.ts(datadiff12)
```

图 3-12 显示了季节性差分数据，由于这是月度零售销售数据，因此将其认定为 12；但如果是季度数据，则认定为 4；如果是周度数据，则认定为 7。

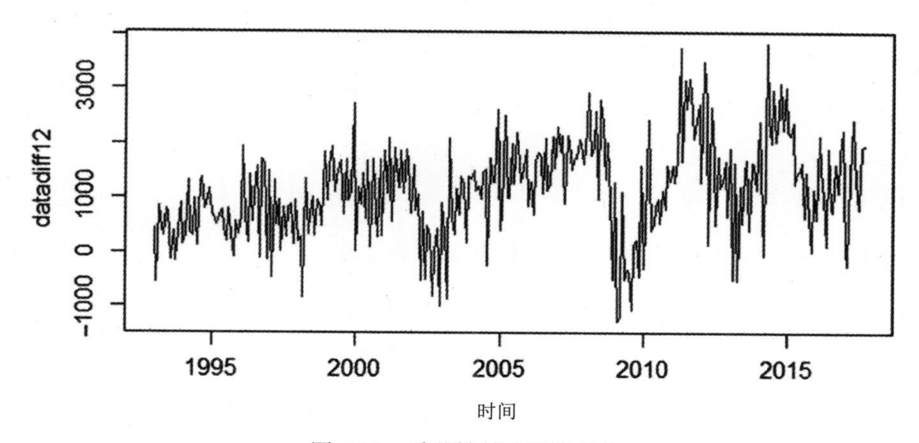

图 3-12　季节性差分零售销售

```
# 观察季节性差分零售销售的 ACF 和 PACF

acf2(datadiff12,max.lag = 24)

       ACF  PACF
 [1,]  0.33  0.33
 [2,]  0.45  0.39
 [3,]  0.55  0.44
 [4,]  0.31  0.02
 [5,]  0.42  0.07
 [6,]  0.40  0.08
 [7,]  0.16 -0.22
 [8,]  0.27 -0.12
 [9,]  0.27  0.09
[10,]  0.04 -0.14
[11,]  0.15 -0.09
[12,] -0.03 -0.21
[13,] -0.02  0.01
[14,]  0.08  0.13
[15,] -0.02  0.16
[16,] -0.11 -0.06
[17,]  0.03  0.07
[18,] -0.05  0.08
[19,] -0.11 -0.12
```

```
[20,]  0.01 -0.04
[21,] -0.12  0.00
[22,] -0.14 -0.18
[23,]  0.07  0.10
[24,] -0.15 -0.06
```

图 3-13 显示了迅速衰减的 ACF 和 PACF 的曲线。

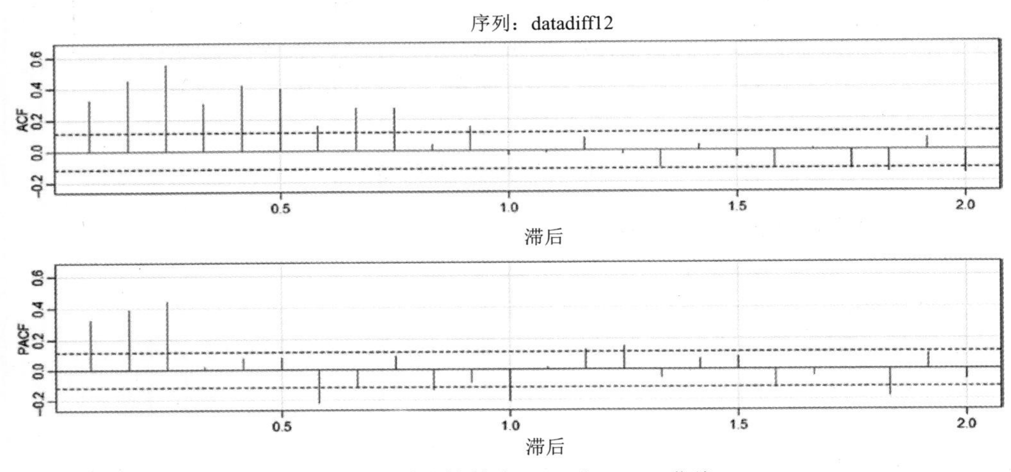

图 3-13　季节性差分 ACF 和 PACF 曲线

```
#趋势性和季节性差分零售销售

diff1and12=diff(datadiff12,1)

#画出趋势性和季节性差分零售销售

plot(diff1and12)
```

图 3-14 考虑到了额外的第一个差分，显示了趋势性和季节性差分零售销售。

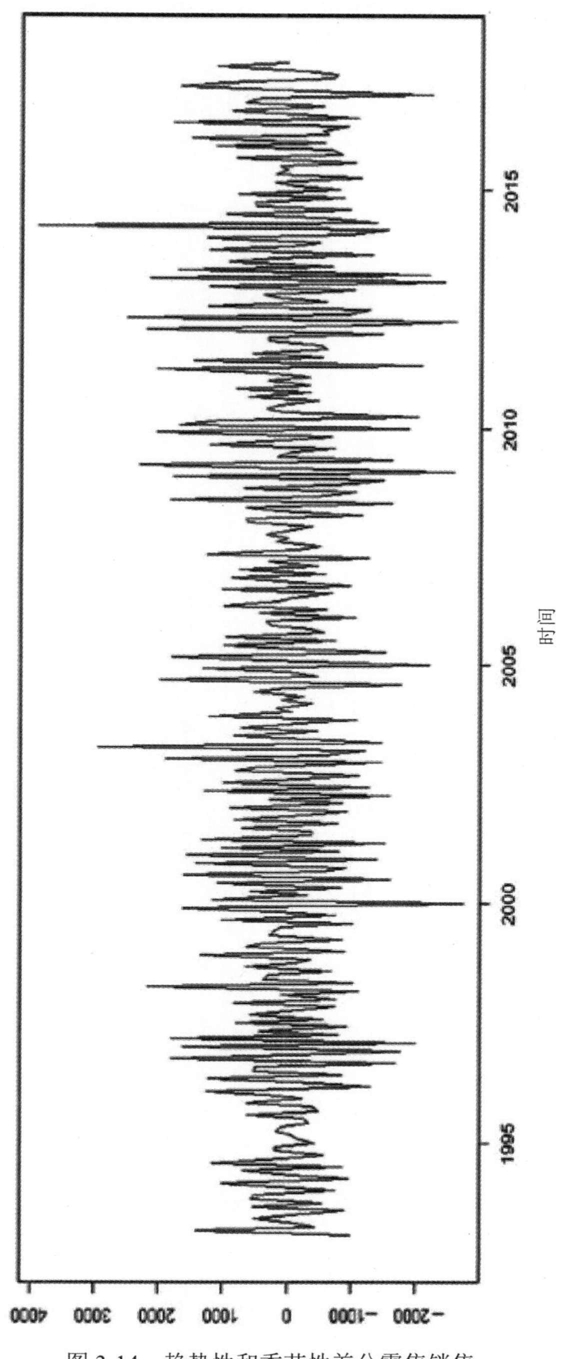

图 3-14　趋势性和季节性差分零售销售

```
# 观察趋势性和季节性差分零售销售的 ACF 和 PACF

acf2(diff1and12,max.lag = 36)

        ACF  PACF
 [1,] -0.60 -0.60
 [2,]  0.03 -0.52
 [3,]  0.25 -0.06
 [4,] -0.27 -0.11
 [5,]  0.10 -0.12
 [6,]  0.17  0.18
 [7,] -0.26  0.08
 [8,]  0.08 -0.12
 [9,]  0.17  0.09
[10,] -0.26  0.02
[11,]  0.22  0.13
[12,] -0.15 -0.10
[13,] -0.06 -0.20
[14,]  0.15 -0.20
[15,] -0.02  0.03
[16,] -0.16 -0.11
[17,]  0.17 -0.12
[18,] -0.02  0.09
[19,] -0.14  0.01
[20,]  0.20 -0.03
[21,] -0.09  0.14
[22,] -0.17 -0.13
[23,]  0.32  0.03
[24,] -0.20  0.02
[25,] -0.12 -0.27
[26,]  0.28 -0.23
[27,] -0.19  0.00
[28,]  0.01 -0.02
[29,]  0.13 -0.14
[30,] -0.16  0.02
[31,]  0.02 -0.01
```

```
[32,]  0.15 -0.05
[33,] -0.17  0.12
[34,]  0.01 -0.15
[35,]  0.20  0.12
[36,] -0.32 -0.08
```

图 3-15 显示了 ACF 和 PACF 曲线。

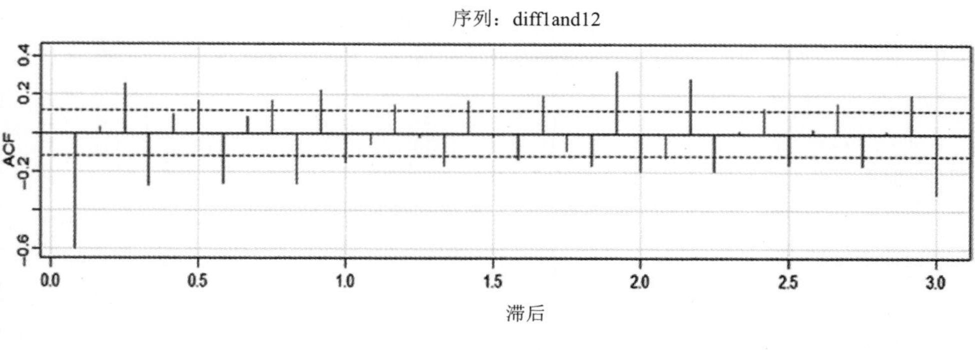

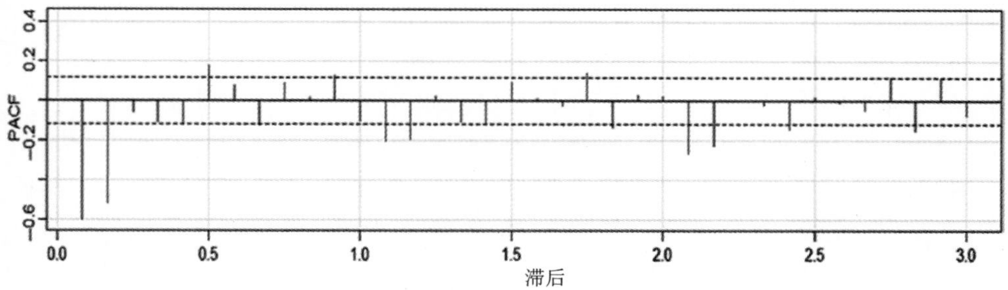

图 3-15　趋势性和季节性差分 ACF 和 PACF 曲线

下一步是要基于 ACF 和 PACF(见图 3-15)确定合适的 SARIMA 模型。观察 ACF 的尖峰，在 ACF 滞后 1 出现的显著尖峰表明了非季节性 MA(1)分量，在滞后 12 和 24 的显著尖峰表明了季节性 MA(2)分量。类似的，观察 PACF 的尖峰，在 PACF 滞后 2 处的尖峰表明了非季节性 AR(2)分量，在滞后 12 和 24 处的显著尖峰表明了季节性 AR(2)分量。结果，让我们从 ARIMA(2,1,1)(2,1,2)$_{12}$ 模型开始，这指明了非季节性和季节性 AR(2)分量、非季节性 MA(1)和季节性 MA(2)分量，第一季和季节性差分。

```
#安装 forecast 包

install.packages("forecast")
```

```
library(forecast)
#构建季节性 ARIMA(2,1,1)(2,1,2)12 模型
model1<- arima(data,order=c(2,1,1),seasonal=list
(order=c(2,1,2),period=12))

summary(model1)
Call:
arima(x = data, order = c(2, 1, 1), seasonal = list
(order = c(2, 1, 2), period = 12))

Coefficients:
          ar1      ar2      ma1     sar1      sar2     sma1     sma2
      -0.5122  -0.2391  -0.4420   0.8459   -0.5203  -1.6017   0.8261
s.e.   0.1175   0.0960   0.1073   0.0764    0.0686   0.0825   0.0835

sigma^2 estimated as 288663:log likelihood = -2295.91 aic = 4607.83

Training set error measures:

                   ME     RMSE     MAE        MPE      MAPE      MASE
Training set 37.34187 525.8883 384.6296 0.07293464 0.8940933 0.1821944
                   ACF1
Training set 0.003230019
```

存在几种错误测量方法，最常用的误差测量方法是平均绝对误差(MAE)、均方根误差(RMSE)、平均绝对误差百分比(MAPE)，并且赤池信息量标准的值为 4607.83。

```
#混成检验或 Box-Ljung 检验，检查残差是否有白噪声

Acf(residuals(model1))
```

ARIMA$(2,1,1)(2,1,2)_{12}$ 模型的残差，如图 3-16 所示。

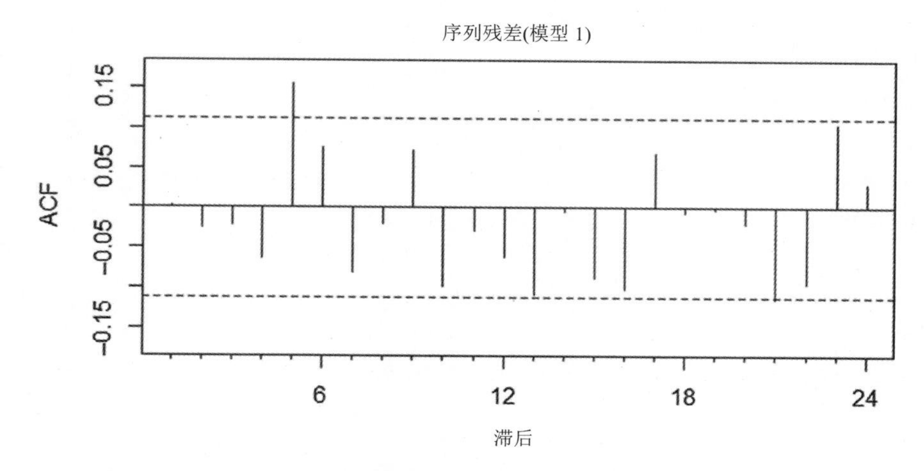

图 3-16　来自零售销售的 ARIMA(2,1,1)(2,1,2)$_{12}$ 模型的 ACF 残差

```
#混成检验或 Box-Ljung 检验，检查残差是否有白噪声

Box.test(residuals(model1),lag=24,fitdf =1,type="Ljung")

Box-Ljung test

data: residuals(model1)
X-squared = 42.338, df = 23, p-value = 0.008288
```

观察在滞后 5 处的 ACF 残差，由于这穿越了边界线，因此我们认为这是一个显著的尖峰，这表明在残差中存在自相关，因此不是白噪声，在模型中需要加入一些额外的非季节性项。由于 p 值小于 0.05，因此 Box-Ljung 检验也表明了残差是自相关的。

让我们尝试一些具有不同非季节性项的 ARIMA 模型，以确定最好的模型，如 ARIMA(3,1,2)(2,1,2)$_{12}$、ARIMA(4,1,2)(2,1,2)$_{12}$、ARIMA(5,1,2)(2,1,2)$_{12}$、ARIMA(3,1,1)(2,1,2)$_{12}$。但是所有这些模型都没有较低的 AIC 值，不能通过所有必需的残差检查。与其他模型比较，ARIMA(6,1,1)(2,1,2)$_{12}$ 模型是唯一具有较低 AIC 值的模型，能够通过所有必需的残差检验。因此我们将 ARIMA(6,1,1)(2,1,2)$_{12}$ 模型认定为预测零售销售的最终模型。

```
#使用不同的非季节性项重新构建 ARIMA(6,1,1)(2,1,2)12 模型

model2 <- arima(data,order=c(6,1,1),seasonal= list
```

```
(order=c(2,1,2),period=12))

summary(model2)
Call:
arima(x = data, order = c(6, 1, 1),seasonal = list(order= c(2, 1, 2),
period = 12))

Coefficients:
ar1     ar2     ar3     ar4     ar5    ar6    ma1     sar1
-0.5080 -0.2343 -0.0088 -0.0712 0.1201 0.1771 -0.4430 0.8258

s.e.
0.2929 0.2795 0.2047 0.1095 0.0959 0.0626 0.2966 0.0849

sar2    sma1    sma2
-0.4703 -1.5872 0.7996

s.e.
0.0764 0.0836 0.0859

sigma^2 estimated as 277602: log likelihood = -2288.44,
aic = 4600.89

Training set error measures:

      ME       RMSE      MAE       MPE         MAPE        MASE
Training set:
   33.64523 515.7163 376.6665 0.06388241 0.8774594 0.1784224
                ACF1
Training set -0.008903652
```

ARIMA(6,1,1)(2,1,2)$_{12}$模型中的所有测量的误差值和 AIC 值都低于其他模型，这个模型的赤池信息量标准的值为 4600.89。

```
#在模型 2 上进行混成检验或 Box-Ljung 检验，检查残差是否有白噪声
white noise
```

```
Acf(residuals(model2))
```

ARIMA(6,1,1)$(2,1,2)_{12}$ 模型的残差如图 3-17 所示。

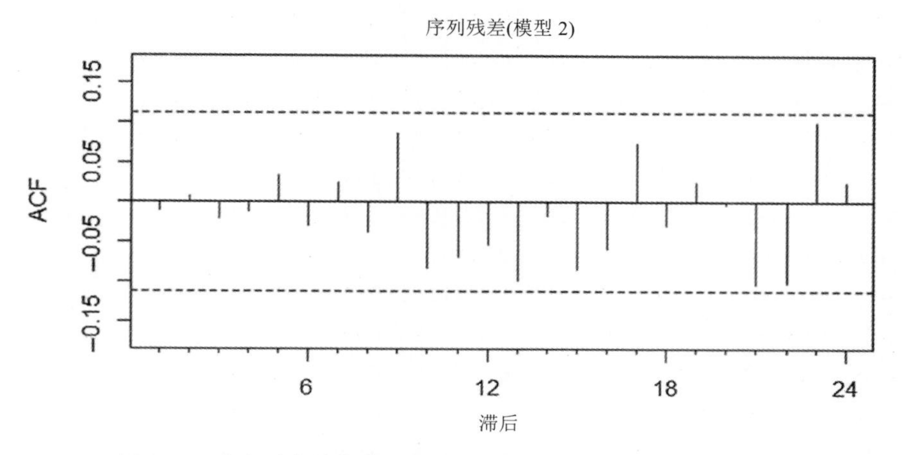

图 3-17　来自零售销售的 ARIMA(6,1,1)$(2,1,2)_{12}$ 模型的 ACF 残差

```
#在模型 2 上进行混成检验或 Box-Ljung 检验，检查残差是否有白噪声
white noise

Box.test(residuals(model2),lag=24,fitdf = 1,type="Ljung")

Box-Ljung test
data: residuals(model2)
X-squared = 28.093, df = 23, p-value = 0.2123
```

观察 ACF 残差，由于没有尖峰跨过边界线，因此所有的尖峰都在显著性极限之内，这表明残差中不存在自相关，因此存在白噪声。Box-Ljung 检验也表明了由于 p 值大于 0.05，因此残差不是自相关的。ARIMA(6,1,1)$(2,1,2)_{12}$ 模型通过了所有必需的残差检验，可以用于预测。

```
#对未来 30 个月的预测

Pred <- forecast(model2,h=30)
Pred

   Point Forecast Lo 80 Hi 80 Lo 95 Hi 95
Oct 2017 60284.77 59609.22 60960.33 59251.60 61317.95
```

```
Nov 2017 60758.37 60082.00 61434.74 59723.96 61792.78
Dec 2017 65222.42 64516.77 65928.07 64143.22 66301.62
Jan 2018 59425.75 58673.63 60177.86 58275.48 60576.01
Feb 2018 56573.13 55806.50 57339.77 55400.66 57745.60
Mar 2018 61788.31 60958.80 62617.83 60519.68 63056.95
Apr 2018 60247.48 59369.55 61125.41 58904.80 61590.16
May 2018 63488.29 62594.77 64381.80 62121.78 64854.80
Jun 2018 61402.94 60467.17 62338.70 59971.81 62834.06
Jul 2018 62857.83 61893.03 63822.64 61382.29 64333.38
Aug 2018 63056.52 62063.70 64049.34 61538.13 64574.91
Sep 2018 60366.39 59335.22 61397.56 58789.35 61943.43
Oct 2018 62188.53 61085.91 63291.16 60502.21 63874.86
Nov 2018 62662.96 61533.08 63792.84 60934.96 64390.96
Dec 2018 66598.80 65427.76 67769.85 64807.84 68389.76
Jan 2019 61790.72 60582.20 62999.23 59942.45 63638.98
Feb 2019 58463.35 57221.13 59705.57 56563.54 60363.16
Mar 2019 63495.57 62211.24 64779.90 61531.35 65459.78
Apr 2019 61628.92 60308.33 62949.52 59609.25 63648.60
May 2019 65356.65 64004.49 66708.81 63288.69 67424.60
Jun 2019 63152.29 61764.24 64540.35 61029.44 65275.14
Jul 2019 64876.45 63456.29 66296.61 62704.50 67048.40
Aug 2019 64813.33 63360.62 66266.04 62591.60 67035.06
Sep 2019 61785.53 60299.75 63271.31 59513.23 64057.84
Oct 2019 64033.38 62525.08 65541.67 61726.64 66340.12
Nov 2019 64329.31 62790.78 65867.84 61976.33 66682.29
Dec 2019 68564.59 66997.95 70131.24 66168.62 70960.57
Jan 2020 63661.20 62068.37 65254.03 61225.17 66097.23
Feb 2020 60003.12 58382.56 61623.68 57524.69 62481.55
Mar 2020 65104.54 63458.84 66750.23 62587.66 67621.41
#画出预测零售销售的曲线

plot(Pred,ylab="sales (million in dollars)",xlab="Year")
```

图 3-18 显示的是使用 ARIMA(6,1,1)$(2,1,2)_{12}$ 模型对接下来 30 个月的零售销售数据的预测。

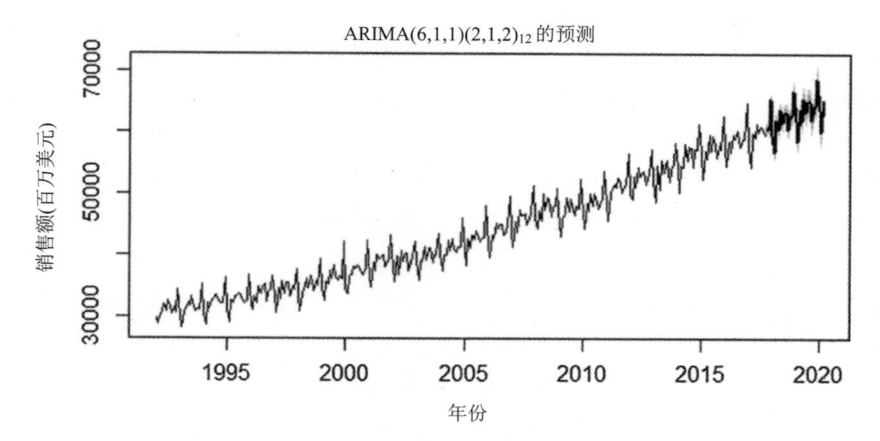

图 3-18　使用 ARIMA(6,1,1)$(2,1,2)_{12}$ 模型对零售销售数据的预测

3.9　基于 SAS 的季节性 ARIMA 模型

在本节中我们将讨论 SAS 程序，如 proc content，使用增强迪基-富勒(Augmented Dicky Fuller)方法检查非平稳性，白噪声。通过趋势性和季节性差分将非平稳序列转换为平稳序列、ACF 和 PACF 曲线。我们也将讨论基于 SAS 构建季节性 ARIMA 模型进行销售预测，并解释了 SAS 代码、Program 1 和 Program 2 每个部分的输出。

```
/* 基于 SAS 创建自己的库，如此处的 libref，注明数据的路径 */
libname libref "/home/aro1260/deep";

/* 导入 final_sales 数据集 */

PROC IMPORT DATAFILE= "/home/aro1260/data/final_sales.csv"
DBMS=CSV Replace
OUT=libref.sales;
GETNAMES=YES;
RUN;

/* 检查数据的内容 */
  PROC CONTENTS DATA = libref.sales;
  RUN;
```

CONTENTS 程序

数据集名称	LIBREF.SALES	观察样本	309
成员类型	DATA	变量	2
引擎	V9	索引	0
创建日期	11/06/2017 14:35:16	观察样本长度	16
上一次修改日期	11/06/2017 14:35:16	删除的观察样本	0
保护		压缩	No
数据集类型		排序	No
标签			
数据表示	SOLARIS_X86_64, LINUX_X86_64, ALPHA_TRU64, LINUX_IA64		
编码	utf-8 Unicode (UTF-8)		

按字母排列的变量和属性列表

#	变量	类型	长度	格式	输入格式
1	Period	Num	8	DATE 8.	DATE 8.
2	Sales	Num	8	BEST12.	BEST32.

在此处显示了 proc content 的部分输出。proc content 显示了数据的内容，如共有 309 个观察样本，两个变量，这两个变量都是数值类型的。

```
/* 绘制时间序列 */
 proc timeseries data = libref.sales plot=series;
 id Period interval = month;
 var Sales;
 run;
```

TIMESERIES 程序

输入数据集

名称	LIBREF. SALES
标签	
时间 ID 变量	周期
时间间隔	月份
季节性周期长度	12

变量信息	
名称	Sales
标签	
起始日期	JAN1992
结束日期	SEP2017
所读取的观察样本数目	309

时间序列程序显示了数据信息，如起始日期为 1992 年 1 月，结束日期为 2017 年 9 月，观察样本数为 309。如图 3-19 所示，这是零售销售的时间序列图。从图中我们可以清楚地看到，零售销售具有增长的趋势，在恒定的时间间隔内出现尖峰表明了季节性的存在。

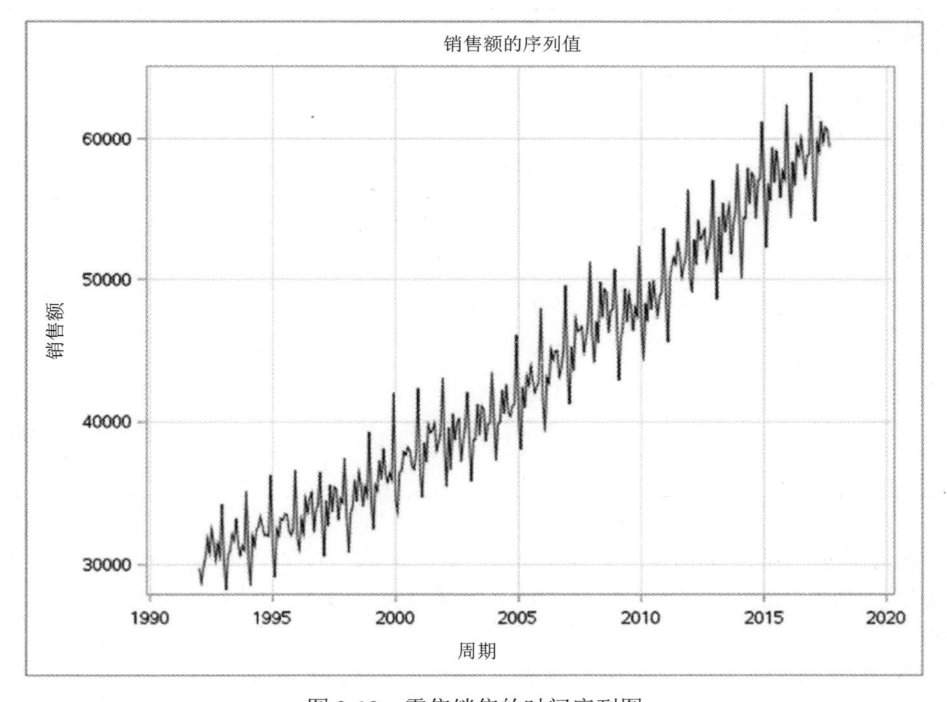

图 3-19 零售销售的时间序列图

```
/* 使用增强迪基-富勒检验检查非平稳性，观察自相关函数 */
```

在本节中，使用增强迪基-富勒检验检查数据的非平稳性，并显示了部分输出。在 Program 1 和 Program 2 中讨论了完整的模型输出，并对每个部分进行了解释。

```
proc arima data = libref.sales;
identify var =sales stationarity= (adf);
run;
```

ARIMA 程序	
变量名= sales	
工作序列的均值	43132.54
标准偏差	9091.094
观察样本数	309

增强迪基-富勒单位根检验

类型	滞后	Rho	Pr < Rho	Tau	Pr < Tau	F	Pr > F
0 均值	0	0.1189	0.7103	0.11	0.7178		
	1	0.4589	0.7959	0.65	0.8567		
	2	0.5853	0.8275	1.19	0.9404		
单个均值	0	−12.7522	0.0671	−2.49	0.1188	3.31	0.2239
	1	−5.4862	0.3882	−1.58	0.4931	1.74	0.6252
	2	−2.3233	0.7388	−0.95	0.7725	1.45	0.7010
趋势	0	−229.770	0.0001	−13.48	<0.0001	90.90	0.0010
	1	−213.903	0.0001	−10.27	<0.0001	52.72	0.0010
	2	−158.255	0.0001	−7.85	<0.0001	30.86	0.0010

此处显示了部分输出。观察增强迪基-富勒检验，检查 Tau 统计：表(Pr < Tau)的部分，(Pr < Tau)的值应该小于 0.05，但是此处不是这种情况，因此这是非平稳序列。

图 3-20 显示的是自相关函数图表，可以非常清晰地看到，ACF 曲线衰减得非常缓慢，这表明序列是非平稳的。

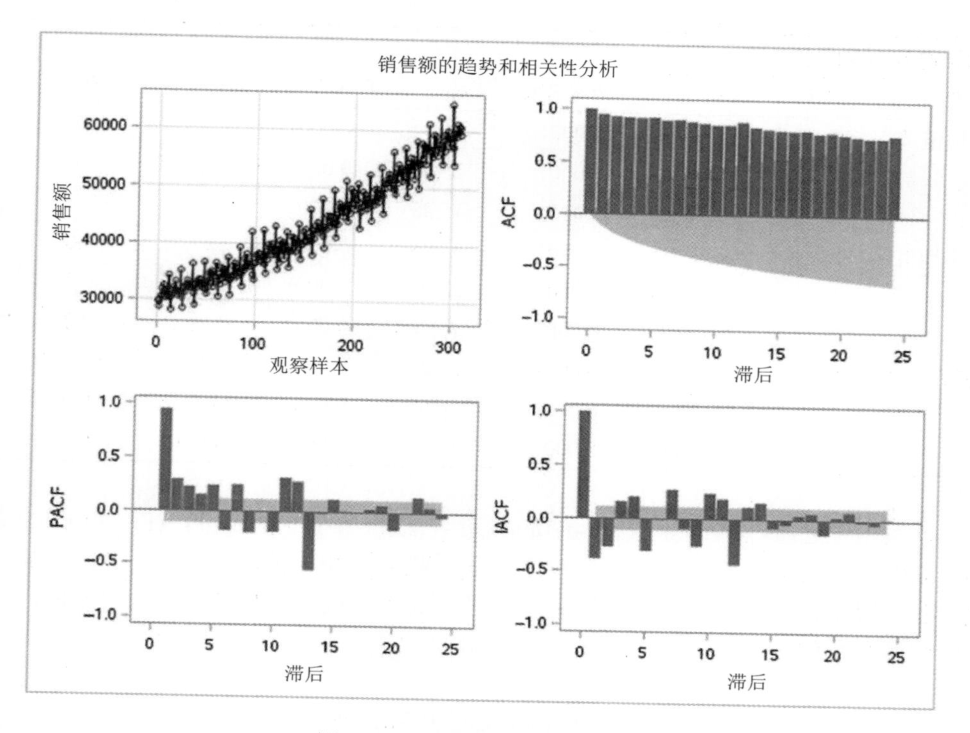

图 3-20　零售销售的非平稳序列

```
/*通过趋势性和季节性差分将序列转换为平稳序列*/
  proc arima data = libref.sales;
  identify var = sales(1,12) stationarity = (adf) ;
  run;
```

ARIMA 程序	
变量名= sales	
差分周期	1,12
工作序列的均值	5.222973
标准偏差	1050.084
观察样本数	296
由差分估计所得的观察样本	13

由于零售销售是月度数据，因此通过差分(包括趋势性(1)差分和季节性差分(12))，实现将非平稳序列转换为平稳序列。

增强迪基-富勒单位根检验							
类型	滞后	Rho	Pr < Rho	Tau	Pr < Tau	F	Pr > F
零均值	0	−471.802	0.0001	−34.34	<0.0001		
	1	−1477.16	0.0001	−27.06	<0.0001		
	2	−2523.29	0.0001	−15.28	<0.0001		
单个均值	0	−471.818	0.0001	−34.28	<0.0001	587.63	0.0010
	1	−1477.66	0.0001	−27.02	<0.0001	364.99	0.0010
	2	−2529.37	0.0001	−15.26	<0.0001	116.41	0.0010
趋势	0	−471.817	0.0001	−34.22	<0.0001	585.65	0.0010
	1	−1477.95	0.0001	−26.97	<0.0001	363.76	0.0010
	2	−2533.02	0.0001	−15.23	<0.0001	116.01	0.0010

观察增强迪基-福勒检验，检验 Tau 统计：表(Pr < Tau)的部分，(Pr < Tau)的值小于 0.05，因此序列是平稳的。图 3-21 显示了趋势性和相关分析图表，可以清楚地观察到，根据其均值和方差，趋势是恒定的，ACF 曲线迅速衰减，这表明零售销售的序列是平稳的。

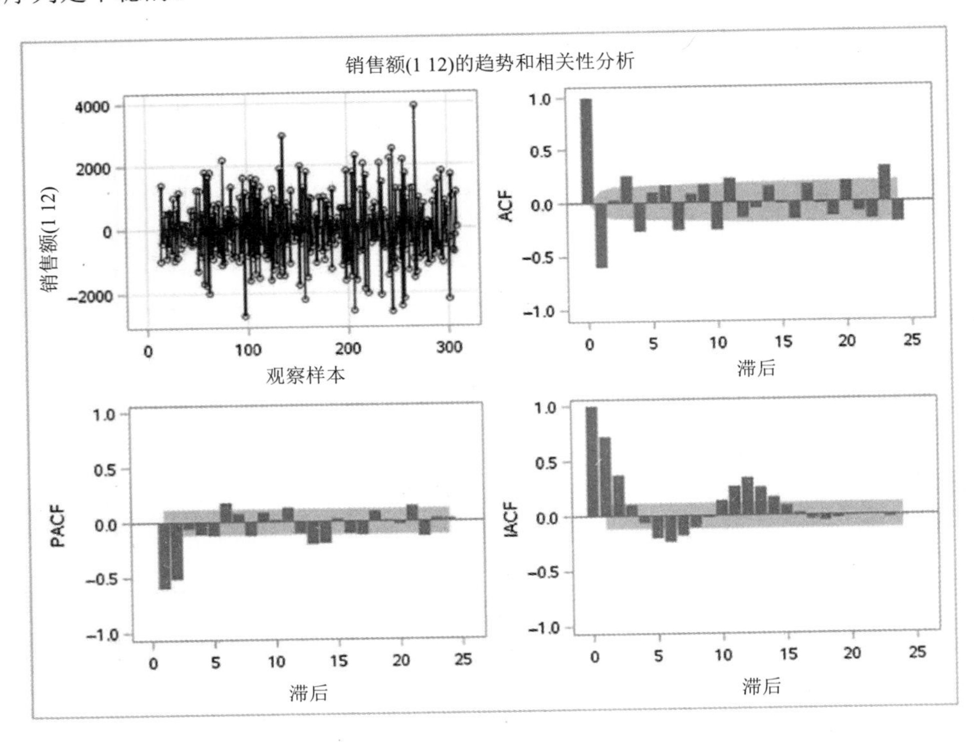

图 3-21　零售销售的平稳序列

```
/* 拟合零售销售的季节性 ARIMA 模型 */
/* 通过最大似然法 */
```

Program1:

```
proc arima data = libref.sales;
identify var = sales(1,12) stationarity= (adf) ;
estimate p = (2)(12) q = (1)(12) method = ml;

/* 预测未来 30 个月 */

forecast lead = 30 interval = month id = Period
printall out = libref.pred_results;
run;
```

上述 Program 1 代码 proc arima 是用于构建预测模型的程序。identify 语句用来读取零售序列，分析其相关属性，由于是月度数据，因此分析趋势(1)和季节性差分(12)。为了将非平稳序列转换为平稳序列，要进行差分操作，这是在 ARIMA 建模中的关键步骤。stationarity = (adf)是用来显示增强迪基-福勒检验(用于检查是否为平稳序列)的结果。

在 ARIMA 模型的估计中，提到了具有非季节性和季节性自回归模型的阶 p=(2)(12)，具有非季节性和季节性移动平均模型的阶 q=(1)(12)。estimate 语句用来显示参数估计表、不同的诊断或拟合优良度统计(表明了模型拟合数据的优良程度)。在这个预测模型中，method=ml 指定的是估计方法，在此案例中是最大似然性方法，其他所使用的估计方法有条件最小二乘法和无条件最小二乘法。

forecast 语句是用来预测的，lead=30 表明了要预测多少个周期，在这个案例分析中，是为了预测未来 30 个月的零售销售额；interval=month 表明了这是月度数据；id=Period 为日期变量，用来标记零售销售观察样本的日期；out = libref.pred_results 创建了预测输出，将输出作为 pred_results 数据集保存在库 libref 中。

我们将 Program 1 的季节性 ARIMA 输出分成几个部分，在下面讨论每个部分。

Program 1 的 Part 1 所示的是零售销售序列的描述性统计，如差分周期、工作序列的均值、标准偏差、观察样本数、通过差分去除所得的观察样本数。

Part 1

ARIMA 程序	
变量名= sales	
差分周期	1,12
工作序列的均值	5.222973
标准偏差	1050.084
观察样本数	296
通过差分去除所得的观察样本数	13

Program 1 的 Part 2 所示的是白噪声自相关检查的表，取决于滞后(lag)的数目，自相关按照每组 6 个显示，默认情况下，滞后的数目为 24。为了构建 ARIMA 模型，变量的值必须与其过去值自相关；如果值不是自相关的，那么构建 ARIMA 模型没有意义。从表中，我们可以清楚地看到，在各自的滞后中，p 值小于 0.05，这表明存在自相关，因此不存在白噪声。

Part 2

白噪声的自相关检查

滞后	卡方	DF	Pr > ChiSq	自相关					
6	160.50	6	<0.0001	−0.599	0.029	0.254	−0.270	0.099	0.167
12	235.79	12	<0.0001	−0.261	0.083	0.171	−0.261	0.225	−0.148
18	261.18	18	<0.0001	−0.058	0.149	-0.017	−0.165	0.166	−0.018
24	337.27	24	<0.0001	−0.137	0.196	-0.092	−0.165	0.323	−0.197

在 Program 1 的 Part 3 所示的是图 3-22，这个图显示了平稳时间序列图、自相关函数图(ACF)、偏自相关函数图(PACF)和逆自相关函数图(IACF)。在 ARIMA 建模中，逆自相关函数(IACF)几乎扮演了与偏自相关函数(PACF)同样的角色，但是，一般说来，实践表明了子集和季节性自回归模型优于偏自相关函数(PACF)。此外，逆自相关函数图(IACF)对于在识别数据中的过差分而言也是非常有用处的。我们使用这些图进行趋势和自相关分析。观察这些图，可以确定序列是平稳的还是非平稳的。从 ACF 图中，可以清晰地看到 ACF 图迅速衰减，这表明了此序列是平稳的。

Part 3

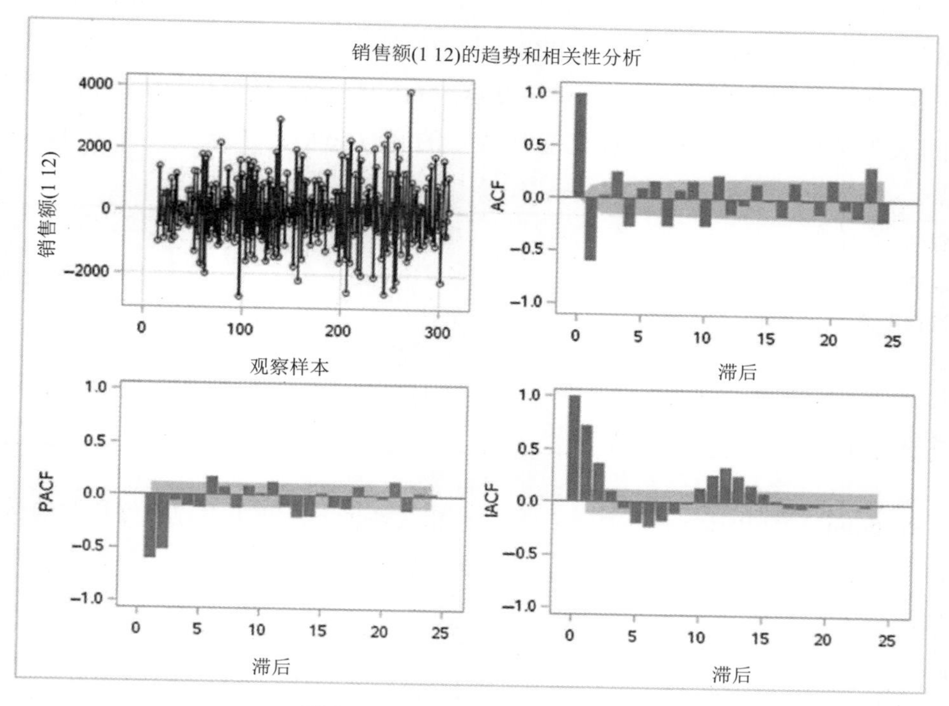

图 3-22 Program 1 平稳时间序列

Program 1 的 Part 4 所示的是最大似然估计的结果表。平均(mean)项使用 MU 表示，其估计值为 3.82242。移动平均项表示为 MA1,1 的估计值为 0.78801, MA2,1 的估计值为 0.87869。自回归项表示为 AR1,1 的估计值为 0.07605, AR2,1 的估计值为 0.23591。我们将 t 值和 p 值认定为参数估计的显著性检验，这有助于我们确定模型中非显著、非必需的项。在这个案例中，由于(MA1,1), (MA2,1), (AR2,1)的 t 值大于 2，p 值小于 0.05，因此我们认为这些项是显著项。然而，由于 MU 和 AR1,1 的 t 值小于 2，p 值大于 0.05，因此我们认为这些项是非显著项。

Part 4

最大似然估计

参数	估计	标准误差	t 值	Approx Pr > |t|	滞后
MU	3.82242	1.99095	1.92	0.0549	0
MA1,1	0.78801	0.03940	20.00	<0.0001	1
MA2,1	0.87869	0.05438	16.16	<0.0001	12
AR1,1	0.07605	0.06552	1.16	0.2458	2
AR2,1	0.23591	0.07997	2.95	0.0032	12

Program 1 的 Part 5 所示的是拟合优度统计表，这用于比较模型，选出最优模型。常数估计是平均项 MU、移动平均和自回归项的函数。方差估计是残差序列方差，标准误差估计是方差的平方根。AIC 和 SBC 统计用于比较模型，AIC 和 SBC 的值越低，表明模型拟合度越好。在此模型中，AIC 的值为 4692.91，SBC 的值为 4711.362。

Part 5

常数估计	2.698552
方差估计	422169.6
标准误差估计	649.7458
AIC	4692.91
SBC	4711.362
残差数	296

Program 1 的 Part 6 所示的是参数估计相关性表。在两个参数高度相关的情况下，为了不影响结果，要丢弃其中一个参数。在本案例中，任何两个参数都没有高度相关。

Part 6

参数相关估计

参数	MU	MA1,1	MA2,1	AR1,1	AR2,1
MU	1.000	−0.014	0.057	0.011	0.036
MA1,1	−0.014	1.000	0.062	0.419	0.187
MA2,1	0.057	0.062	1.000	0.053	0.616
AR1,1	0.011	0.419	0.053	1.000	0.277
AR2,1	0.036	0.187	0.616	0.277	1.000

Program 1 的 Part 7 所示的是残差自相关检查的表。如果残差之间不相关，我们认为存在白噪声。在这个案例中，残差是自相关的，这意味着不存在白噪声，因此这个模型是不充分的。这个模型可以进行预测，但由于残差，预测结果不会很准确。下一步使用不同的非季节性自回归(p)和移动平均(q)值重复 estimate 语句。

Part 7

残差自相关检查									
滞后	卡方	DF	Pr > ChiSq	自相关					
6	69.81	2	<0.0001	−0.210	0.003	0.300	−0.149	0.162	0.221
12	108.15	8	<0.0001	−0.180	0.049	0.174	−0.234	0.050	0.052
18	164.05	14	<0.0001	−0.254	0.149	−0.061	−0.244	0.160	−0.054
24	234.19	20	<0.0001	−0.154	0.132	−0.161	−0.221	0.254	−0.192
30	295.09	26	<0.0001	−0.171	0.209	−0.229	−0.037	0.133	−0.203
36	342.11	32	<0.0001	0.032	0.147	−0.195	0.037	0.187	−0.206
42	403.89	38	<0.0001	0.236	−0.015	−0.200	0.251	0.032	−0.142
48	457.41	44	<0.0001	0.191	−0.067	−0.094	0.259	−0.162	−0.095

Program 1 的 Part 8 所示的图 3-23 显示了销售变化的残差相关性诊断，Program 1 的 Part 9 所示的图 3-24 显示了残差的正态分布。观察 ACF 残差，所有的尖峰都不在显著性范围内，这表明了残差中存在自相关，因此不存在白噪声。

Part 8

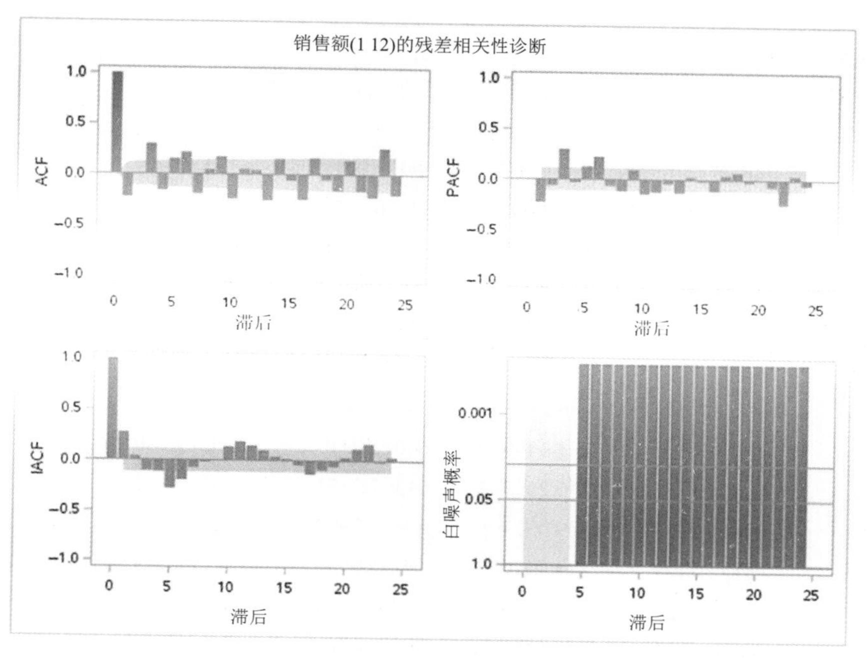

图 3-23　Program 1 的销售变化的残差相关性

Part 9

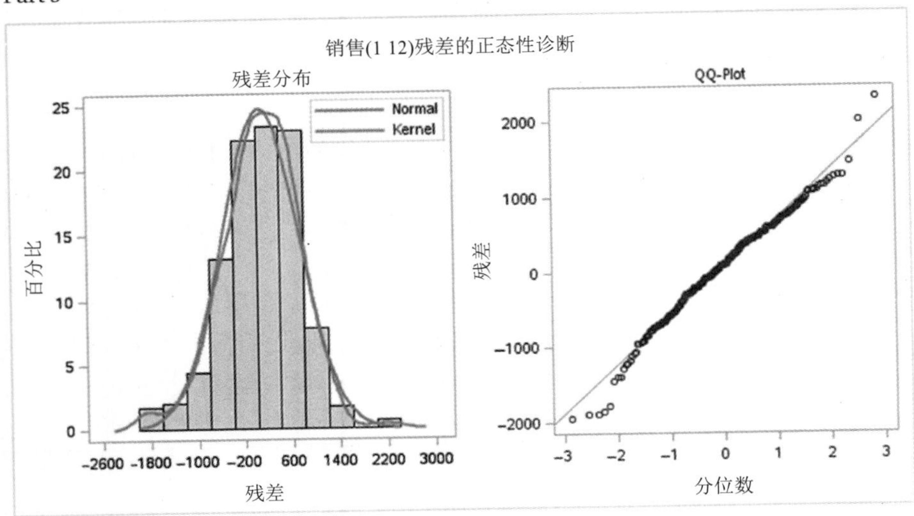

图 3-24　Program 1 的销售变化的正态分布图

Program 1 的 Part 10 所示的是未来 30 个月的预测表，具有观察样本数、预测值、标准误差和预测值 95%置信区间的上限和下限。

Part 10

变量销售额的预测

观察样本数	预测值	标准误差	95%置信区间的上限和下限		实际	残差
310	60343.3298	649.7458	59069.8515	61616.8081	.	.
311	60620.7509	664.1855	59318.9712	61922.5307	.	.
312	65398.8061	690.0498	64046.3333	66751.2789	.	.
313	59613.7495	705.7882	58230.4300	60997.0690	.	.
314	56666.7033	721.9649	55251.6782	58081.7284	.	.
315	61227.4034	737.1826	59782.5519	62672.2548	.	.
316	60312.1223	752.1493	58837.9369	61786.3078	.	.
317	63023.1442	766.7800	61520.2830	64526.0054	.	.
318	61546.0300	781.1409	60015.0219	63077.0380	.	.
319	62866.1756	795.2393	61307.5352	64424.8161	.	.
320	62460.0913	809.0924	60874.2993	64045.8832	.	.
321	60811.1759	822.7120	59198.6900	62423.6618	.	.
322	62039.1728	906.7294	60262.0159	63816.3297	.	.
323	62323.7806	928.1567	60504.6269	64142.9342	.	.
324	66906.7211	952.9444	65038.9845	68774.4578	.	.

(续表)

观察样本数	预测值	标准误差	95%置信区间的上限和下限		实际	残差
325	61499.9533	974.1240	59590.7053	63409.2012	.	.
326	58600.8408	995.1263	56650.4291	60551.2524	.	.
327	62913.4195	1015.4831	60923.1091	64903.7298	.	.
328	61948.0887	1035.4598	59918.6248	63977.5526	.	.
329	64788.9437	1055.0428	62721.0978	66856.7896	.	.
330	63305.3000	1074.2704	61199.7687	65410.8313	.	.
331	64697.2866	1093.1587	62554.7349	66839.8383	.	.
332	64247.8647	1111.7263	62068.9213	66426.8082	.	.
333	62500.4467	1129.9887	60285.7095	64715.1838	.	.
334	63802.5319	1178.8609	61492.0070	66113.0569	.	.
335	64091.7558	1201.2134	61737.4208	66446.0908	.	.
336	68631.5867	1225.1137	66230.4080	71032.7653	.	.
337	63316.9833	1247.0373	60872.8350	65761.1315	.	.
338	60432.0997	1268.7241	57945.4460	62918.7533	.	.
339	64689.0636	1289.9364	62160.8348	67217.2924	.	.

Program 1 的 Part 11 所示的图 3-25 显示了未来 30 个月的销售预测曲线。

Part 11

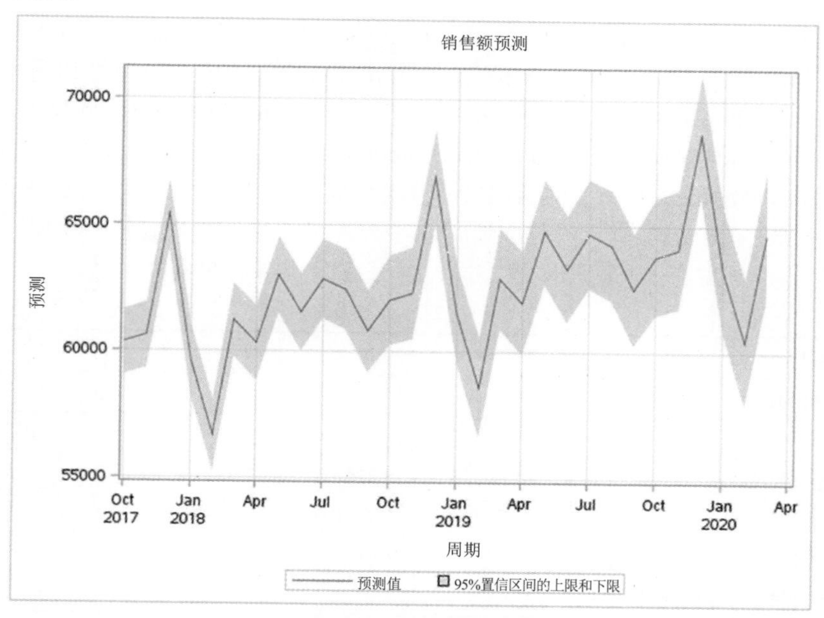

图 3-25 Program 1 的零售销售数据的预测销售曲线

让我们试试使用不同非季节性项的其他 ARIMA 模型来确定最佳模型，如 ARIMA(3,1,2)(2,1,2)$_{12}$、ARIMA(4,1,2)(2,1,2)$_{12}$、ARIMA(5,1,2)(2,1,2)$_{12}$、ARIMA(3,1,1)(2,1,2)$_{12}$ 和 ARIMA(6,1,1)(2,1,2)$_{12}$ 模型。在所有这些模型中，比起其他模型，ARIMA(6,1,1)(2,1,2)$_{12}$ 是唯一具有较低 AIC 值的模型，能够通过显著性检验，因此我们认为 ARIMA(6,1,1)(2,1,2)$_{12}$ 模型是预测零售销售的最终模型。

```
/* 拟合具有不同非季节性项的零售销售的季节性 ARIMA 模型 */
/* 通过最大似然方法 */

Program2:

   proc arima data = libref.sales;
   identify var = sales(1,12) stationarity= (adf) ;
   estimate p = (6)(12) q = (1)(12) method = ml;

/* 预测未来 30 个月 */

   forecast lead = 30 interval = month id = Period
   printall out = libref.pred_output;
   run;
```

Program 2 中的 identify 语句，stationarity = (adf)。在 ARIMA 模型的估计中，注明了具有非季节性和季节性自回归模型的阶为 p =(6)(12)。具有非季节性和季节性移动平均模型的阶 q=(1)(12)。使用 estimate 语句，method=ml；forecast 语句，lead=30，interval=month，id=Period，out=libref.pred_output 的原因与先前 Program 1 的解释相同。

我们将 Program 2 的季节性 ARIMA 输出分成几个部分，在下面讨论每个部分。

Program 2 的 Part 1 所示的是零售销售序列的描述性统计，如差分周期、工作序列的均值、标准偏差、观察样本数、通过差分去除所得的观察样本数。

Part 1

ARIMA 程序	
变量名= sales	
差分周期	1,12
工作序列的均值	5.222973
标准偏差	1050.084
观察样本数	296
通过差分去除所得的观察样本数	13

Program 2 的 Part 2 所示的是白噪声自相关检查的表。取决于滞后的数目，自相关按照每组 6 个显示，默认情况下，滞后的数目为 24。为了构建 ARIMA 模型，变量的值必须与其过去值自相关；如果值不是自相关的，那么构建 ARIMA 模型没有意义。从表中，我们可以清楚地看到，在各自的滞后中，p 值小于 0.05，这表明存在自相关，因此不存在白噪声。

Part 2

白噪声自相关检查

滞后	卡方	DF	Pr > ChiSq	自相关					
6	160.50	6	<0.0001	−0.599	0.029	0.254	−0.270	0.099	0.167
12	235.79	12	<0.0001	−0.261	0.083	0.171	−0.261	0.225	−0.148
18	261.18	18	<0.0001	−0.058	0.149	−0.017	−0.165	0.166	−0.018
24	337.27	24	<0.0001	−0.137	0.196	−0.092	−0.165	0.323	−0.197

Program 2 的 Part 3 所示的是增强迪基-富勒单位根检验表，由于所有的 p 值都小于 0.05，表明数据是平稳的。

Part 3

增强迪基-富勒单位根检验

类型	滞后	Rho	Pr < Rho	Tau	Pr < Tau	F	Pr > F
零均值	0	−471.802	0.0001	−34.34	<0.0001		
	1	−1477.16	0.0001	−27.06	<0.0001		
	2	−2523.29	0.0001	−15.28	<0.0001		
单个均值	0	−471.818	0.0001	−34.28	<0.0001	587.63	0.0010
	1	−1477.66	0.0001	−27.02	<0.0001	364.99	0.0010
	2	−2529.37	0.0001	−15.26	<0.0001	116.41	0.0010
趋势	0	−471.817	0.0001	−34.22	<0.0001	585.65	0.0010
	1	−1477.95	0.0001	−26.97	<0.0001	363.76	0.0010
	2	−2533.02	0.0001	−15.23	<0.0001	116.01	0.0010

在 Program 2 的 Part 4 所示的图 3-26 显示了平稳时间序列图、自相关函数图(ACF)、偏自相关函数图(PACF)和逆自相关函数图(IACF)。这些图用于趋势和其自相关分析。观察这些图，可以确定序列为平稳序列还是非平稳序列。从 ACF 图中可以清晰地看到 ACF 曲线迅速衰减，这表明序列是平稳的。

Part 4

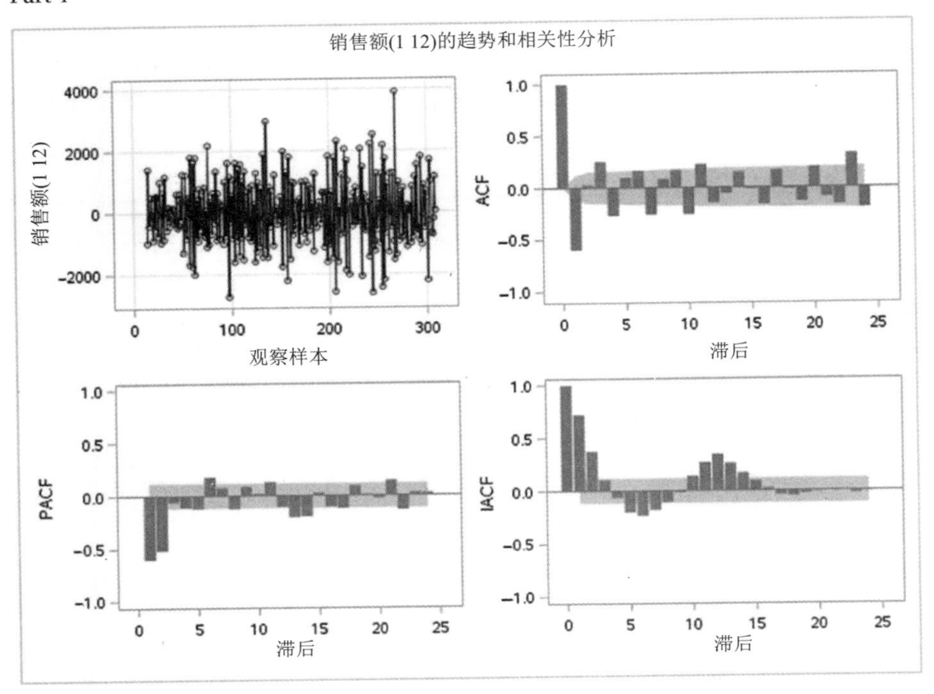

图 3-26　Program 2 的平稳时间序列

Program 2 的 Part 5 所示的是最大似然估计的结果表。平均(mean)项使用 MU 表示，其估计值为 3.87909。移动平均项表示为 MA1,1 的估计值为 0.79134，MA2,1 的估计值为 0.85889。自回归项表示为 AR1,1 估计值为 0.23121，AR2,1 估计值为 0.19106。我们认定 t 值和 p 值可以为参数估计进行显著性检验，这有助于我们确定模型中非显著、非必需的项。在这个案例中，由于(MA1,1), (MA2,1), (AR1, 1), (AR2,1)的 t 值大于 2，p 值小于 0.05，因此我们认为这些项是显著项，然而，MU 并没有增添任何意义。

Part 5

最大似然估计

参数	估计值	标准误差	t 值	Approx Pr > |t|	滞后
MU	3.87909	2.34894	1.65	0.0987	0
MA1,1	0.79134	0.03761	21.04	<0.0001	1
MA2,1	0.85889	0.05471	15.70	<0.0001	12
AR1,1	0.23121	0.06243	3.70	0.0002	6
AR2,1	0.19106	0.08003	2.39	0.0170	12

Program 2 的 Part 6 所示的是拟合优度统计表，用于比较模型，选出最优模型。常数估计是平均项 MU、移动平均和自回归项的函数。方差估计是残差序列方差，标准误差估计是方差的平方根。AIC 和 SBC 统计用于比较模型，AIC 和 SBC 的值越低，表明模型拟合度越好。在此模型中，AIC 的值为 4679.648，SBC 的值为 4698.1，这比先前的 ARIMA 模型要低。

Part 6

常数估计	2.41244
方差估计	404718.9
标准误差估计	636.1752
AIC	4679.648
SBC	4698.1
残差数	296

Program 2 的 Part 7 所示的是参数估计相关性表。在两个参数高度相关的情况下，为了不影响结果，要丢弃其中一个参数。在本案例中，任何两个参数都没有高度相关。

Part 7

参数估计相关性					
参数	MU	MA1,1	MA2,1	AR1,1	AR2,1
MU	1.000	−0.021	0.044	−0.002	0.030
MA1,1	−0.021	1.000	−0.008	0.333	−0.041
MA2,1	0.044	−0.008	1.000	−0.139	0.647
AR1,1	−0.002	0.333	−0.139	1.000	−0.250
AR2,1	0.030	−0.041	0.647	−0.250	1.000

Program 2 的 Part 8 所示的是残差自相关检查表。

Part 8

残差自相关检查									
滞后	卡方	DF	Pr>ChiSq	自相关					
6	51.68	2	<0.0001	−0.227	0.097	0.222	−0.106	0.224	−0.006
12	66.52	8	<0.0001	−0.059	−0.000	0.130	−0.163	−0.022	0.031
18	97.67	14	<0.0001	−0.218	0.114	−0.074	−0.155	0.092	−0.032
24	136.59	20	<0.0001	−0.077	0.051	−0.098	−0.192	0.196	−0.166
30	167.08	26	<0.0001	−0.152	0.152	−0.180	0.005	0.027	−0.118
36	194.66	32	<0.0001	0.007	0.107	−0.102	−0.012	0.180	−0.166
42	232.28	38	<0.0001	0.214	−0.032	−0.136	0.200	0.020	−0.065
48	256.13	44	<0.0001	0.093	−0.022	−0.049	0.180	−0.129	−0.083

Program 2 的 Part 9 所示的图 3-27 显示了销售变化的残差相关性诊断，Program 2 的 Part 10 所示的图 3-28 显示了残差的正态分布。

Part 9

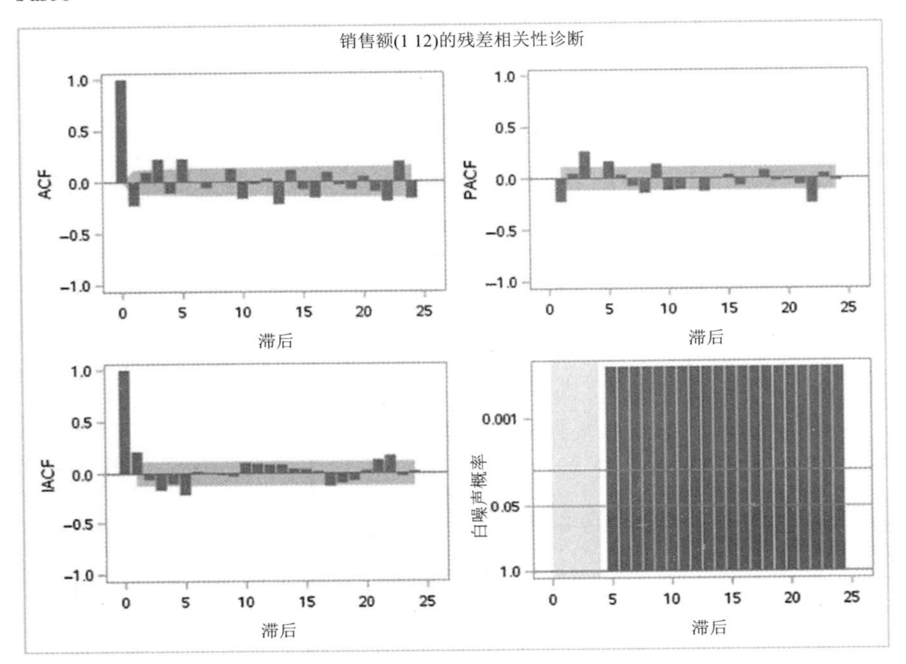

图 3-27　Program 2 的销售变化的残差相关性

Part 10

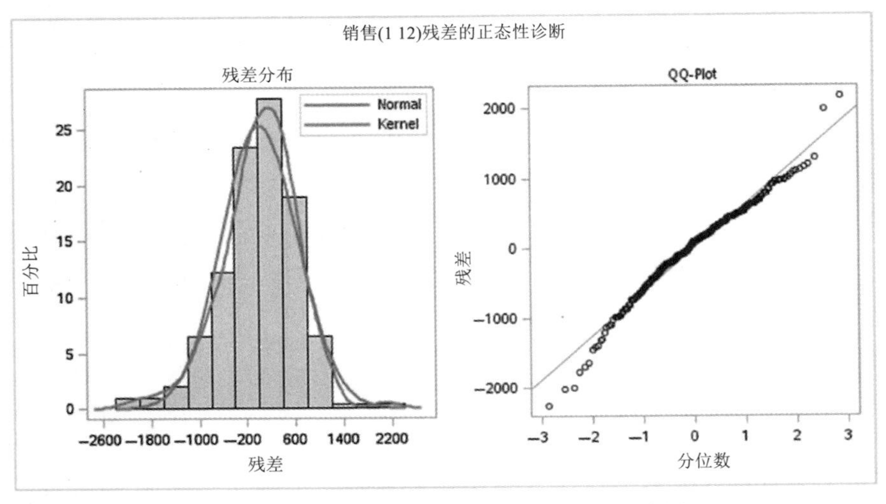

图 3-28　Program 2 的销售变化的正态分布图

Program 2 的 Part 11 所示的是未来 30 个月的预测表，具有观察样本数、预测值、标准误差和预测值 95%置信区间的上限和下限。

Part 11

变量销售额的预测

观察样本数	预测值	标准误差	95%置信区间的上限和下限		实际	残差
310	60567.6037	636.1752	59320.7232	61814.4843	.	.
311	60611.7619	649.8775	59338.0255	61885.4984	.	.
312	65381.9718	663.2968	64081.9341	66682.0096	.	.
313	59559.8032	676.4499	58233.9859	60885.6206	.	.
314	56685.3684	689.3521	55334.2632	58036.4736	.	.
315	61382.6709	702.0172	60006.7426	62758.5993	.	.
316	60360.6722	755.7352	58879.4583	61841.8860	.	.
317	63091.0507	773.2064	61575.5940	64606.5074	.	.
318	61581.3891	790.2914	60032.4464	63130.3318	.	.
319	62902.5661	807.0148	61320.8461	64484.2861	.	.
320	62506.8816	823.3986	60893.0499	64120.7133	.	.
321	60843.3750	839.4628	59198.0583	62488.6918	.	.
322	62179.5163	933.6939	60349.5100	64009.5227	.	.
323	62371.2101	958.0449	60493.4766	64248.9436	.	.
324	66972.7441	981.7922	65048.4669	68897.0214	.	.
325	61529.5087	1004.9784	59559.7871	63499.2302	.	.
326	58612.6865	1027.6417	56598.5457	60626.8272	.	.
327	63030.9412	1049.8158	60973.3400	65088.5425	.	.
328	62000.2036	1084.3173	59874.9808	64125.4264	.	.
329	64876.8151	1107.7140	62705.7355	67047.8947	.	.
330	63359.8331	1130.6267	61143.8454	65575.8207	.	.
331	64757.9235	1153.0842	62497.9200	67017.9270	.	.
332	64308.1737	1175.1126	62004.9954	66611.3520	.	.
333	62538.5711	1196.7355	60193.0126	64884.1297	.	.
334	63925.2185	1252.5453	61470.2748	66380.1623	.	.
335	64156.7011	1278.5105	61650.8667	66662.5356	.	.
336	68729.9379	1303.9587	66174.2259	71285.6499	.	.
337	63366.3452	1328.9196	60761.7106	65970.9798	.	.
338	60439.5392	1353.4203	57786.8841	63092.1942	.	.
339	64801.9975	1377.4853	62102.1759	67501.8190	.	.

Program 2 的 Part 12 所示的图 3-29 显示了未来 30 个月的销售预测曲线。

Part 12

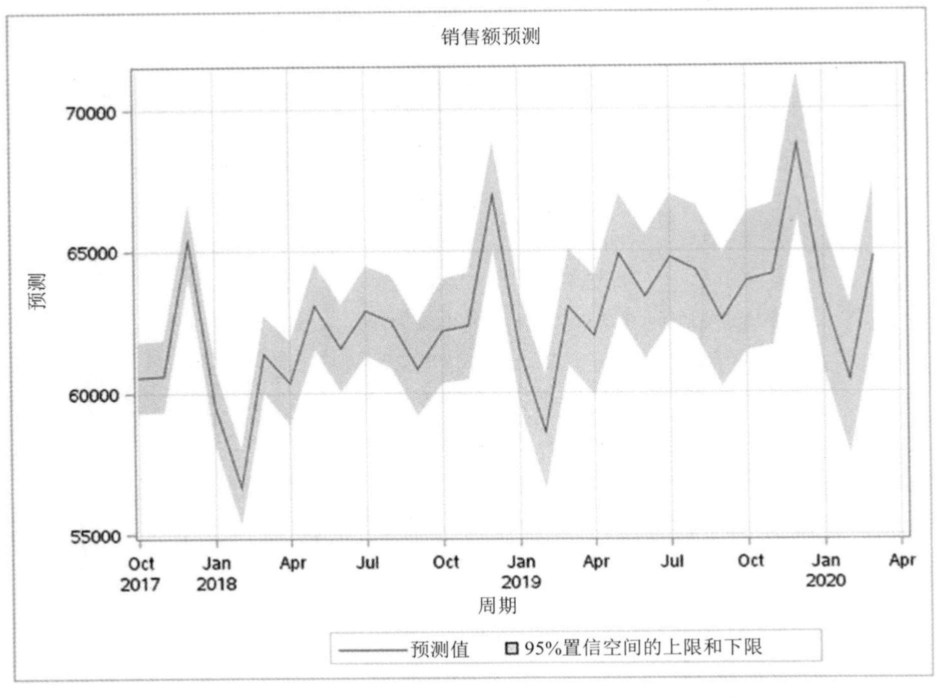

图 3-29　Program 2 的零售销售数据的预测销售曲线

3.10　小结

在本章中，我们学习了 ARIMA 模型的数学设计，并阐述了相关的理论特性。同时，使用 SARIMA 模型演示了关于销售预测的案例分析。在本章中，我们基于 R 和 SAS 构建模型，沿着鉴定、评估和诊断检查阶段，清晰解释了在实践中 SARIMA 模型如何拟合。

第4章

电信案例分析

在1904年[1]，Edouard Estaunie最早创造了术语“电信”。这是希腊单词“tele”(意思为“遥远”)和拉丁单词“communicatio”(意思为分享)的融合。telecommunications也被称为telecom，这是长距离交流、分享思想和观点的科学技术。从其以电报的形式诞生之日起，现代通信就在技术和工业领域取得了显著的演变。现代电信行业是一个巨大的工业，包括了提供所需的硬件、软件和服务，促进信息传输的公司。

基本上，传统电信指的是普通老式的电话服务(POTS)，这种服务仅仅局限于语音通信，这是工业的唯一创收来源，但是借助于科技，现代电信不太注重语音，却更多地注重消息、电子邮件，以及如音乐、视频流媒体等数字信息[2]。在快速增长的现代电信业中，增值服务起关键作用。无线行业正在快速发展，被认为是对传统电信业的最大威胁。世界顶级电信公司包括中国移动有限公司、Verizon通讯公司、AT&T公司、沃达丰集团、日本电报电话公司、软银集团公司、德国电信、西班牙电信SA、美洲移动以及中国联通[3]。

在国家的经济发展中，电信服务扮演了重要的角色。我们的日常活动都离不开有效的电信服务，例如远程银行和网上银行、机票预订、旅行社的酒店预订等都是由于电信服务才可以进行有效的日常操作。

4.1 电信网络的类型

当今世界，海量的数据在不同类型的数据网络之间转移。每个网络类型都有其自身的特点、优点和局限性。高效以及性价比高的信息传递仰仗于可用网络以及对其功能的认识。下面解释了现存的不同类型的数据网络[4]。

(1) 局域网(LAN)：我们将局域网定义为在一个有限的区域内，如办公楼、学校、大学、住宅等，共享到服务器的无线连接的相关设备或资产和计算机组。

(2) 广域网(WAN)：广域网将不同的较小网络连接起来，包括局域网和城域网。广域网存在于大的地理区域。

(3) 城域网(MAN)：在城域网中，用户可交流的计算机资源所覆盖的地理区域比局域网所覆盖的区域大，但是小于广域本地网。

(4) 因特网区域网络(IAN)：因特网区域网络是一种通信网络，其中由于应用程序和通信服务的虚拟化，网络的地理形式已被完全移除。在因特网区域网络中，语音和数据端点通过 IP 在云环境内连接。

(5) 校园区域网络(CAN)：校园区域网络这种网络类型为在有限的地理区域内，例如大学楼、办公楼等，两个或多个局域网相互连接。校园区域网络也称为企业区域网络。

(6) 虚拟专用网络(VPN)：虚拟专用网络经由安全性较低的网络，如互联网，创建安全和加密的连接，其中数据穿过安全隧道，VPN 用户必须使用用户名和密码才能访问 VPN。VPN 允许远程用户安全访问企业应用和其他资源。

本章基于 R 和 SAS Studio，展示了预测电信业客户流失的概率。在简要概述重塑电信业的分析的关键应用之后，深入探讨了决策树模型，其特点、优势和局限性。这个案例分析指导我们基于 R 进行数据探索、模型实现和输出解释等主要步骤。4.5 节演示了基于 SAS Studio 的模型实现。最后，我们提供了本章的一个简短小结。

4.2　在电信行业中分析的作用

电信业是最先进，也是最具挑战性的行业之一。由于技术迅速地变化，特别是在无线领域，市场的波动性高。目标受众需求的快速变化使得电信公司要快速适应现代技术，并相应地调整营销策略。在很大程度上，电信业依赖于为各种应用进行预先分析，包括网络优化、欺诈识别、价格优化、预测客户流失、提升客户体验等。本节将进一步讨论一些关键应用的概述。

4.2.1　预测客户流失

在预测客户流失方面，分析起重要作用，这意味着要识别具有很高可能性终止与服务提供商关系的客户。当后付费或预付费用户为了更好的服务，从一个服务提供商转移到另一个服务提供商，这个过程就是熟知的客户流失[5]。

在当今快节奏的市场中，客户流失是电信业所面临的最大问题，客户流失的常见原因包括价格高、连接不良、糟糕的客户服务、技术过时和移动号码可携带性，等等。

客户流失对电信公司造成了巨大的经济损失。失去现有的老客户将直接影响电信企业的收入和成长，比起留住现有老客户，获得新客户往往更昂贵。

客户使用的历史数据，如所呼叫的次数、短信数目、总呼叫时间、平均账单金额、掉线、呼叫客户服务的次数、客户的人口统计数据等，都要进行分析，以便在实际发生之前，预测客户流失的可能性。例如，具有大量的客户服务呼叫的案例潜在面临着持续、悬而未决的问题。如果不提供快速有效的客户服务给这些用户(案例)，那么就有很高的概率导致客户流失。社交媒体，如 Facebook、Twitter 等，是客户描述关于其所使用服务的体验和反馈的平台，通过提取和分析社交媒体的反馈和评论，执行情感分析，有助于电信公司识别客户流失或客户改变服务的理由。

高级的预测性分析和建模技术，如决策树、随机森林、回归等，有助于电信业预测哪些客户具有较高的流失可能性。这也有助于电信公司识别任何系统性问题，或特定客户群所面临的问题。通过解决这些所识别的问题和(或)为这些客户提供个性化的促销优惠、折扣和激励机制，可以降低客户流失的概率，提高客户留存率。图 4-1 显示了留存客户的策略。

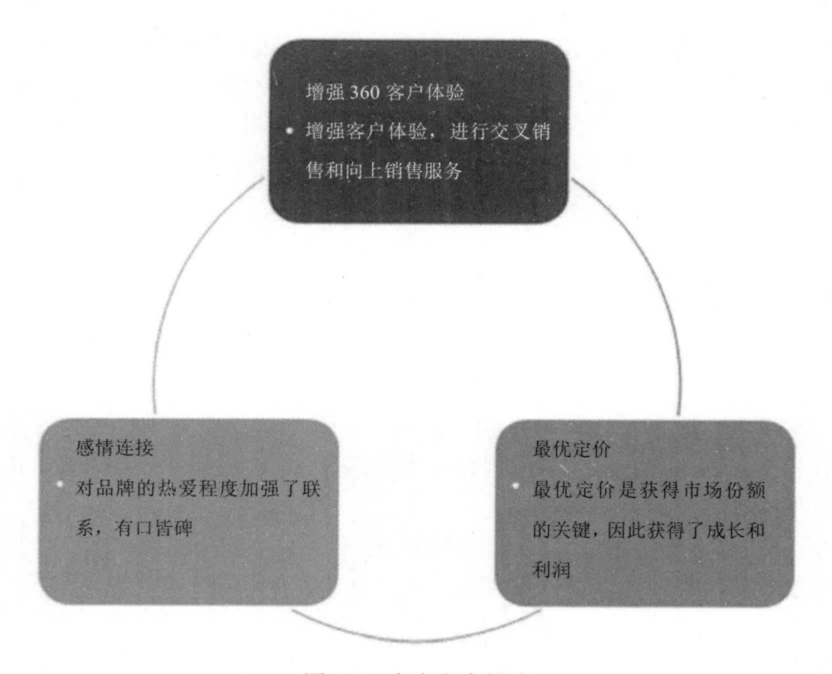

图 4-1　客户留存策略

为了在竞争激烈的市场上生存，几乎每个电信公司都会追踪消费者过往的使用数据，采用预测分析提前预测可能的流失者，这样在很大程度上有助于减少客户流失。行业趋势表明，电信行业的平均年流失率为 20%～40%[6]。

即使将客户流失率降低 1%，电信公司都可以提高收入、获得较高的增长和盈利能力。一个现实的例子是，Verizon 无线，这是美国最大的无线服务提供商，它们能够基于客户使用数据，应用分析和预测性模型来降低客户流失[7]。

4.2.2 网络分析与优化

电信公司所面临的下一个挑战是拥有健康的网络和有效的容量规划，不仅可以服务现有的客户，也可以满足未来的需求[8]。合理的容量规划和网络优化有助于客户在任何时间点和任何地点利用产品和服务，而不会出现任何网络故障和问题。电信公司的目标是获得网络的可见性，显示内部和外部客户如何使用网络，它们的网络性能如何。主动网络分析有助于电信公司管理网络，使其不会有任何拥塞。健康的网络让客户满意高兴，较差的网络或网络故障导致经常掉线和较差的声音质量，这会导致高流失率，使得用户不满意不开心，传播服务提供商的负面评价。

电信公司能够使用实时预测性分析来分析客户行为，这有助于为单个客户创建网络使用政策，确定提供给他们的新产品。容量规划是一种技术，应用带宽量化，满足在高峰期的需求[9]。基于历史网络数据，应用预测性分析和建模有助于运营商确定在不同时间不同地点，哪个部分的网络得到了高度使用，这有助于电信运营商做出正确的决定，在合适的地点合适的时间增加容量，以更好的方式监测数据流量。电信公司可以基于这些模型，在不同网络之间优化资源配置，确保网络不会欠使用或过度使用。

4.2.3 欺诈检测和预防

在电信行业中，最多的诈骗活动与使用运营商服务却不想为所使用的服务付费相关。

在电信业中，我们认为电信诈骗是造成收入损失的最大原因之一[10]。欺诈不仅导致金钱损失，也影响到了品牌价值。大量的交易和庞大的网络为诈骗者提供了不被检测到的操作机会。

电信行业的另一个挑战和目标是识别执行不同类型欺诈的欺诈者[11]。欺诈可以直接有金钱收益，或获得客户的个人或财务信息，后者可以归类为身份盗窃。电信业由不同服务组成，如电话、VOIP、互联网等；因此在这个领域，欺诈是一个广泛的话题。电信欺诈的最重要类型包括订阅欺诈、内部欺诈、SIM 卡克隆造假和技术欺诈。

当客户使用电话和互联网服务而不想支付任何费用时，就发生了订阅欺诈。这是世界范围内电信公司中最频繁出现的其中一种欺诈行为。当员工使用系统的内部安全信息来获取个人利益时，就发生了内部欺诈[12]。SIM 卡克隆欺诈涉及将客户 SIM 卡内的信息复制到其他空 SIM 卡，这样就可以使用卡内信息，访问运营商服务，供企业和个人使用。当欺诈者为了个人利益，利用系统的技术漏洞，就发生了技术欺诈[13]。电信公司在进行欺诈分析时，使用预测性分析和建模技术，如决策树、贝叶斯网络、神经网络和模糊规则，在早期就检测到欺诈，防止发生欺诈[14]。高效的欺诈管理策略有助于电信公司维持良好的品牌形象，防止公司遭受巨大的财务损失，从而驱动公司成长和提高盈利能力。

4.2.4 价格优化

在一个充满活力的行业，如电信业，价格优化是企业成功的关键。价格优化是电信公司所使用的策略，利用客户使用情况、网络数据和人口统计数据来分析客户的行为和客户对所提供服务的价格改变的敏感程度，从而推导出在确定的利润层次，企业能够获得多少利润[15]。价格优化在确定电信公司业务的盈利能力和增长方面起到了关键性的作用。在合适的时间，为合适的客户设定合适的服务价格，这是非常重要的。如果服务价格太低，这会导致来自对价格不太敏感，关注服务质量客户群体的收入损失，而如果将价格设定得过高会导致需求减少，这也会造成收入损失。预测性分析和优化技术有助于在价格和成交量之间达成优化平衡。图 4-2 显示了价格设定分析元素。

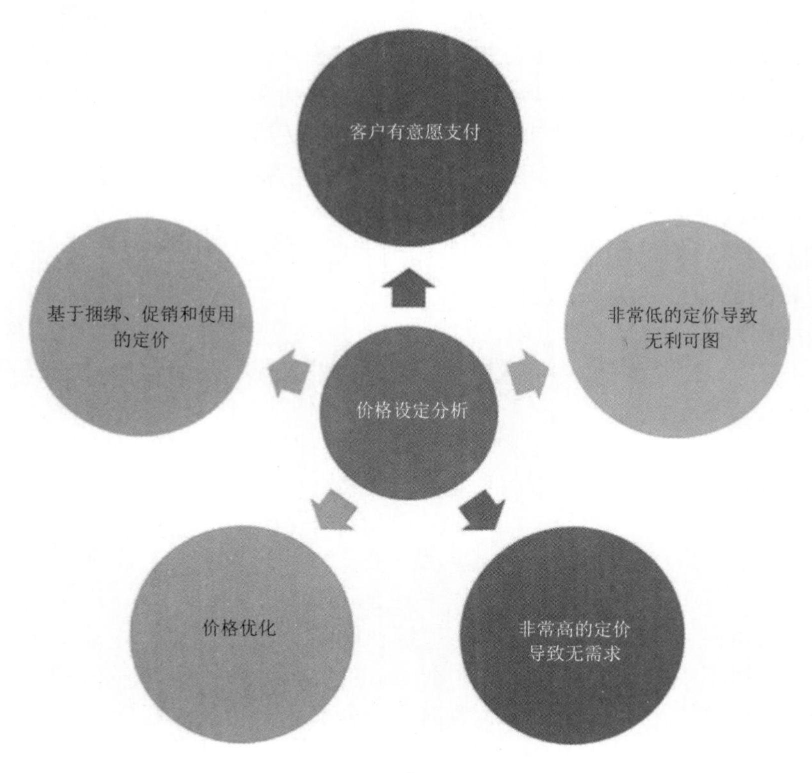

图 4-2 价格设定分析元素

电信行业是一个竞争激烈的市场，因此定价优化并不是一次性的策略，而是一个持续的过程。它是收益优化策略的一个重要组成部分。纵观产品或服务的生命周期，在产品或服务的早期阶段，电信公司依赖价格优化获得市场份额。随着时间的推移，优惠在其生命周期的不同阶段可以持续优化定价，最大化利润，同时保持竞争力。未优化的定价规划可能会导致客户为服务支付更多费用，从而导致客户不满意，增加了他们流失的可能性。

预测性分析还有助于优化的捆绑优惠给客户，这样反过来促进了交叉销售和向上销售。基于捆绑的定价，基于促销的定价，基于使用的定价等是所有电信公司实现的一些策略，来增加客户的满意度，同时增加交叉销售和向上销售的机会[16]。

4.3　案例分析：使用决策树模型预测客户流失

决策树是一种监督学习，其中有因变量(目标变量)和自变量(解释变量)。这是基于某些条件以图形的形式显示某个决策的可能结果或方案。决策树是上下颠倒的树状图，从单个变量的分裂开始，然后分支到若干解决方案[17]。对于分类型和连续型的自变量(和因变量)都可以使用决策树。基于变量的类型，可以将决策树分为两种类型；在因变量是连续的情况下，我们称之为连续变量决策树；在因变量是分类的情况下，我们称之为分类变量决策树。有若干决策树分类算法，如 ID3 算法、C4.5 算法、CART 算法、SLIQ 算法等。ID3 算法仅可以处理分类值，而 CART、C4.5 和 SLIQ 算法可以同时处理分类值和连续值。基于这些算法，可以推导出分类规则。

决策树由以下三个主要部分组成。

(1) 根节点：树的顶端节点是根节点，树从这个节点开始分裂，这指示有助于预测因变量的最佳自变量。

(2) 内部节点：在内部节点中，对自变量进行试验，每个分支表示试验结果。

(3) 叶节点：树底部是叶节点。叶节点或终端节点表示最终的决策或分类结果，结果使用 Yes 或 No 表示。

4.3.1　决策树的优点和局限性

与所有的模型一样，决策树有其优点，也有一定的局限性。下面列出了决策树的关键优点。

(1) 决策树在视觉方面让人们容易理解和解释。

(2) 决策树不受缺失值和异常值的影响，在数据清洗过程中，花费的时间较少。

(3) 决策树可以用于两种类型的数据——分类变量和数值变量。

(4) 我们认为决策树是一种非参数方法，因此不需要变量之间线性关系的假设，可以用于在变量之间存在非线性关系的数据。

下面提到了决策树的一些局限性。

(1) 在决策树中有过拟合的问题，这会影响到模型结果，可以通过限制模型参数和裁剪工艺处理这个问题。

(2) 决策树不足以应用回归预测连续属性的值。

(3) 当变量之间存在相关性时，决策树更有效；如果数据中的变量不相关，这不是最佳方法。

(4) 在决策树中，不同的路径具有相同的子树，有重复的可能性。

4.3.2 处理决策树中的缺失值

数据中的缺失值永远是挑战，它们降低了模型的预测正确度。在训练数据集(用于构建模型)和测试数据集(用于测试模型)中，都可以存在缺失值。可以使用不同的方法处理训练数据集中的缺失值：空值策略，预测模型，C4.5 策略，使用 k 近邻归因等[19]。在预测或测试时，处理缺失值的方法有放弃测试实例，预测值归因，基于分布的归因和简约特征模型，获取缺失值等[20]。

4.3.3 处理决策树中的过拟合

在决策树中，过拟合是主要问题。当模型在训练数据上拟合得非常好，在验证数据上却表现不佳，这时候就发生了过拟合，这影响到了模型的正确结果。如果模型仅仅在训练数据上不能较好地拟合，却可以在未看见的数据上正确地分类记录，我们认为这是一个好模型。通过实现预裁剪和后裁剪工艺，解决过拟合问题[21]。裁剪通过减去对分类实例影响不大的树分支，从而减小树尺寸。比起最初的决策树，裁剪后的树不是很复杂，也更准确。

1. 预裁剪

在预裁剪工艺中，通过应用早期停止规则，如在观察到杂质增益度量低于某个阈值时阻止叶节点增长，在生成完全长成的树之前终止树木的成长；但是选择合适的阀值并不容易，如果阈值过高，这会得到欠拟合模型，而阈值过低会得到过拟合模型。预裁剪工艺的优点是可以阻止非常复杂、对训练数据过拟合的子树生成。

2. 后裁剪

在后裁剪工艺中，允许树木长成完全尺寸。使用新的叶节点或使用最常使用的子树分支替换子树，以自底向上的方式修整完全长成的树木。当未观察到或未看到进一步的改进时，停止树的裁剪。决策树有不同的裁剪方法，如减少错误裁剪、最小误差裁剪、基于误差的裁剪、成本复杂度方法等[22]。但是，最流行的一种后裁剪方法是成本复杂度方法，这可以基于两个参数进行测量——树的大小和树的错误率。

由于后裁剪树允许树木长成完全尺寸，基于完成长成的树木做出裁剪决定，而在预裁剪工艺中，早期终止树的成长影响到了裁剪决定，因此与预裁剪相比，后裁剪能够得到较好的结果。所以，在决策树模型中，使用后裁剪工艺比较适宜。

4.3.4　决策树的工作原理

为了演示决策树的工作原理，让我们思考具有 7 个变量、1068 个客户的样本：Number_customer_service_calls、Gender、International_plan、Voice_mail_plan、Total_night_minutes、Total_morning_minutes 和 Churn。Churn 是因变量，其他的六个变量是自变量。在 1068 个客户中有 5.24%的客户流失。现在，基于客户的使用情况，创建模型预测哪些客户会流失。

在这示例中，我们基于六个变量中高度显著的自变量分离出客户流失。在这种场景中使用决策树模型。基于 Number_customer_service_calls 进行第一次分割，这意味着 Number_customer_service_calls 是高度显著的自变量。图 4-3 显示了裁剪的决策树模型，这提供了更多关于节点和决策树分割的细节。

对于 Number_customer_service_calls < 3.040(节点 1)的 1068 个客户，客户流失率大约为 5.24%。基于 International_plan 变量，对 Number_customer_service_calls < 3.040(节点 1)的 1068 个客户进一步细分。在 International_plan = yes 的 101 个客户中，大约有 33.66%的客户流失率。基于 Total_night_minutes 变量，对 International_plan = yes 的 101 个客户再次进行细分，在 65 个 International_plan = yes、Total_night_minutes is < 216.898 客户中，有 46.15%的客户流失。

与这些客户相反，在 International_plan = No 的客户中，只有 2.28%的客户流失。总之，基于决策树的分割，具有很高可能性流失的客户是 International_ plan = yes、Total_night_minutes is < 216.898 的客户。

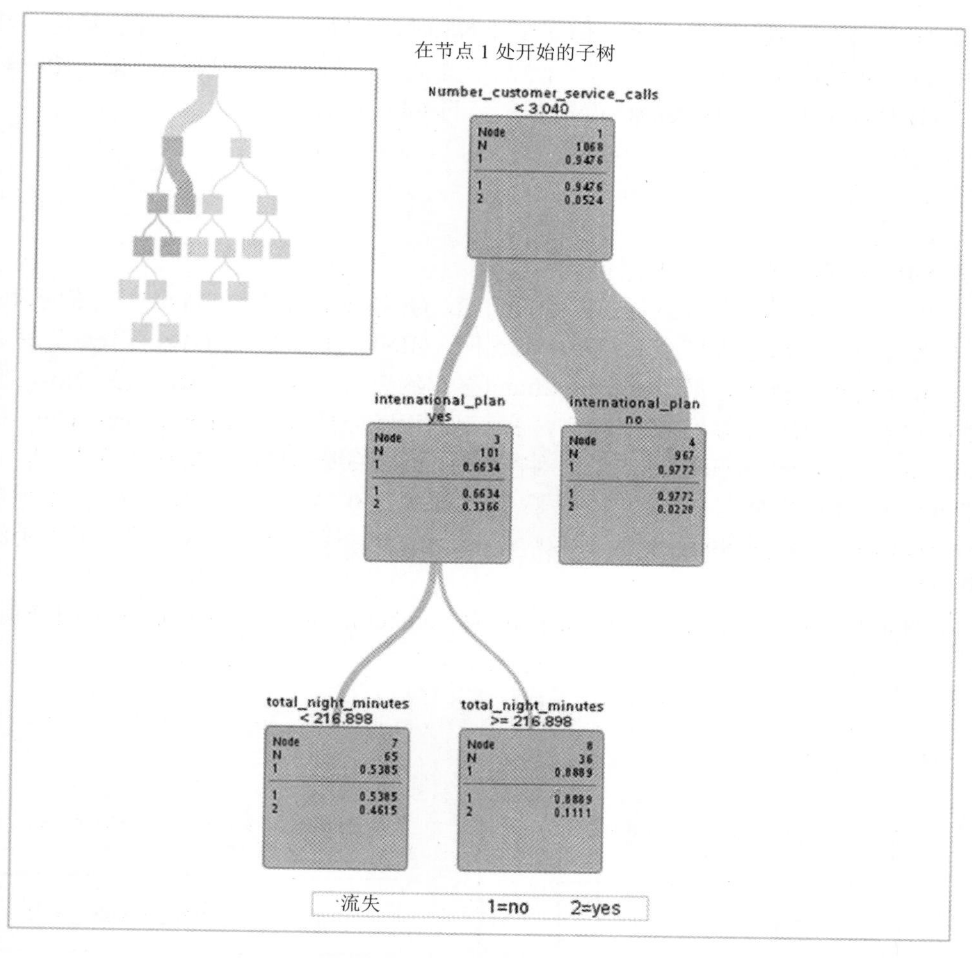

图 4-3 解释客户流失的决策树

4.3.5 选择决策树最佳分割标准的量度

由于树的正确度在很大程度上依赖于分割，因此决策树的关键在于如何选择最佳分割。在图 4-3 中，我们观察到，树在 Number_customer_service_calls 处开始分割，因此 Number_customer_service_calls 是高度显著变量。现在，问题在于树如何识别变量以及最佳分割。在决定分割标准中可以使用不同的算法。在下面讨论了一些算法。基于因变量类型的不同，算法也不同。对于分类型变量而言，有不同的分割算法，如基尼指数、熵和信息增益；对于连续型因变量而言，使用方差减小分割方法[23]。

1. **基尼指数**：基尼指数用于在 CART 算法中构建决策树的杂质量度[24]。当因变量为二元(意味着变量只有两个值 Yes 或 No)时，CART 算法将会构建决策树。具有较高基尼增益的变量将是节点开始分割的变量。分割基尼增益的公式如下所示：

$$GINI\ (s,t) = GINI\ (t) - P_L\,GINI\ (t_L) - P_R\,GINI\ (t_R)$$

其中

s　=分割

t　=节点

GINI(t)=输入结点 t 的基尼指数

P_L　=分割(s)后左节点观察样本的比例，GINI (t_L)　=分割(s)后左节点的基尼

P_R　=分割(s)后左节点观察样本的比例，GINI (t_R)　= 分割(s)后右节点的基尼

在上面的示例中，基于因变量 Churn(客户流失为 Yes，客户未流失为 No)，创建决策树；因此参考相同的示例，我们使用两个自变量 International_plan 和 Number_customer_service_calls 来分割客户。让我们采用客户的子集使计算比较容易理解。在 1068 个客户中，让我们仅仅研究 60 个客户，基于两个自变量 International_plan 和 Number_customer_service_calls，找出谁是流失客户，谁不是流失客户。

图 4-4 显示了基于 International_plan 和 Number_customer_service_calls 的分割。

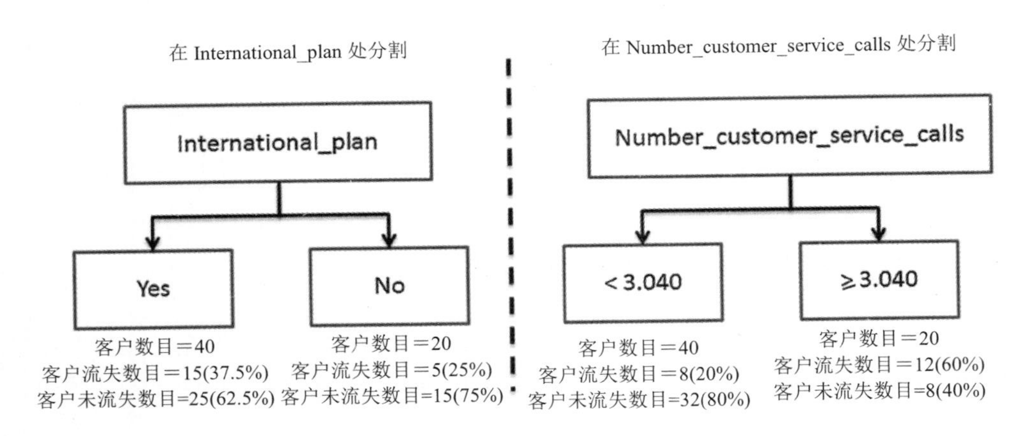

图 4-4　基于 International_plan 和 Number_customer_service_calls 进行分割

基于 International_plan 的分割计算：

(1) 节点 International_plan 的基尼

$$=1-\left(\frac{40}{60}\right)^2-\left(\frac{20}{60}\right)^2\approx\mathbf{0.444}\text{ (保留小数点后三位)}$$

(2) 子节点 International_plan =Yes 的基尼

$$=1-\left(\frac{25}{40}\right)^2-\left(\frac{15}{40}\right)^2\approx\mathbf{0.468}\text{ (保留小数点后三位)}$$

(3) 子节点 International_plan = No 的基尼

$$=1-\left(\frac{15}{20}\right)^2-\left(\frac{5}{20}\right)^2\approx\mathbf{0.375}\text{ (保留小数点后三位)}$$

(4) International_plan 分割的基尼增益

=0.444–(40/60)×0.468–(20/60)×0.375=**0.007**

基于 Number_customer_service_calls 的分割计算：

(1) 节点 Number_customer_service_calls 的基尼

$$=1-\left(\frac{40}{60}\right)^2-\left(\frac{20}{60}\right)^2\approx\mathbf{0.444}\text{ (保留小数点后三位)}$$

(2) 子节点 Number_customer_service_calls < 3.040 的基尼

$$=1-\left(\frac{32}{40}\right)^2-\left(\frac{8}{40}\right)^2=\mathbf{0.320}$$

(3) 子节点 Number_customer_service_calls ≥ 3.040 的基尼

$$=1-\left(\frac{8}{20}\right)^2-\left(\frac{12}{20}\right)^2=\mathbf{0.480}$$

(4) Number_customer_service_calls 分割的基尼增益

=0.444–(40/60)×0.320–(20/60)×0.480≈**0.071**(保留小数点后三位)

从上述的计算中，基于 Number_ customer_service_calls(0.071)分割的基尼增益比基于 International_plan(0.007)分割的基尼增益高，因此我们认为 Number_customer_service_calls 为最显著变量，决策树节点从 Number_customer_ service_calls 开始分割。

2. **熵**：熵是混乱程度的度量，用于使用 ID3 和 C4.5 算法构建决策树[25]。ID3 和 C4.5 算法应用于分类型因变量。ID3 使用二元分割，而 C4. 5 算法采用了多路分割。熵值越低，同质性越高；因此在具有较低熵的变量就是节点开始分割的变量，我们认为此变量是决策树中的最佳分割。换句话说，熵值越低，分类越好。

当样本为同质或所有的 S 成员属于同一类时，熵等于零(纯节点)；当集合等分时，也就是说它包含了相同数目的 p 类和 q 类，此时熵等于 1(非纯节点)；当集合拥有不等数目的 p 类和 q 类时，熵的值在 0 和 1 之间(不纯节点)。熵的计算公式为：

熵(S) = $-p\log_2 p - q\log_2 q$

其中

p = S 中 p 类的比例

q=S 中 q 类的比例

$\log_2$ =基数为 2 的对数

父节点的熵 = $-(20/60)\log_2(20/60) - (40/60)\log_2(40/60) = 0.92$

在 International_plan 分割的计算：

(1) 子节点 International_plan = Yes 的熵 = $-(15/40)\log_2(15/40) - (25/40)\log_2(25/40) = 0.95$

(2) 子节点 International_plan = No 的熵 = $-(5/20)\log_2(5/20) - (15/20)\log_2(15/20) = 0.81$

(3) International_plan 分割的加权熵 = $(40/60)\times 0.95 + (20/60)\times 0.81 = 0.90$

在 Number_customer_service_calls 分割的计算：

(1) 子节点 Number_customer_service_calls < 3.040 的熵 = $-(8/40)\log_2(8/40) - (32/40)\log_2(32/40) = 0.72$

(2) 子节点 Number_customer_service_calls≥3.040 的熵 = $-(12/20)\log_2(12/20) - (8/20)\log_2(8/20) = 0.97$

(3) Number_customer_service_calls 分割的加权熵

$=(40/60)\times 0.72 + (20/60)\times 0.97 = 0.80$

从上述计算中可知，基于 Number_ customer_service_calls(0.80)分割的熵低于基于 International_plan(0.90)分割的熵，因此我们认为 Number_customer_ service_calls 为最显著变量，决策树的节点从 Number_customer_ service_calls 开始分割。

3. **信息增益：**信息增益是熵变的量度。选中具有较高信息增益的变量进行分割。我们将信息增益定义为父节点熵与子节点熵之间的差值。信息增益的计算公式为：

信息增益= 父节点熵 − 子节点熵

考虑到为 International_plan 和 Number_customer_service_calls 的父节点和子节点所计算的熵，让我们计算信息增益：

International_plan 的信息增益= 0.92 − 0.90 = 0.02

Number_customer_service_calls 的信息增益=0.92 − 0.80 = 0.12

从上述计算中可知，Number_customer_service_calls(0.12)的信息增益高于

International_plan(0.02)的信息增益，因此，我们认为 Number_ customer_service_calls 是最显著变量，决策树节点从 Number_ customer_service_calls 处开始分割。

4. **方差减少**：当因变量是连续变量时，使用方差减少方法，我们认为这种方法为回归纯度[26]。在方差减少方法中，使用方差的标准公式。我们认为具有较低方差的分割是最佳分割，决策树从此节点开始分割。方差减少方法的计算公式如下[27]：

$$方差减少=\frac{\sum\left(\boldsymbol{X}-\bar{\boldsymbol{X}}\right)^2}{\boldsymbol{N}}$$

其中 X 是真实值

$\bar{X}$ 是平均值

N 是观察样本总数

为了计算方差，使用数字 1 表示客户流失，数字 0 表示客户未流失。

(1) 根节点的均值：客户流失的数目=20(1)，客户未流失的数目=40(0)，这样平均值的计算可以写为(20×1 + 40×0)/ 60≈0.33(保留小数点后两位)，因此方差的计算如下：

根节点的方差=(20×(1-0.33)^ 2 + 40×(0-0.33)^ 2)/ 60 = 0.222

(2) 子节点 International_plan=Yes 的均值：客户流失的数目=15(1)，客户未流失的数目=25(0)，因此，对于平均数的计算，可以写为(15×1 + 25×0)/ 40 = 0.375，因此，方差的计算如下：

子节点 International_plan = Yes 的方差=(15×(1 – 0.375)^2+25×(0 – 0.375)^2)/ 40 =0.23

(3) 子节点 International_plan=No 的均值：客户流失的数目=5(1)，客户未流失的数目=15(0)，因此，对于均值的计算，可以写为(5×1 + 15×0)/ 20 = 0.25，因此方差的计算如下：

子节点 International_plan = No 的方差=(5×(1-0.25)^ 2 + 15×(0-0.25)^ 2)/ 20 = 0.18

(4) 子节点 International_plan 的加权方差

=(40/60)×0.23 +(20/60)×0.18≈0.213(保留小数点后三位)

(5) 子节点 Number_customer_service_calls < 3.040 的均值：客户流失的数目=8(1)，客户未流失的数目=32(0)，因此，对于均值的计算，可以写为(8×1 + 32×0)/40 = 0.2，因此方差的计算如下：

子节点 Number_customer_service_calls < 3.040 的方差

=(8×(1 – 0.2)^ 2 + 32×(0 – 0.2)^ 2)/ 40 = 0.16

(6) 子节点 Number_customer_service_calls≥3.040 的均值：客户流失的数目=

12(1)，客户未流失的数目=8(0)，因此对于均值的计算，可以写为(12×1 + 8×0)/20 = 0.6，因此方差的计算如下：

子节点 Number_customer_service_calls≥3.040 的方差

=(12×(1 - 0.6)^ 2 + 8×(0 - 0.6)^ 2)/ 20 = 0.24

(7) 子节点 Number_customer_service_calls 的加权方差

=(40/60)×0.16 +(20/60)×0.24≈0.186(保留小数点后三位)

从上述计算可以得到，Number_customer_service_calls(0.186)的方差小于根节点(0.222)的方差；因此，我们认为 Number_customer_service_calls 是最显著变量，决策树节点分割从 Number_customer_service_calls 开始。

4.4　基于 R 的决策树模型

企业问题：预测客户流失的可能性。

企业解决方案：建立决策树模型。

4.4.1　关于数据

在这个电信的案例分析中，为了说明客户流失的概率，创建决策树模型，综合生成数据。在此数据集中，总共有 1000 个观察样本和 14 个变量：3 个变量为数值型，11 个变量为分类型。

churn_dataset 包含了 1000 个客户的信息。Churn 是数据中的因变量或目标变量，其中 Yes 表示客户流失，No 表示客户未流失。在数据中，有 74%的客户未流失，26%的客户流失了。使用此数据集创建决策树模型，预测客户流失的概率。

基于 R，创建自己的工作目录，导入数据集。

```
#从工作目录中读取数据，创建自己的工作目录，读取数据集

setwd("C:/Users/Deep/Desktop/data")

data1 <- read.csv ("C:/Users/Deep/Desktop/data/
churn_dataset.csv",header=TRUE,sep=",")

data2<-data.frame(data1)
```

4.4.2　执行数据探索

在探索性数据分析中，我们以更广阔的视野观察现有数据中的模式、趋势、汇

总、异常值、遗漏值等。在下一节中，我们将讨论数据探索的 R 代码及其输出。

```
#执行探索性数据分析，了解数据
#显示数据集的前 6 行，看看数据的样子
head (data2)

  Sex Marital_Status Term Phone_service International_plan
1 Female        Married 16         Yes              Yes
2   Male        Married 70         Yes               No
3 Female        Married 36         Yes               No
4 Female        Married 72         Yes               No
5 Female        Married 40         Yes              Yes
6 Female        Single  15         Yes              Yes

 Voice_mail_plan Multiple_line Internet_service Technical_support
1             Yes           No            Cable               Yes
2             Yes           No            Cable               Yes
3             Yes           No            Cable               Yes
4             No            Yes           Cable               Yes
5             No            Yes           Cable               No
6             Yes           No      No Internet       No internet

 Streaming_Videos Agreement_period Monthly_Charges Total_Charges Churn
1              No  Monthly contract       98.05       1410.25   Yes
2             Yes One year contract       75.25       5023.00    No
3             Yes  Monthly contract       73.35       2379.10    No
4             Yes One year contract      112.60       7882.25    No
5             Yes  Monthly contract       95.05       3646.80    No
6     No internet Monthly contract        19.85        255.35    No

#显示最后 6 行，看看数据的样子
tail(data2)

       Sex Marital_Status   Term  Phone_service International_plan
995    Male         Single    59             No              No
996 Female         Married    56            Yes              No
997 Female         Married    56            Yes              No
```

```
998   Male      Married    57          Yes          No
999   Male      Married    51          Yes          No
1000  Male       Single    69          Yes         yes

   Voice_mail_plan Multiple_line Internet_service Technical_support
995             No      No phone              DSL               Yes
996            Yes           Yes      Fiber optic                No
997            Yes           Yes              DSL                No
998            Yes            No      Fiber optic                No
999            Yes            No              DSL               Yes
1000           Yes            No      No Internet       No internet
   Streaming_Videos Agreement_period Monthly_Charges Total_Charges Churn
995             No One year contract           44.45       2145.00    No
996            Yes One year contract           84.50       4054.20    No
997            Yes Two year contract           83.50       3958.25    No
998             No One year contract           73.95       4326.80    No
999             No One year contract           60.90       3582.40    No
1000   No internet Two year contract           19.15       1363.45    No
```

```
#描述数据结构，这显示了在数据中出现的每个变量的数据类型，如特定变量是否为数值
#类型，因子等
str(data2)
```

```
'data.frame': 1000 obs. of 14 variables:
$ Sex               : Factor w/ 2 levels "Female","Male": 1 2 1 1 1 1 2
                    · 1 2 1 ...
$ Marital_Status : Factor w/2 levels"Married","Single":1 1 1 1 1 2
                   1 1 1 1 ...
$ Term              : int 16 70 36 72 40 15 1 36 5 57 ...
$ Phone_service     : Factor w/ 2 levels "No","Yes": 2 2 2 2 2 2 2 2 2
                      2 ...
$ International_plan: Factor w/ 3 levels "No","yes","Yes": 3 1 1 1
                      3 3 3 3 3 1 ...
$ Voice_mail_plan   : Factor w/ 2 levels "No","Yes": 2 2 2 1 1 2 2
                      1 2 1 ...
$ Multiple_line     : Factor w/ 3 levels "No","No phone ",..: 1 1 1 3
```

```
                  3 1  3 3 3 3 ...
$ Internet_service : Factor w/ 4 levels "Cable","DSL",..: 1 1 1 1 1
                  4 1 1 1 1 ...
$ Technical_support : Factor w/ 3 levels "No","No internet ",..: 3
                   3 3 3 1 2 1 1 1 3 ...
$ Streaming_Videos : Factor w/ 3 levels "No","No internet ",..: 1 3
                  3 3 3 2 1 3 3 3 ...
$ Agreement_period : Factor w/ 3 levels "Monthly contract",..: 1 2
                  1 2 1 1 1 1 1 2 ...
$ Monthly_Charges  : num 98 75.2 73.3 112.6 95 ...
$ Total_Charges    : num 1410 5023 2379 7882 3647 ...
$ Churn            : Factor w/ 2 levels "No","Yes": 2 1 1 1 1 1 1 2
                  2 1 ...

#显示数据的列名
names(data2)
[1] "Sex" "Marital_Status" "Term"              "Phone_service"
[5] "International_plan"   "Voice_mail_plan"   "Multiple_line"
[8] "Internet_service"     "Technical_support" "Streaming_Videos"
[11]"Agreement_period"     "Monthly_Charges"   "Total_Charges"
[14]"Churn"
#显示数据类型
class(data2)
[1] "data.frame"
#显示数据的汇总或描述性统计

   summary(data2$Monthly_Charges)

   Min.   1st Qu  Median  Mean  3rd Qu   Max.
   18.95  40.16   74.72   66.64 90.88   116.25
```

4.4.3 将数据集拆分成训练集和测试集

在本节中，数据被拆分成两个部分——训练数据集和测试数据集，拆分比例为70∶30；这意味着70%的数据被划分为训练数据集，30%的数据被划分为测试数据集。使用训练数据集构建模型，使用测试数据集测试模型的性能。

```
#设置种子，重现样本

set.seed(123)

#以 70:30 的比例，将数据集拆分成训练数据集和测试数据集

sample.split() is the function of the package "caTools",hence the
package is installed below before splitting the dataset.

install.packages("caTools")

library(caTools)

sample <- sample.split(data2$Churn,SplitRatio=0.70)

#训练数据集中无观察样本

train_data <- subset(data2,sample==TRUE)

#测试数据集中无观察样本

test_data <- subset(data2,sample==FALSE)
```

将 churn_dataset 分成两个部分：train_dataset 和 test_dataset，拆分比例为 70∶30，这意味着 70%的数据被划分为 train_dataset，30%的数据被划分为 test_dataset。使用 train_dataset 构建模型，使用 test_dataset 测试模型性能。

4.4.4　基于训练数据和测试数据构建和解释模型

使用下面 Program 1 代码的 rpart 包来生成决策树。

```
#基于训练数据，使用 rpart 来生成完全的决策树模型

install.packages("rpart")

library(rpart)
```

Program1:

```
churn_model <- rpart(Churn ~ ., data=train_data,
method = "class", parms = list(split = 'information'),cp=-1)

churn_model
```

使用 rpart 函数，以及数据中的因变量 Churn 和所有其他的自变量，创建决策树模型，使用 method=class 设置所用的方法，此处为 class，使用 parms 设置参数。

在 rpart 中，默认使用 split =information 作为分割标准，这是我们已经详细讨论过的基尼杂质、不同的分割标准和算法。

复杂性参数(cp)指定为负值-1，确保决策树完全成长。对完全成长的决策树，以下提到了一些规则。

```
n= 700
node), split, n, loss, yval, (yprob)
      * denotes terminal node

1) root 700 181 No (0.741428571 0.258571429)
2) Agreement_period=One year contract,Two year contract 314
   18 No (0.942675159 0.057324841)
4) Monthly_Charges< 89.025 213  4 No (0.981220657 0.018779343)
8) Total_Charges≥897.875 166   1 No (0.993975904 0.006024096)
16)Internet_service=DSL,Fiber optic,No Internet 151 0 No
   (1.000000000 0.000000000) *
17)Internet_service=Cable 15    1 No (0.933333333 0.066666667) *
9) Total_Charges< 897.875 47    3 No (0.936170213 0.063829787)
18) Total_Charges< 769.775 40   1 No (0.975000000 0.025000000)
36) Term≥12.5 27     0 No (1.000000000 0.000000000) *
37) Term< 12.5 13    1 No (0.923076923 0.076923077) *
19) Total_Charges≥769.775 7   2 No (0.714285714 0.285714286) *
5) Monthly_Charges≥89.025 101 14 No (0.861386139 0.138613861)
10) Term≥62.5 56     3 No (0.946428571 0.053571429)
20) Term< 69 25     0 No (1.000000000 0.000000000) *
21) Term≥69 31    3 No (0.903225806 0.096774194)
42) Technical_support=No 9     0 No (1.000000000 0.000000000) *
43) Technical_support=Yes 22   3 No (0.863636364 0.136363636)
86) Term≥71.5 13    1 No (0.923076923 0.076923077) *
87) Term< 71.5 9    2 No (0.777777778 0.222222222) *
```

```
#安装 rattle 包和 helper 包，如 rpart.plot 和 RcolorBrewer 包，创建决策树
RcolorBrewer package in order to create the decision tree

install.packages("rattle")
library(rattle)

install.packages("rpart.plot")
library(rpart.plot)

install.packages("RColorBrewer")
library(RColorBrewer)

#使用 fancyRpartPlot 函数，生成决策树图

fancyRpartPlot(churn_model)
```

使用 FancyRpartPlot 绘制决策树，图 4-5 显示了一个完全长成的决策树。

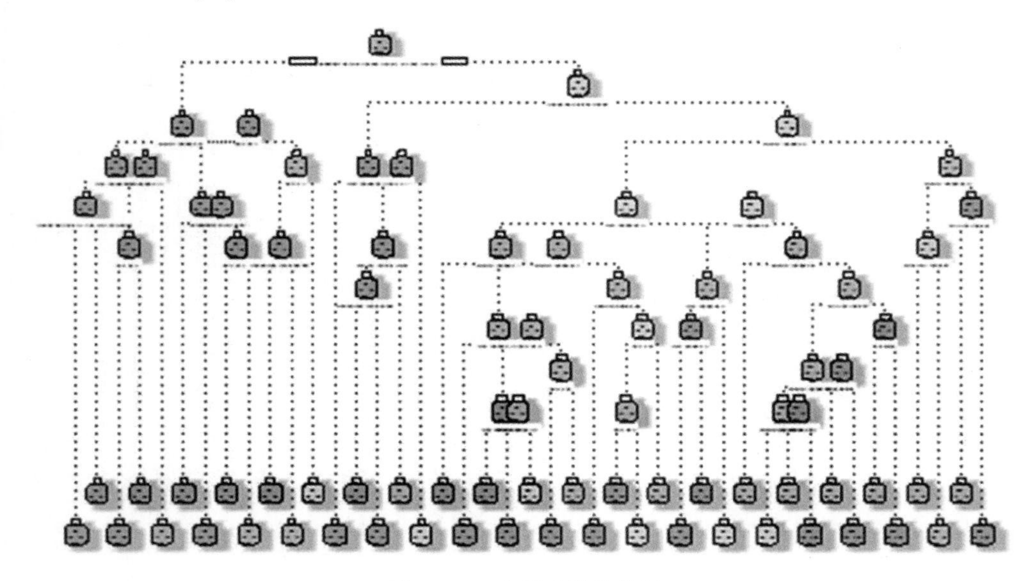

图 4-5　完全长成的决策树

我们在先前的 Program 1 代码中已经讨论了下列 Program 1.1 代码 rpart 函数中的 Churn、method = class、parms、split = information。

```
#控制 rpart 算法的选项列表，防止模型过拟合

Program1.1

tree_model <- rpart(Churn ~ ., data=train_data,
method = "class",parms = list(split = 'information'), maxdepth = 3,
minsplit = 2, minbucket = 2 )

tree_model
```

有一串选项控制了 rpart 算法，这样就可以防止模型过拟合，过拟合模型经常会影响到模型的预测准确性。使用 maxdepth 限制最终树中任何节点的最大深度，认定根节点的深度为 0，使用 maxdepth = 3 限制树节点长到深度 3。

使用 minsplit 来设置在节点处对于观察样本进行分割的最小可行数目。使用 minbucket 设置在任何终端节点或叶节点处观察样本的最小数目。在此案例中，树有两个分割、两个终端或叶节点。

```
#生成决策树图

fancyRpartPlot(tree_model)
```

图 4-6 显示了决策树长到了深度 3。在后面部分，对决策树节点和子节点进行了说明。

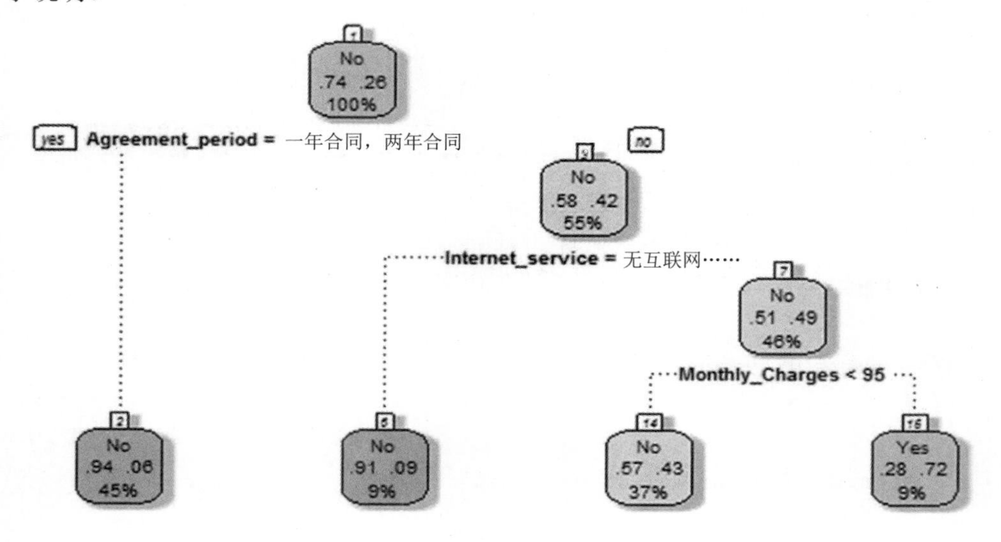

图 4-6 深度 3 的决策树节点

```
#画出它，找到 cp 值进行裁剪

plotcp(tree_model)
```

完全长成的树会有过拟合的问题，因此执行裁剪工艺，处理这个问题。现在，问题在于如何设置值，进行树的裁剪，因此图 4-7 显示了树的大小与 cp 的曲线(使用 plotcp()绘制)，在曲线中最小误差点显示了 cp 值。

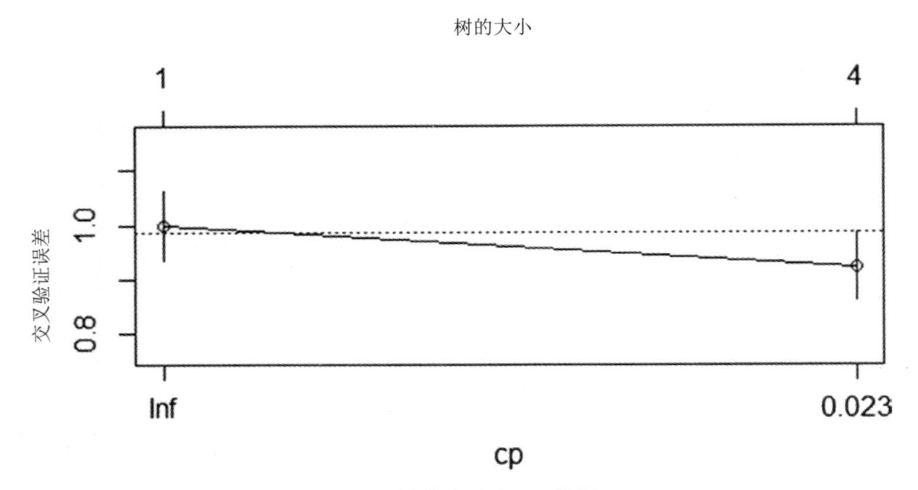

图 4-7　树的大小与 cp 的图

```
#找到交叉验证的结果

printcp(tree_model)

Classification tree:
  rpart(formula = Churn ~ ., data = train_data,
  method = "class", parms = list(split = "information"),
  maxdepth = 3, minsplit = 2, minbucket = 2)

Variables actually used in tree construction:
[1] Agreement_period Internet_service Monthly_Charges

Root node error: 181/700 = 0.25857

n= 700
```

```
        CP      nsplit rel error   xerror    xstd
1 0.051565       0        1.0000   1.00000   0.064002
2 0.010000       3        0.8453   0.92265   0.062301
```

printcp()将显示交叉验证结果。在这个案例分析中，有大约 26%的训练案例的客户流失了。以上显示了 c、nsplit、rel 误差、交叉验证误差(xerror)以及标准偏差(xstd)。必须选择与决策树的最小误差和标准偏差一起的最小树的复杂性参数(cp)用于裁剪。在此案例分析中，最小交叉验证误差为 0.92265，对应的标准偏差为 0.062301，cp 为 0.010000，因此考虑大于 0.01 的 cp 值，对树进行裁剪。

在 Program 1.2 代码中，完全长成的树会有过拟合问题，为了处理这个问题，使用 prune 执行裁剪工艺，以及使用 printcp()函数中所得到的交叉验证的结果，即最小树的复杂性参数(cp)以及决策树的最小误差和标准偏差，来执行裁剪工艺。

Program 1.2

```
#裁剪模型

prune_model <- prune(tree_model, cp=0.02)

prune_model
```

在此案例分析中，最小交叉验证结果误差为 0.92265，标准偏差为 0.062301，cp 为 0.010000，因此考虑比 cp 值 0.01 稍大的值，即使用 cp=0.2 裁剪树，获得最佳结果。以下是所提到的一些规则，进行决策树的裁剪。裁剪过的决策树通常比原树的性能更好。

```
n= 700

node), split, n, loss, yval, (yprob)
      * denotes terminal node

1) root 700 181 No (0.74142857 0.25857143)
2) Agreement period=One year contract, Two year contract
   314 18 No (0.94267516 0.05732484) *
3) Agreement_period=Monthly contract 386 163 No
   (0.57772021 0.42227979)
```

```
6) Internet_service=No Internet64 6 No(0.90625000 0.09375000*
7) Internet_service=Cable, DSL, Fiber optic 322 157 No
   (0.51242236 0.48757764)
14) Monthly_Charges< 95.125 258 111 No
   (0.56976744 0.4302325) *
15) Monthly_Charges≥95.125 64 18 Yes
   (0.28125000 0.71875000) *
```

基于以上生成的规则，解释如图 4-8 所示的已裁剪决策树如何工作。所考虑的训练数据集中，有 700 个观察样本和 14 个变量。

Churn 是因变量，所有其他的 13 个变量是自变量。在 700 个客户中，有 26%的客户流失了。现在，创建模型，基于客户的使用情况预测哪个客户会流失。在此示例中，我们将基于 13 个变量中高度显著的自变量分离出客户流失。基于 Agreement_period，进行第一次分割；这意味着我们认为 Agreement_period 是模型中的高度显著变量。

训练数据集中有 700 个客户，其中在根节点处有 74%的客户未流失，26%的客户流失了。对于 Agreement_ period= Monthly contract 的客户而言，客户流失率为 42.22%。基于 Internet_ service 变量，对 Agreement_ period= Monthly contract 的客户进行进一步细分。对于 Internet_service=Cable，DSL，Fiber optic 的客户而言，有 48.75%的客户流失率。

基于 Monthly_Charges 的变量，对 Internet_service=Cable, DSL, Fiber optic 的客户进行进一步细分。对于 Internet_service=Cable, DSL, Fiber optic 和 Monthly_Charges is≥95.125 的客户而言，有 71.87%的客户流失率。Internet_service = No 的客户与这些客户相反，只有 9.37%的客户流失率。总之，基于决策树分割，具有高可能性流失的客户为 Internet_ service=Cable, DSL, Fiber optic 和 Monthly_Charges is≥95.125 的客户。

```
#生成已裁剪决策树的图
fancyRpartPlot(prune_model)
```

图 4-8 显示了已裁剪的决策树模型，基于上面生成的规则，对决策树节点和子节点进行了解释。

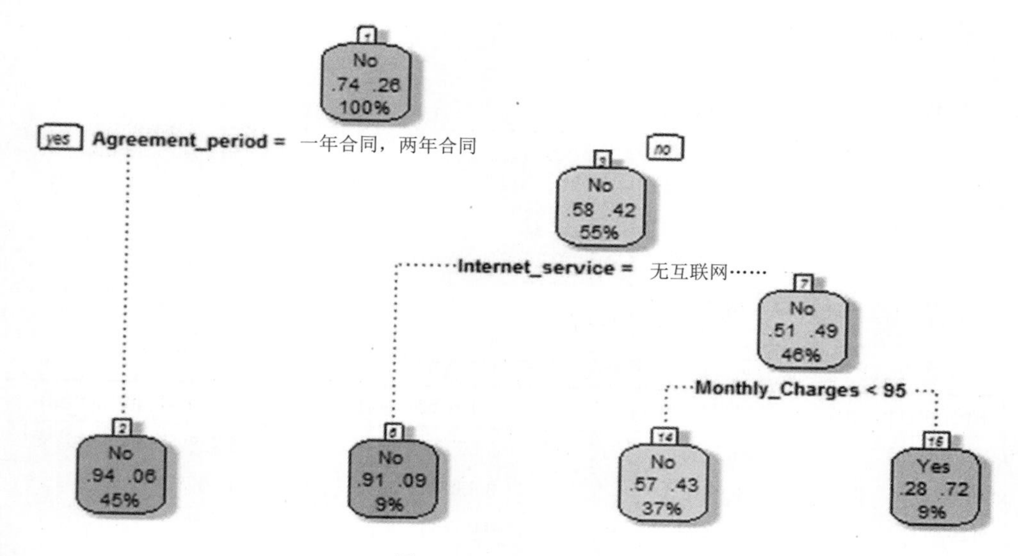

图 4-8　已裁剪的决策树

```
#使用测试数据预测模型

test_data$Churn_Class <- predict(prune_model,
newdata = test_data, type="class")

#显示混淆矩阵或分类表

table(test_data$Churn ,test_data$Churn_Class)
```

在表 4-1 中，test_data$Churn 为实际结果，test_ data$Churn_Class 为预测结果。

表 4-1　分类表

test_data$Churn_Class		
test_data$Churn	No	Yes
否	218	4
是	58	20

对角线的值得到了正确的分类，因此准确率计算如下：

$$\text{准确率}=\frac{218+20}{218+4+58+20}=\frac{238}{300}\approx 0.79\ (\text{保留小数点后两位})$$

错误率或误分类率可计算为：

1 - 准确率 1 - 0.79=0.21

```
#使用测试数据，预测概率矩阵

pred <- predict(prune_model, newdata = test_data, type="prob")

pred1 <- data.frame(pred)
```

在表 4-2 中显示了概率矩阵。

表 4-2　客户流失概率表

Probability(No)	Probability%(No)	Probability(Yes)	Probability%(Yes)
0.942675	94.27%	0.057325	5.73%
0.569767	56.98%	0.430233	43.02%
0.942675	94.27%	0.057325	5.73%
0.90625	90.63%	0.09375	9.38%
0.569767	56.98%	0.430233	43.02%
0.942675	94.27%	0.057325	5.73%
0.28125	28.13%	0.71875	**71.88%**
0.28125	28.13%	0.71875	**71.88%**
0.942675	94.27%	0.057325	5.73%
0.942675	94.27%	0.057325	5.73%

Probability (No)表示未流失客户的概率值，Probability% (No)表示未流失客户的百分比，Probability (Yes)表示流失客户的概率值，Probability% (Yes)表示流失客户的百分比。所有电信企业都使用这些预测概率，针对有很高可能性流失的客户提供促销优惠，提供最好的客户服务，增加客户参与，来减少客户流失。例如，在表 4-2 中，使用粗体突出显示的客户概率百分比处于危险区，这标志着未来这两个客户有 71.88%的概率流失，需要有针对性地提供改进的客户服务和优惠来留住他们。

4.5　基于 SAS 的决策树模型

在本节中，我们将讨论不同的 SAS 程序，如 proc content、proc means、proc freq 和 proc univariate。我们也讨论了构建决策树模型，预测客户流失的概率，并解释了 Program 2 和 Program 2.1 中的 SAS 代码和每个部分的输出。

```
/* 创建自己的 SAS 库，如此处的 libref，并提到了路径 */
libname libref "/home/aro1260/deep";

/* 将 churn_dataset 导入到所指定的库*/
PROC IMPORT DATAFILE="/home/aroragaurav1260/data/churn_dataset.csv"
     DBMS=CSV Replace
         OUT=libref.churn;
         GETNAMES=YES;

RUN;

/* 检查数据的内容 */
PROC CONTENTS DATA=libref.churn;
RUN;
```

CONTENTS 程序

数据集名称	LIBREF.CHURN	观察样本	1000
成员类型	DATA	变量	14
引擎	V9	索引	0
创建日期	12/11/2017 14:20:53	观察样本长度	112
上一次修改日期	12/11/2017 14:20:53	删除的观察样本	0
保护		压缩	No
数据集类型		排序	No
标签			
数据表示	SOLARIS_X86_64, LINUX_X86_64, ALPHA_TRU 64, LINUX_IA64		
编码	utf-8 Unicode (UTF-8)		

按字母排列的变量和属性列表

#	变量	类型	长度	格式	输入格式
11	Agreement_period	Char	17	$17.	$17.
14	Churn	Char	3	$3.	$3.
5	International_plan	Char	3	$3.	$3.
8	Internet_service	Char	11	$11.	$11.
2	Marital_Status	Char	7	$7.	$7.
12	Monthly_Charges	Num	8	BEST12.	BEST32.

(续表)

#	变量	类型	长度	格式	输入格式
7	Multiple_line	Char	8	$8.	$8.
4	Phone_service	Char	3	$3.	$3.
1	Sex	Char	6	$6.	$6.
10	Streaming_Videos	Char	11	$11.	$11.
9	Technical_support	Char	11	$11.	$11.
3	Term	Num	8	BEST12.	BEST32.
13	Total_Charges	Num	8	BEST12.	BEST32.
6	Voice_mail_plan	Char	3	$3.	$3.

proc content 显示了数据的内容，如数据中的观察样本数、变量数目、库名和每个变量的数据类型(变量是数值型的还是分类型的，以及变量的长度、格式和输入格式)。

```
/* 数据的描述性统计 */
proc means data = libref.churn;
var Term Monthly_Charges;
run;
```

MEANS 程序

变量	N	均值	标准偏差	最小值	最大值
Term	1000	32.8050000	25.1356475	0	72.0000000
Monthly_Charges	1000	66.6393500	30.2986094	18.9500000	116.2500000

proc means 显示了数据的描述性统计或汇总，如观察样本数(N)、均值、标准偏差、各个变量的最小值和最大值。

```
/* 应用proc freq查看数据的频率 */
Proc freq data = libref.churn;
tables Internet_service Churn Churn * Internet_service;
run;
```

FREQ 程序

互联网服务	频率	百分比	累计频率	累计百分比
Cable	171	17.10	171	17.10
DSL	280	28.00	451	45.10
Fiber optic	341	34.10	792	79.20
No Internet	208	20.80	1000	100.00

流失	频率	百分比	累计频率	累计百分比
No	741	74.10	741	74.10
Yes	259	25.90	1000	100.00

proc freq 表示每个层次的频率数目，以及累积频率和累积百分比，如电缆的数量、DSL 的数量、光纤的数量、无互联网的数目、未流失客户(No)的数目和流失客户(Yes)的数目。

频率 行百分比 列百分比	Churn by Internet_service 表格					
	Churn	Internet_service				
		Cable	DSL	Fiber optic	No Internet	总计
	No	103	221	219	198	741
		10.30	22.10	21.90	19.80	74.10
		13.90	29.82	29.55	26.72	
		60.23	78.93	64.22	95.19	
	Yes	68	59	122	10	259
		6.80	5.90	12.20	1.00	25.90
		26.25	22.78	47.10	3.86	
		39.77	21.07	35.78	4.81	
	Total	171	280	341	208	1000
		17.10	28.00	34.10	20.80	100.00

两个变量之间的交互，如 Churn 和 Internet_service，显示为 Churn by Internet_service 的表格，表格有频率、行百分比、列百分比等详细信息。

```
/* 应用proc univariate获取更详细的数据汇总信息 */

proc univariate data = libref.churn;
var Monthly_Charges;
histogram Monthly_Charges/normal;
run;
```

UNIVARIATE 程序			
变量: Monthly_Charges			
动差			
N	1000	总和权重	1000
均值	66.63935	总和观察样本	66639.35
标准偏差	30.2986094	Variance	918.00573
偏度	−0.3099341	峰度	−1.2342213
未校正的 SS	5357890.69	系数变化	917087.724
校正的 SS	45.466544	标准误差均值	0.95812616
基本统计测量方法			
位置		差异量	
均值	66.63935	标准偏差	30.29861
中值	74.72500	方差	918.00573
众数	20.05000	全距	97.30000
		四分位距	50.77500

注意：所显示众数是两个众数中较小的一个，计数为 12。

位置检验: Mu0=0				
检验方法	统计		*p* 值	
学生 t 检验	t	69.55175	Pr > |t|	<0.0001
符号	M	500	Pr ≥ |M|	<0.0001
符号秩检验	S	250250	Pr ≥ |S|	<0.0001

分位数(Definition 5)	
层级	分位数
100% Max	116.250
99%	115.025
95%	108.050
90%	104.475
75% Q3	90.900
50% Median	74.725
25% Q1	40.125
10%	20.350
5%	19.875
1%	19.350
0% Min	18.950

极端观察样本			
最低值		最高值	
值	观察样本	值	观察样本
18.95	115	116.05	153
19.15	1000	116.10	354
19.15	802	116.10	527
19.15	721	116.10	922
19.20	729	116.25	877

proc univariate 用于显示数据描述性统计或详细汇总。它将显示峰度、偏度、标准偏差、未校正的 SS、校正的 SS、标准误差均值、方差、全距、四分位距等。

这有助于评估数据的正态分布、正态分布的拟合优度检验以及检测数据中存在的异常值或极端值。图 4-9 显示了数据中存在的 Monthly_Charges 的正态分布。

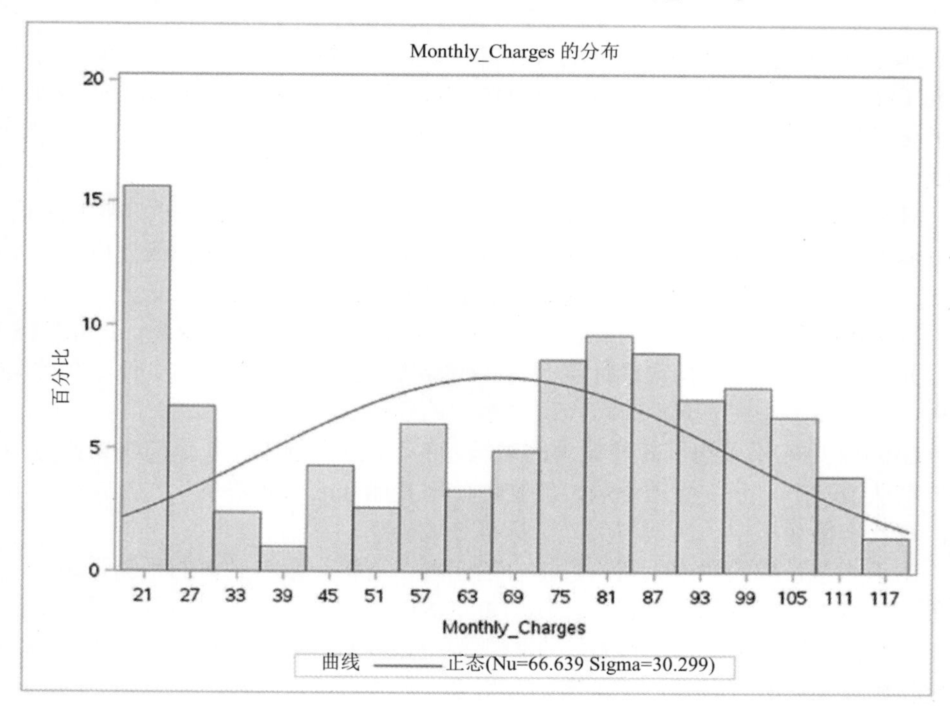

图 4-9　Monthly_Charges 的正态分布

UNIVARIATE 程序		
Monthly_Charges 的拟合正态分布		
正态分布的参数		
参数	标志	估计
均值	Mu	66.63935
标准偏差	Sigma	30.29861

正态分布的拟合优度检验				
检验方法	统计		p 值	
Kolmogorov-Smirnov	D	0.1279262	Pr > D	<0.010
Cramer-von Mises	W-Sq	3.9534168	Pr > W-Sq	<0.005
Anderson-Darling	A-Sq	27.9980535	Pr > A-Sq	<0.005

4.5.1　完整数据的模型构建和解释

Program 2 代码 ODS GRAPHICS ON 用于生成决策树模型中的输出部分的图。HPSPLIT 程序用于生成分类树。CVMODELFIT 用于模型评估，基于 10 倍交叉验证，显示交叉验证混淆矩阵。SEED 选项用于指定教程验证过程的随机数，在此案例中，seed=123。

MAXDEPTH 语句指定了树的默认深度，在树的成长过程中，树的深度为 10(maxdepth 值为 10)，但是可以根据要求指定不同的限制，在此案例分析中，使用 depth=3 生成决策树，树深为 3。CLASS 语句用于包括所有分类型变量。

MODEL 语句指出了将 Churn 作为因变量，等号右边都是自变量。EVENTS 用于二元分类型因变量，指定事件层次，events='Yes'表示所感兴趣的事件，在此案例分析中，完成了对在未来很有可能流失客户的建模。

GROW 语句用于识别随着树木的生长，将父节点分割成子节点的决策树分割标准。默认情况下，分割标准是熵，但是也使用其他标准，如基尼、方差减少、卡方等。在此案例分析中，决策树的分割标准是成长熵。

由于完全长成的树或大树有过拟合的问题，这将会影响到树的预测正确度，为了最小化过拟合问题和预测误差，使用 PRUNE 语句来裁剪树。裁剪大树，默认情况下，裁剪方法为成本复杂性方法，在此案例中，使用裁剪成本复杂性。使用 LEAVES 指定树中使用的叶子数目，在此案例分析中，使用 leaves = 4。

```
/* 基于完全数据，生成决策树 */


Program2:
```

```
ods graphics on;
proc hpsplit data=libref.churn cvmodelfit seed=123 maxdepth=3;
class Churn Sex Marital_Status Phone_service International_plan
Voice_mail_plan Multiple_line Internet_service Technical_support
Streaming_Videos Agreement_period;
model Churn (event='Yes') = Sex Marital_Status
Term Phone_service International_plan Voice_mail_plan Multiple_line
Internet_service Technical_support Streaming_Videos
Agreement_period Monthly_Charges Total_Charges;
grow entropy;
prune costcomplexity(leaves=4);
run;
```

我们将 Program 2 的决策树输出划分成若干部分，在后面将讨论每个部分。Program 2 的 Part 1 描述了在单机模式中线程数目等于 2 的 HPSPLIT 程序的执行。

Part 1

HPSPLIT 程序	
执行信息	
执行模式	单机
线程数目	2

Program 2 的 Part 2 如“数据访问信息”表所示，这张表描述了在 SAS 会话执行的客户机上，使用 V9 基本引擎访问输入数据集。

Part 2

数据访问信息			
数据	**引擎**	**角色**	**路径**
LIBREF.CHURN	V9	Input	On Client

Program 2 的 Part 3 如“模型信息”表所示，这张表描述了模型信息，以及生成和裁剪决策树所使用的方法——如分割标准为熵、裁剪方法为成本复杂度、子树评估标准为叶子数目、分支树为 2、所要求的最大树深度为 3、所实现的最大树深度为 3、树深度为 3、裁剪前的叶子数目为 8、裁剪后的叶子数目为 4、模型事件层级为 Yes。

Part 3

模型信息	
使用的分割标准	熵
裁剪方法	成本复杂度
子树评估标准	叶子数目
分支数	2
所要求的最大树深度	3
所实现的最大树深度	3
树深度	3
裁剪前的叶子数	8
裁剪后的叶子数	4
模型事件层级	Yes

Program 2 的 Part 4 显示了所读取的观察样本数为 1000，所使用的观察样本数为 1000 的信息。在此案例分析中，没有缺失值，所有所读取和所使用的观察样本数是相同的。

Part 4

所读取的观察样本数	1000
所使用的观察样本数	1000

Program 2 的 Part 5 和 Part 6 显示了模型的 10 倍交叉验证评估，以及 10 倍交叉验证混淆矩阵。

Part 5

HPSPLIT 程序

模型的 10 倍交叉验证评估

N 叶子	平均平方误差				误分类率			
	最小值	均值	标准误差	最大值	最小值	均值	标准误差	最大值
4	0.1334	0.1563	0.0186	0.2040	0.2056	0.2468	0.0301	0.3053

Part 6

10 倍交叉验证混淆矩阵

实际	预测		误差率
	No	Yes	
No	684	57	0.0769
Yes	189	70	0.7297

Program 2 的 Part 7 如图 4-10 所示，显示了完整决策树的概况。每个叶节点都有一个彩条，表示了流失的最频繁层级，表示了在此特定的节点中所有观察样本所分配的分类层级。条的高度表示在此具有最频繁层级的特定节点中，观察样本(流失)的分数值。在此案例分析中，比起 Yes(客户流失)、No(客户未流失)是最频繁的层级。

Part 7

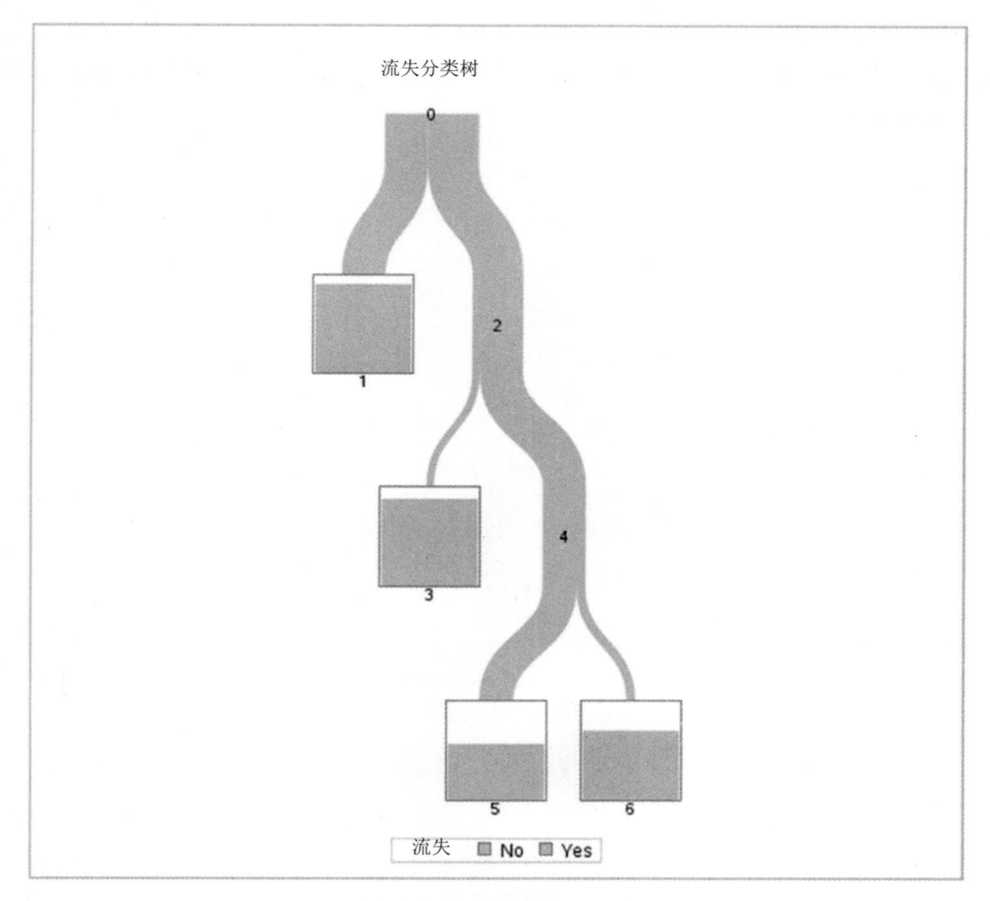

图 4-10　Program 2 决策树的概况

Program 2 的 Part 8 如图 4-11 所示，显示了完整决策树的详细信息。基于 Agreement_period 进行第一次分割，这意味着我们认为 Agreement_ period 是模型中的高度显著变量。

在 churn_dataset 中有 1000 个客户，在根节点有 74%的客户未流失，26%的客户流失。对于 Agreement_period = Monthly contract 的客户，客户流失率为 42.49%。基于 Internet_service 变量，可以对 Agreement_period = Monthly contract 的客户进一步细分。对于 Internet_service=Cable, DSL, Fiber optic 的客户而言，有 48.25%的客户流失。基于 Monthly_Charges 变量，可以对 Internet_service=Cable, DSL, Fiber optic 的客户进一步细分。对于 Internet_ service=Cable, DSL, Fiber optic 和 Monthly_Charges is≥94.844 的客户而言，有 72.16%的客户流失。Internet_service = No 的客户与此相反，有 9.88%的客户流失。总之，基于决策树分割，具有高可能性流失的客户为 Internet_service=Cable, DSL, Fiber optic 和 Monthly_Charges is≥94.844 的客户。

Part 8

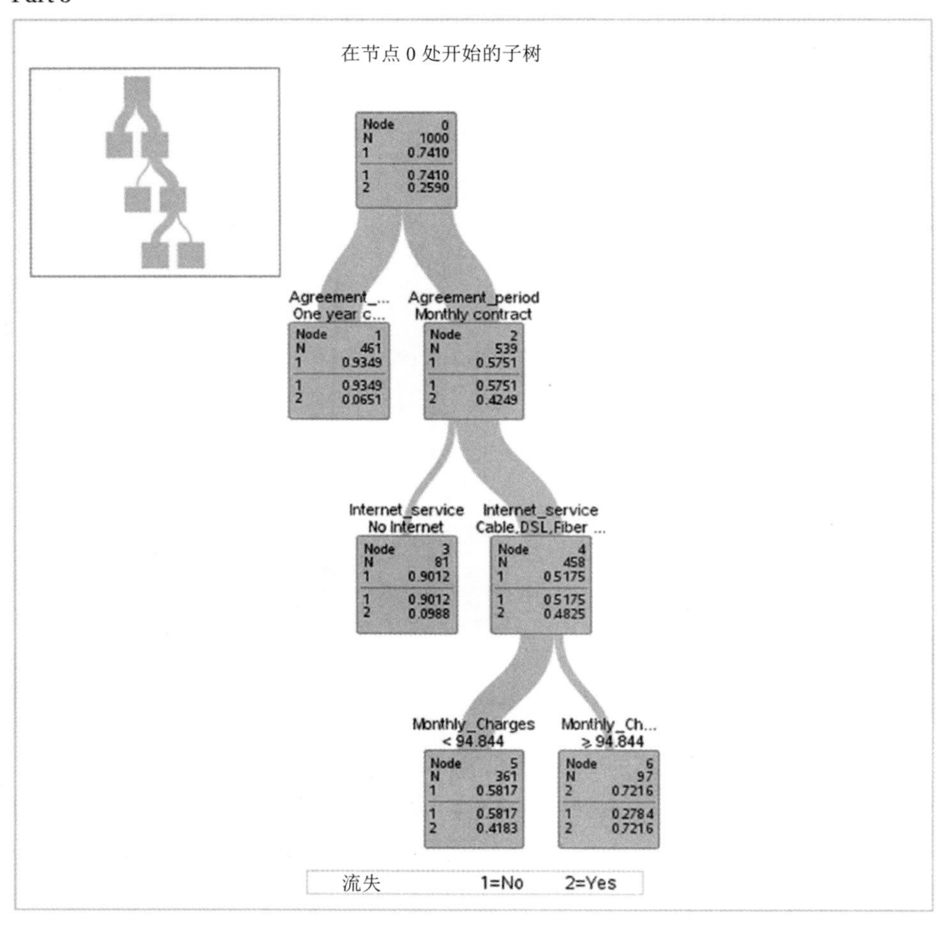

图 4-11　Program 2 决策树详细图

Program 2 的 Part 9 显示了两个混淆矩阵，基于模型的混淆矩阵和交叉验证的混淆矩阵。我们使用这两个混淆矩阵来估计决策树的准确性。基于训练数据应用拟合模型，形成基于模型的混淆矩阵，交叉验证矩阵基于 10 倍交叉验证，使用代码中的 cvmodelfit 选项生成交叉验证矩阵。

Part 9

HPSPLIT 程序

混淆矩阵

	实际	预测		误差率
		No	Yes	
基于模型	No	714	27	0.0364
	Yes	189	70	0.7297
交叉验证	No	684	57	0.0769
	Yes	189	70	0.7297

Program 2 的 Part 10 显示了所选树的拟合统计，有两种拟合统计：一个代表基于模型的拟合统计，另一个代表基于 10 倍交叉验证的交叉验证拟合统计。基于模型的误分类率为 21.60%，交叉验证误分类率为 24.68%，高于基于模型的误分类率 21.60%。基于模型的曲线下方面积(AUC)为 79.77%，这表明了模型的整体预测准确性良好。

Program 2 的 Part 11 如图 4-12 所示，显示了 Churn 二元因变量的 ROC 曲线，总结了决策树模型的性能。AUC 或 ROC 曲线值越高，模型的预测准确度就越好。

Part 10

所选树的拟合统计

	N叶子	ASE	误分类	敏感度	特异性	熵	基尼	RSS	AUC
基于模型	4	0.1426	0.2160	0.2703	0.9636	0.6345	0.2852	285.2	0.7977
的交叉验证	4	0.1563	0.2468	0.2703	0.9231				

在此案例分析中，Program 2 的 Part 12 如“变量重要性”表所示，指定了用于预测因变量客户流失(churn)的最重要自变量。有不同类型的度量来测量模型中的变量重要性，如计数、RSS 和相对重要性。

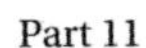

Part 11

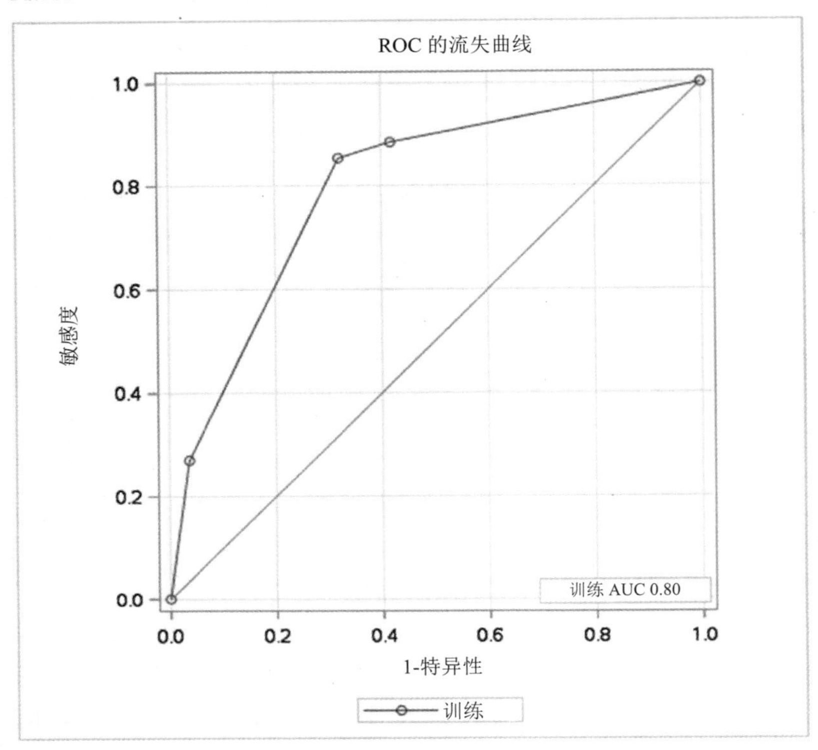

图 4-12 Program 2 ROC 图

Part 12

变量重要性			
变量	训练		计数
	相对	重要性	
Agreement_period	1.0000	8.0205	1
Internet_service	0.5614	4.5026	1
Monthly_Charges	0.4677	3.7514	1

4.5.2 基于训练数据和测试数据的模型构建和解释

在 Program 2.1 中，使用 HPSPLIT 程序创建分类树。使用语句中的 plots= zoomedtree 选项调用从其他节点开始的图，如在此案例中，nodes=0。这意味着调用从 0 节点开始的图，如果 nodes=2，那么调用从节点 2 开始的图等。DEPTH 语句指定了树以及树生长过程中的默认深度为 10(maxdepth 值为 10)，但是可以根据需求指定不同的深度限制，在此案例中，使用 depth=3 生成深度为 3 的决策树。使用 CLASS 语句包括所有为分类型的变量。MODEL 语句表示 Churn 为因变量，等号右边的所有变量为自变量。

EVENTS 用于二元分类型因变量，指定事件层次，events=‘Yes’表示所感兴趣的事件，在此案例分析中，完成了对在未来很有可能流失客户的建模。GROW 语句用于识别随着树木的生长，将父节点分割成子节点的决策树分割标准。默认情况下，分割标准是熵，但是也使用其他标准，如基尼、方差减少、卡方等。在此案例分析中，决策树的分割标准是成长熵。

由于完全长成的树或大树有过拟合的问题，这将会影响到树的预测正确度，为了最小化过拟合问题和预测误差，使用 PRUNE 语句来裁剪树。裁剪大树，默认情况下，裁剪方法为成本复杂性方法；在此案例中，使用裁剪成本复杂性。使用 LEAVES 指定树中使用的叶子数目，在此案例分析中，leaves = 6 的意思为选择具有 6 片叶子的树。

使用 PARTITION STATETEMENT 将在 churn_dataset 中的观察样本有逻辑地划分到训练数据集和验证数据集。在此案例分析中，使用 partition fraction(validate=0.3 seed=123)划分为数据集，基于概率 0.3 随机选择观察样本划分为验证数据集，基于剩下的 0.7 概率，随机选择观察样本划分为训练数据集。使用 SEED 选项指定用于交叉验证过程的随机数，在此案例中，seed=123。在 CODE 语句中，使用 FILE = OPTION 将 SAS DATA 步骤的评分 code 保存在命名为 scorefile.sas 的文件中，在 RULES 语句中，使用 FILE = OPTION 将节点 rules 保存在名为 noderules.txt 的文件中。

```
    /* 生成决策树，将数据划分为训练数据集和验证数据集 */

    Program2.1:

    ods graphics on;
    proc hpsplit data=libref.churn
    plots=zoomedtree(nodes=('0') depth=3);
    class Churn Sex Marital_Status Phone_service International_plan
Voice_mail_plan Multiple_line Internet_service Technical_support
Streaming_Videos Agreement_period;
    model Churn (event='Yes') = Sex Marital_Status
    Term Phone_service International_plan Voice_mail_plan Multiple_line
    Internet_service Technical_support Streaming_Videos
Agreement_period
    Monthly_Charges Total_Charges;
```

```
grow entropy;
prune costcomplexity(leaves=6);
partition fraction(validate=0.3 seed=123);
code file= "/home/aroragaurav1260/data/scorefile.sas";
rules file="/home/aroragaurav1260/data/noderules.txt";
run;
```

注意

Program 2.1 的决策树输出被分成若干部分，在下面将讨论每个部分。

Program 2.1 的 Part 1、Part 2 和 Part 3 的输出已在先前 Program 2 中解释过了。

Part 1

HPSPLIT 程序	
执行信息	
执行模式	单机
线程数目	2

Part 2

数据访问信息			
数据	引擎	角色	路径
LIBREF.CHURN	V9	Input	On Client

Part 3

模型信息	
使用的分割标准	熵
裁剪方法	成本复杂度
子树评估标准	叶子数目
分支数	2
所要求的最大树深度	10
所实现的最大树深度	10
树深度	5
裁剪前的叶子数	96
裁剪后的叶子数	6
模型事件层级	Yes

Program 2.1 的 Part 4 显示了所读取和所使用的观察样本数，都等于 1000。训练数据集有 709 个随机观察样本，用于模型构建；验证数据集有 291 个随机观察样本，用于模型验证。

Part 4

所读取的观察样本数	1000
所使用的观察样本数	1000
所使用的训练观察样本数	709
所使用的验证观察样本数	291

Program 2.1 的 Part 5 如图 4-13 所示，其输出已在先前 Program 2 的 Part 7 解释过了。

Part 5

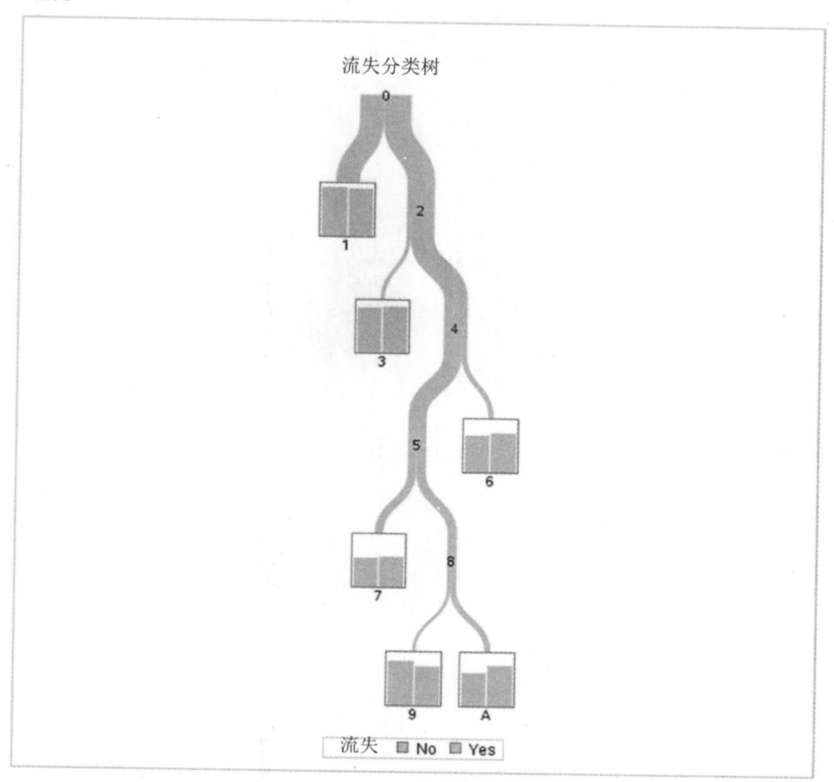

图 4-13 Program 2.1 决策树的概况

Program 2.1 的 Part 6 如图 4-14 所示，显示了完整决策树的详细信息。第一次分割基于 Agreement_period，这意味着我们认为 Agreement_period 是模型中高度显著的变量。

Part 6

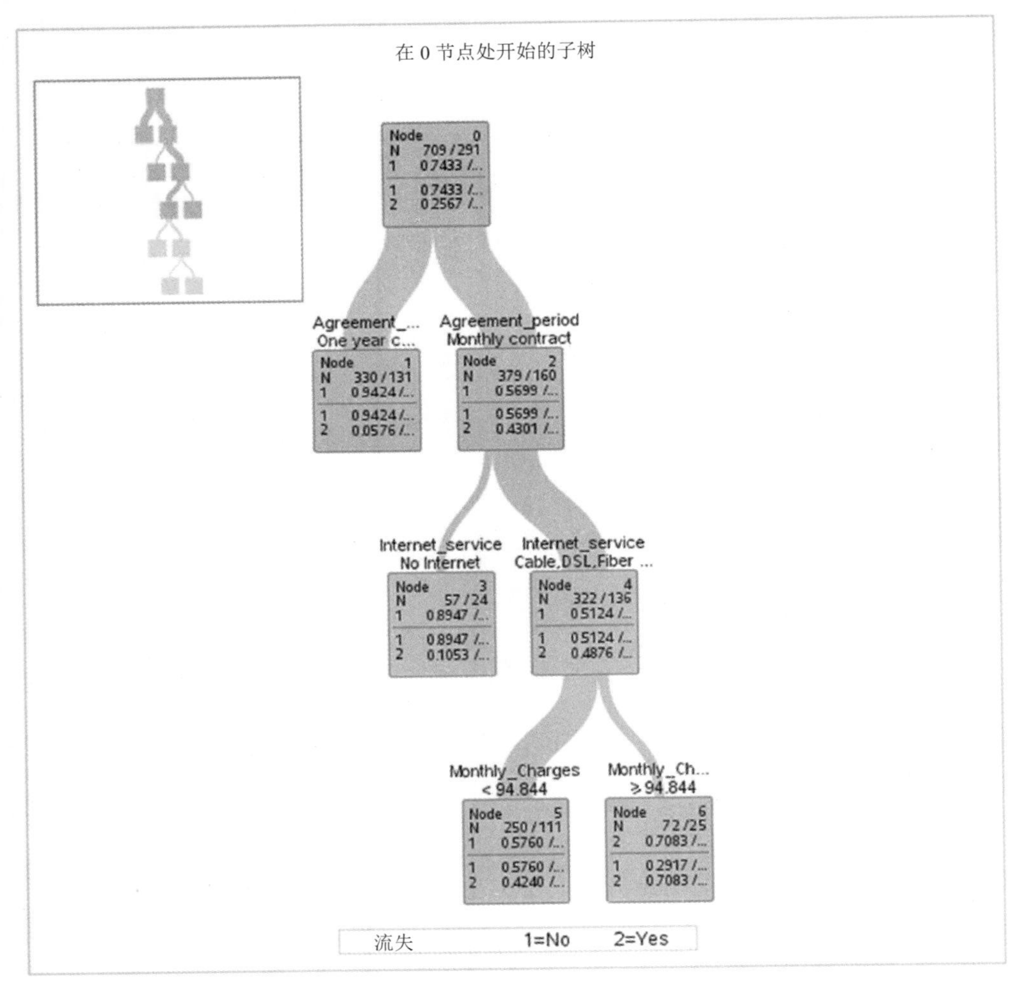

图 4-14 Program 2.1 决策树详细图

在训练 churn_dataset 中有 709 个客户，在根节点，有 74%的客户未流失，26%的客户流失。对于 Agreement_period = Monthly contract 的客户，客户流失率为 43.01%。基于 Internet_service 变量，可以对 Agreement_period = Monthly contract 的

客户进一步细分。对于 Internet_service=Cable, DSL, Fiber optic 的客户而言，有48.76%的客户流失。基于 Monthly_Charges 变量，可以对 Internet_service=Cable, DSL, Fiber optic 的客户进一步细分。对于 Internet_ service=Cable, DSL, Fiber optic 和 Monthly_Charges is≥94.844 的客户而言，有 70.83%的客户流失。Internet_service = No 的客户与此相反，有 10.53%的客户流失。总之，基于决策树分割，具有高可能性流失的客户为 Internet_service=Cable, DSL, Fiber optic 和 Monthly_Charges is≥94.844 的客户。

Program 2.1 的 Part 7 及其输出已在先前 Program 2 中解释过了。

Part 7

HPSPLIT 程序

混淆矩阵

	实际	预测		误差率
		No	Yes	
训练	No	457	70	0.1328
	Yes	63	119	0.3462
验证	No	186	28	0.1308
	Yes	26	51	0.3377

Program 2.1 的 Part 8 及其输出已在先前 Program 2 中解释过了。在此案例中，额外的一件事情就是基于训练数据集和验证数据集得到所选树的拟合统计。在训练数据集中，误分类率为 18.76%，AUC 为 83%；而在验证数据集中，误分类率为18.56%，AUC 为 81%。

Part 8

所选树的拟合统计

	N 叶子	ASE	误分类	敏感度	特异性	熵	基尼	RSS	AUC
训练	6	0.1305	0.1876	0.6538	0.8672	0.5924	0.2610	185.0	0.8344
验证	6	0.1393	0.1856	0.6623	0.8692	0.6224	0.2718	81.0487	0.8110

Program 2.1 的 Part 9 如图 4-15 所示，其输出已在先前 Program 2 中解释过了。

Part 9

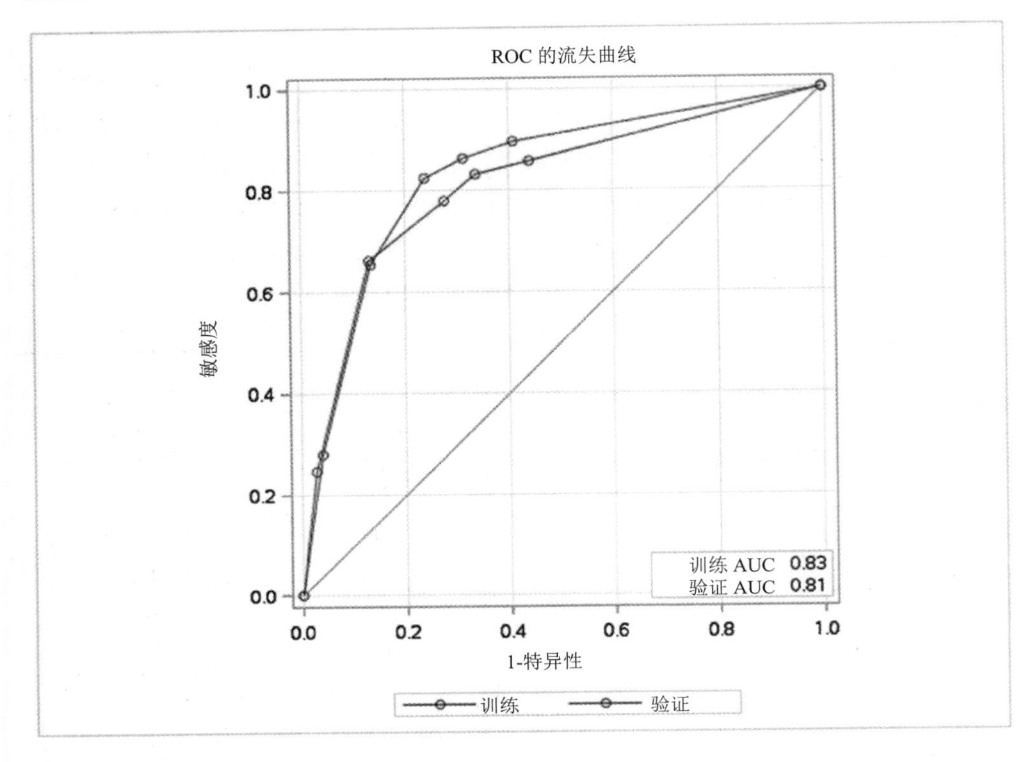

图 4-15 Program 2.1 ROC 图

Program 2.1 的 Part 10 显示如下，其输出已在先前 Program 2 中解释过了。

Part 10

变量重要性

变量	训练		验证		相对比例计数	
	相对	重要性	相对	重要性		
Agreement_period	1.0000	6.9968	1.0000	3.9119	1.0000	1
Term	0.4712	3.2968	0.6789	2.6558	1.4408	1
Internet_service	0.5378	3.7625	0.6322	2.4730	1.1756	1
Monthly_Charges	0.4297	3.0064	0.5716	2.2359	1.3302	1
Streaming_Videos	0.2263	1.5837	0.0000	0	0.0000	1

```
/* 评分数据，预测客户流失的概率 */
```

```
data libref.finalscore;
set libref.churn;
%include "/home/aro1260/data/scorefile.sas";
run;
```

表 4-3 为客户流失的概率表。V_ChurnNo 表示客户未流失的概率值，V_ChurnNo%表示验证数据集中未流失客户的百分比，V_ChurnYes 表示客户流失的概率值，V_ChurnYes%表示验证数据集中流失客户的百分比。

借助决策树模型，可以预测客户流失的概率，有助于减少客户流失。例如，在表 4-3 中使用粗体突出显示的客户概率百分比处在危险区，这标志着这三个客户在未来有很高的流失概率，需要有针对性地提供改进的客户服务和促销优惠，以便留住他们。

表 4-3 基于 SAS 的客户流失概率表

V_ChurnNo	V_ChurnNo %	V_ChurnYes	V_ChurnYes%
0.24	24.0%	0.76	**76.0%**
0.91603053	91.6%	0.083969466	8.4%
0.76470588	76.5%	0.23529412	23.5%
0.91603053	91.6%	0.083969466	8.4%
0.24	24.0%	0.76	**76.0%**
0.91666667	91.7%	0.083333333	8.3%
0.40740741	40.7%	0.59259259	59.3%
0.76470588	76.5%	0.23529412	23.5%
0.24	24.0%	0.76	**76.0%**
0.91603053	91.6%	0.083969466	8.4%

4.6 小结

在本章中我们了解了在电信行业中数据分析的不同应用。我们也了解了决策树模型及其各种特征和特点。在电信业中，预测客户流失概率的案例分析演示了在现实生活场景中这个模型的实际应用。我们也掌握了如何基于 R 和 SAS Studio 建立和执行模型，可视化和解释结果。

第 5 章

医疗行业案例分析

医疗行业增长非常快，预计到 2020 年全球医疗支出将达到 8.7 兆美元[1]。医疗业由专注于提供健康和医疗保健给患者的产品和服务的工业组成。这个行业可以大致分为 4 个主要子行业，如图 5-1 所示。

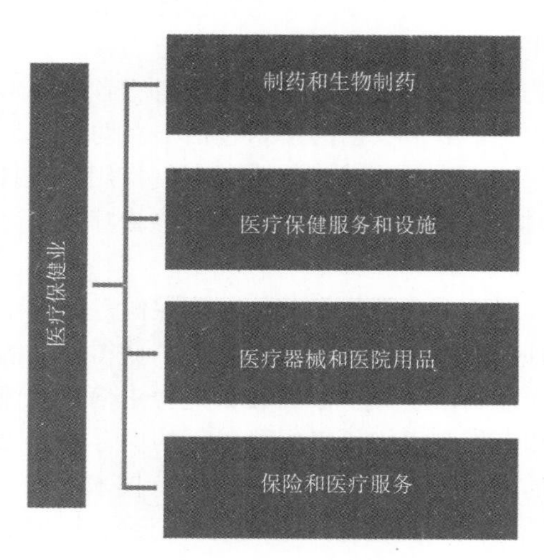

图 5-1　医疗业中的子行业

制药和生物制药子行业包括从事研究、开发和制造疗法的行业。生物制药市场以大约 15%的速度大跨步增长，在 2016 年，年销售额达到了 2000 亿美元[2]。医疗服务包括了广泛的一组服务，由医疗专业人士，如医生、护士、医技人员等提供给患者。这些服务可以归为医院和牙科服务、中长期护理。医疗保健设施基于能力、专业化和可提供的服务，可以归类为医院、门诊手术中心、医生办公室、紧急护理中心、养老院。医疗器械也是一个大部门，在 2015 年，全球医疗器械市场价值约为 3500 亿美元，并且正在稳定增长[3]。最后也很重要的是，医疗保险已经发展成为一个庞大的产业。在 2017 年，私营医疗保险部门的全球总收入为 1.59 兆美元[4]。其他医疗服务包括；医疗保健人员的招聘机构产业、医疗服装制造产业、医疗废物处置服务产业、医疗快递产业等。与许多其他行业一样，技术、数据分析和数字化对行业的各个方面具有改革性的影响。医学研究采用机器人技术、先进的分析方法和成像技术、数据分析，来加速优化药物发现和开发[5, 6]。先进的诊断与数据分析的结合使得医生在早期阶段可以精确地确定疾病，同时可以确定造成疾病的系统趋势和变量[7]。现代医疗设备有助于传递精确又有针对性的疗法[8]，生物技术和生物制药改革有助于实现治愈各种慢性疾病[9]。在电子医疗记录和医疗保险业的进步可以简化物流并减少欺诈[10]。

在过去 25 年中，医疗保健行业发生了巨大的变化，在未来的几年中，这些改变将持续发展。下面列出了，就财务管理的角度而言，在医疗保健行业所观察到的巨大转变[11]。

(1) 从住院到门诊的服务转移

药物治疗和手术可分为住院程序和门诊程序。住院治疗需要在医院过一晚，进行治疗和手术，而在门诊中，提供给患者医疗保健和治疗，而不需要在医院度过一个晚上。在医院所产生的收入中，比例最高的来自门诊服务。驱动住院转化为门诊服务的原因在于改进的先进技术、薪酬激励、来自患者的要求。改进的先进技术将住院手术转换为门诊治疗。4 个突出的手术包括子宫切除术、血管成形术、胆囊切除、腰椎手术[12]。如果患者感觉到手术没有任何副作用，并且比起住院治疗，这些手术比较便宜，也省时间，因此患者总是选择门诊治疗。

(2) 过渡到电子医疗记录

传统纸质记录不容易获得，医生和其他医疗保健专业人士必须依靠患者的文档进行核计，以及通过他们随身携带记录的可用性，获得他们的医疗史。病历数字化显著改善了透明度、可获得性，减少了在转换过程中信息的流失，减少了欺诈。此外，电子记录在灾难和自然灾害中可以得到妥善的保存[13]。它们也使得在自然灾害期间，可以做出更好的反应来应对灾害[14]。与所有技术一样，这些电子医疗记录也存在缺点，其中包括医疗从业人员投入时间填写记录、管理记录的成本，以及这些记录易于受到黑客攻击。但是，总体的优势显著地超出了缺点[15]。

(3) 基于价值的较低成本的护理日渐重要

近年来，医疗已全面转变为金融业。这种转变带来的一个主要变化就是机构的财务责任。传统上来说，医疗保健系统对与服务相关费用的强调非常有限。医疗保健成本不可控制地增加迫使政府和医疗保健提供者引进规章措施，缩减多余开支。

我们将当今的医疗服务作为基于价值的服务进行管理，具有严格的成本监测。机器人、腹腔镜方法和笔设备(自注入注射器)等此类技术[16]日渐流行，降低了成本，提高了质量。

在本章中对重塑医疗行业关键的分析应用进行了讨论，同时也介绍了随机森林模型和相关的理论特性。在医疗行业中，我们基于 R 和 SAS Studio 演示了随机森林的应用，将其作为一个案例分析，预测了恶性和良性乳腺癌的概率。

5.1 医疗行业中分析的应用

医疗行业每天都会生成大量的数据。可以从不同的数据源收集医疗保健数据，如健康调查、电子健康记录(EHR)、药房、诊断仪器、实验室信息管理系统、保险索赔和计费。图 5-2 显示了医疗行业的不同数据源。

图 5-2 医疗行业的数据源

由于数据海量并且多种多样，因此医疗行业面临的一大挑战就是使用传统方法管理每天生成的不同格式(如文本、图像等)的数据。我们实现大数据技术，用于处理如此海量的数据的存储、可访问性、安全性和总体管理问题。如此海量的数据提供了采用预测分析和机器学习算法，如逻辑回归、决策树、人工神经网络和随机森林等的机会，使得我们可以有效地洞察到数据之间的关系，将它们转换为有用的信息。就整体意义而言，分析在重新定义医疗保健行业中起到了重要作用，其应用范围包括：预测疾病的暴发和预防性管理、预测患者的再入院率、医疗保健欺诈检测、提高患者的满意度、基于人口统计确定趋势。本节中提供了其中一些关键应用的概述。

5.1.1　预测疾病的暴发和预防性管理

分析在预测流行病暴发的可能性方面作用显著。我们分析了从电子病历、社交媒体和搜索引擎处采集的患者管理和临床信息的历史数据[17]。预测建模和机器学习算法，如决策树，神经网络等，有助于分析疾病模式、确定源头、预测暴发的可能性和患者的人口结构[18]。这样的工具可以显著地改进对此类流行病的准备和管理。例如，找到流行病的源头有助于分离出正确的毒株，开发疫苗，通过精确的量化暴发的程度，对需要生产的疫苗数目可以有一个很好的估计。在流行病暴发时，这些技术还有助于确定需要关注哪些区或哪些地理区域。

例如，登革热疫情预测会发出疫情暴发的早期信号，这有助于确定地点、时间、持续周期、必要设施的可用性、资源的分配，以便进行适当的管理。通过在正确的时间，为受到影响的人群提供正确的治疗，可以拯救成千上万人的生命。

5.1.2　预测患者的再住院率

患者再住院率高，不仅增加了美国医疗保健成本，而且也影响了患者的医疗质量[19]。在 2010 年，美国签署了平价医疗法案(Affordable Care Act，ACA)，使其成为法律。在此法案中，对避免再住院率给出了极高的关注。一方面，对于在不到 30 天内具有较高的患者再入院、较高的再入院率的医院将处以处罚，并且减少支付费用。另一方面，对减少患者的再入院率，为患者提供优质护理，从而减少了运营开销的医院提供了奖励。在一些案例中，再住院是计划外的，例如，在癌症治疗中，由于疾病的进展、手术的妨碍、新的病症，计划外 30 天的癌症患者再住院的可能性是存在的[19]。再入院率增加的主要驱动因素是，无法跟进初级保健、无法及时地补充药品和吃药、缺乏家庭支持、无法理解正确的出院计划、缺乏对健康和有效生活技巧的认识。图 5-3 显示了医院中再入院率的驱动因素。

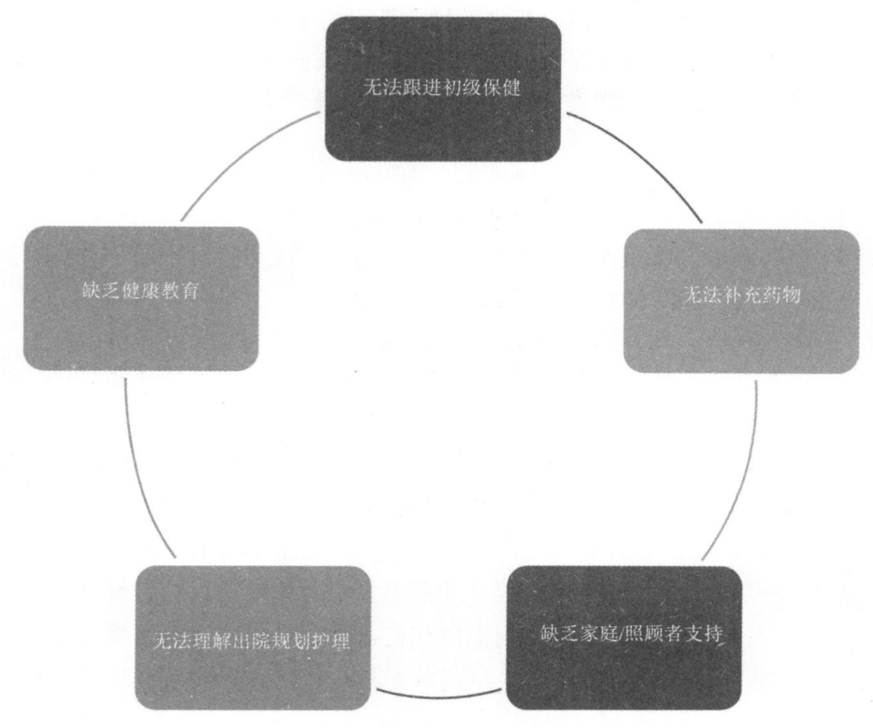

图 5-3 医院高再入院率的责任因素

由于可以使用电子健康记录(EHR)中的数据，因此我们可以很容易共享患者的信息。在预测建模和机器学习算法(如人工神经网络、决策树、随机森林等)的帮助下，我们在患者的历史数据上应用这些技术，预测那些在不到 30 天内具有很高的再入院可能性的患者。提前预测和预警信号识别了可能引发不利影响的动作或因素。

预测分析有助于优先提供优质护理服务给高风险的患者，通过提供门诊随访、医生预约和药物依从性干预，降低医院高再入院率风险。

5.1.3 医疗保健欺诈检测

医疗保健行业所面临的一个主要挑战是欺诈活动[20]。有效经济的医疗保健是社会所必需的。医疗保健欺诈增加了医疗服务的成本，影响了最终用户和政府的成本。问题规模在不断增加，使医疗保健欺诈成为理事机构的首要任务之一，即确定欺诈的来源，制定策略，减少欺诈的发生。

- 医疗服务提供者和患者可以通过各种方式进行医疗保健欺诈，在后面提到了医疗服务提供者和投保人所进行的常见的一些医疗保健欺诈[21]。
- 医疗保健提供者对未提供给患者的服务计费。

- 医疗服务提供者对提供给患者的同一服务重复生成账单。
- 医疗服务提供者将医保未覆盖的服务当成医保覆盖的服务，生成账单。
- 医疗服务提供者为患者提供了在医疗上不要求、不必要的检查和治疗，有时，所提供的服务是医疗无关的。
- 与其竞争者相比，医疗保健提供商为提供给患者的同一服务收取更多费用。
- 医疗服务提供者歪曲了提供给患者服务的日期。
- 医疗服务提供者歪曲了提供给患者服务的地点。
- 医疗服务提供者涉及了不正确的诊断报告。
- 投保人沉迷于处方药欺诈和虚假旅游欺诈。
- 投保人提供了使用医疗保健卡的权利，或让其他人使用他们的医疗保健卡，以换取经济收益。

传统方法(如账户审计)不仅费时，在检测欺诈行为方面也不够有效。借助于数据分析，神经网络、决策树和聚类技术等方法在挖掘大块的医疗行业数据方面非常有用。极端的欺诈性索赔的效应为账单费用极大、每个患者的成本过高、每个医生所看的患者数过高、每个患者检测数目过多等。使用从电子病历处得到的患者管理和临床信息，在历史数据上应用预测模型和机器学习技术，有助于事先确定潜在的欺诈性索赔和欺诈性的服务提供者，从而制定战略，防止所有欺诈活动，使医疗保健行业免受沉重的经济损失。

这里有一些案例，在这些案例中，医疗保健行业的欺诈活动造成了巨大的经济损失：例如，包括医生和护士在内的 243 人被逮捕，经济损失 7120 万的医保欺诈案[22]；美国逮捕了包括医生在内的 412 人，经济损失为 13 亿的医疗保健欺诈案[23]等。

5.1.4　改善患者的预后，降低成本

医疗保健分析师所面临的下一个挑战是挖掘从不同源收集而来的，大块结构化和非结构化的电子健康记录(EHR)。将其与预测性分析和机器学习技术相结合，从而将其转换为有用的见解，以较低的成本提供高效的医疗服务。在 2010 年 3 月 23 日，平价医疗法案(ACA)生效，成为法律。平价医疗法案的目标是为患者提供基于价值的医疗，以低成本提供高效改进的优质服务[25]。图 5-4 显示了改进患者效果的流程。

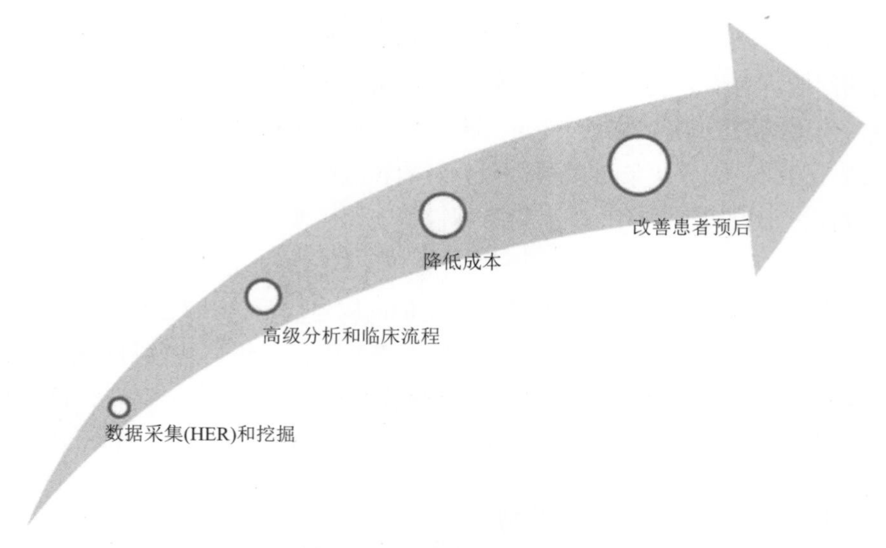

图 5-4　改进患者效果的流程

借助于机器学习算法，可以实现门诊的实时监控。我们可以实时分析从监测中得到的数据，持续发出警告给医疗服务提供者，这样他们就可以意识到患者状况的任何变化，做出及时决策，在正确的时间使用较低的成本提供有效的治疗，挽救患者的生命。预测分析也可以通过合理利用医院的设备和装置，如每个科室应该只有一个 X 光机，CT 扫描等，在患者量不多的每周的那几天，缩短不必要的人员和护士的工作时间，有助于降低医疗行业的运营成本。

预测分析的另一个重要作用是提供顺畅的患者流，进行有效的资源配置。在医疗保健行业，使用预测性分析技术，可以预测患者流量，如一周中的哪一天，患者流量高(患者数目方面)。这有助于医疗保健管理采取必要的步骤，通过在这些特定的日子，分配更多的人员、护士、床位数和医生，有效地管理资源，减少病人的等待时间，以低成本提供即时高效的服务。

5.2　案例分析：使用随机森林模型预测恶性和良性乳腺肿瘤的概率

随机森林是集成学习方法，由多棵决策树组成，我们使用这些决策树定义最终输出[26]。随机森林是最流行最强大的机器学习算法之一，是其中一种最好的分类算法。随机森林算法是由莱奥・布雷曼和阿黛尔・卡特勒开发的，随机森林用于分类和回归的问题。对于分类问题，简单的决策树全体投票选出最流行的类别，在回归问题中，使用响应的均值估计因变量。集成学习就是将弱学习结合在一起形成强学习的方法；因此，集成决策树模型将有更好的预测能力和更高的正确性。在随机森林中，每棵树都长成了最大尺寸，这意味着树不做裁剪——所有的树都保持原样，未裁剪。

使用完整的数据，保留所有的特征和变量，构建决策树，然而在随机森林中，基于随机选择的样本(具有替换样本)和随机选择的特征子集，构建每棵决策树。单棵决策树具有方差大的问题，但是随机森林通过平均方差，有助于解决方差大的问题，因此提高了模型的预测准确性，最终避免了过拟合。

5.2.1　随机森林算法的工作机制

随机森林中有多棵简单的决策树，每棵决策树以如下的方式生长[26]。

步骤 1：从 N 个原始数据中，随机选择具有替换的 n 个样本案例，理想情况下，$n<N$。这 n 个案例样本将作为训练集，用于生成决策树(其中 N 是原始数据集，n 是随机样本或原始数据集的子集)。

步骤 2：从 P 个特征中，随机选择 p 个特征，理想情况下，$p << P$。在生成随机森林的同时，p 的值保持恒定，其中 P 是总的特征或变量的数目，p 是特征或变量的随机子集。

(Leo Brieman 提出了 n 个可能的 p 值：用于分类问题的 p: $\sqrt{P}, 2\sqrt{P}, \frac{1}{2}\sqrt{P}$，用于回归问题的 $P/3$。)

步骤 3：接下来的步骤是根据不同的分支准则，如基尼系数、信息、熵等，在 p 个特征中，计算出最好的分支。在先前的决策树模型中，详细讨论了不同类型的分支准则。

步骤 4：使用最佳分支，将节点划分为子节点。

步骤 5：重复以上步骤，直到获得最后一个叶子节点，构建出 T 棵决策树。

步骤 6：通过结合 n 棵树的预测，预测出新数据。在分类问题上，基于多数表决的最流行类别，获得随机森林的最终输出；在回归估计问题中，取多棵树响应的平均，获得因变量。

图 5-5 显示了多棵决策树生成随机森林。

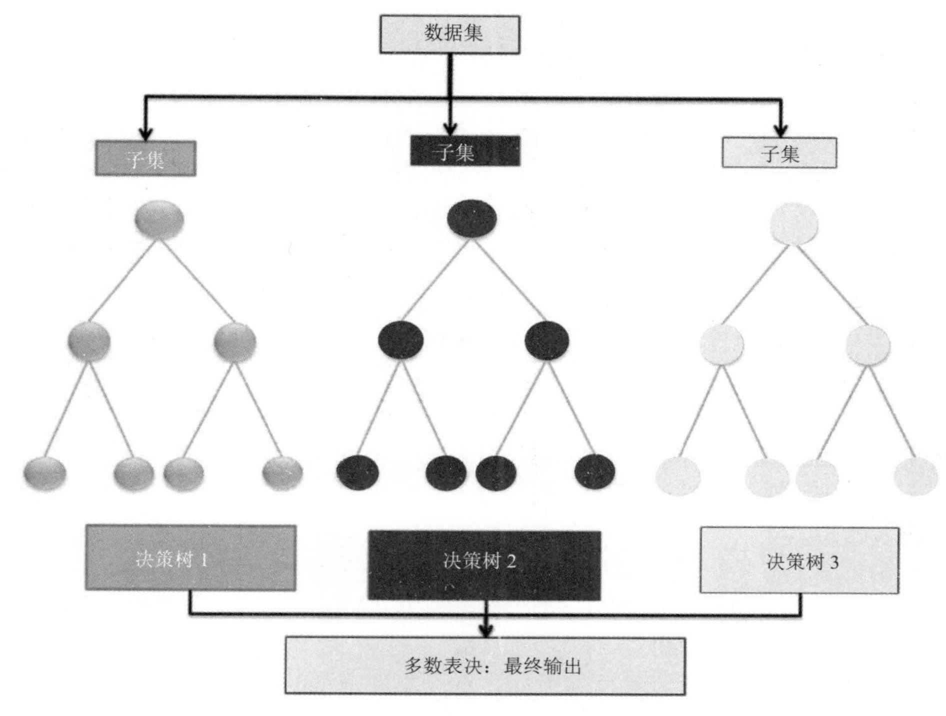

图 5-5　多棵决策树生成随机森林

随机森林是一个集成模型，其中可以组合不同决策树的预测，获得最终输出或预测。在分类问题中，可以通过多数表决，结合不同树的预测；在回归问题中，取平均值获得最终预测[27]。此处是来自医疗保健行业的示例，通过分析患者的医疗记录，预测患者的癌症缓解。在此分类中，可以看到比起单棵决策树，通过多数表决形成的集成模型如何更正确地预测这个问题，如图 5-6 所示。

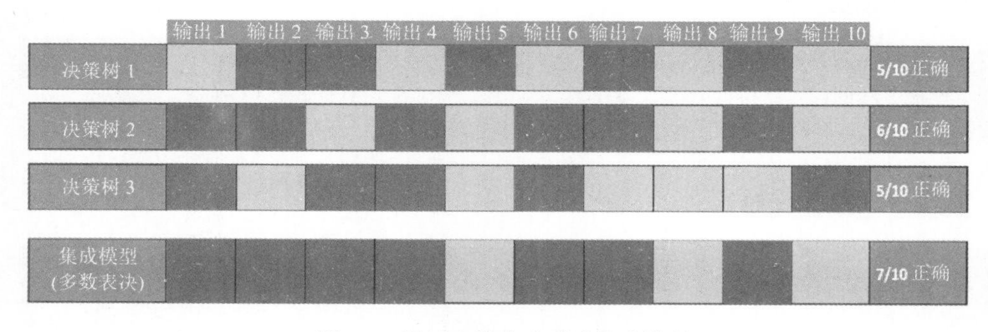

图 5-6　通过多数表决形成集成模型

在图 5-6 中，所有的 3 棵决策树单独预测了 10 个输出(以深黑色或浅黑色表示)。

每棵单独决策树的 10 个输出中，所有正确预测的输出使用浅黑色表示，不正确的输出使用深黑色表示。在决策树 1，可以看到 10 个输出中有 5 个浅黑色输出，因此正确的预测为 5/10。在决策树 2 中，10 个输出中有 6 个浅黑色输出，因此正确的预测为 6/10。类似的，在决策树 3 中，10 个输出中有 5 个浅黑色输出，因此正确的预测为 5/10。在集成模型中，10 个输出中有 7 个浅黑色输出，因此正确的预测为 7/10。

因此得出的结论是，基于正确预测和错误预测的多数表决，聚合所有 3 棵决策树后，比起单棵决策树，集成模型可以生成最高的预测准确度。从上面的例子中，我们可以看到使用集成或随机森林模型，患者癌症缓解得到的正确预测为 7/10。

下一个示例是解释回归问题中的随机森林。这个示例预测了医院开销。为了简化示例，我们将医院开销作为因变量，将年龄、住院天数和性别作为自变量。在此示例中，我们准备了三个模型。在回归问题中，如图 5-7 所示，可以看到通过取所有单个随机模型的平均预测，形成集成模型。

下文提到了医院开销的三种开销范围。

<u>医院开销：</u>

开销范围 1：小于$ 20k

开销范围 2：$ 20k ~ $ 60k

开销范围 3：大于$ 60k

下面是根据年龄、性别和住院时间，三个不同模型的输出。

<u>模型 1 变量年龄</u>

	医院开销	开销范围 1	开销范围 2	开销范围 3
年龄	<17	3%	40%	57%
	17~30	5%	35%	60%
	31~60	5%	35%	60%
	>60	7%	28%	65%

<u>模型 2 变量性别</u>

	医院开销	开销范围 1	开销范围 2	开销范围 3
性别	女性	5%	35%	60%
	男性	7%	28%	65%

<u>模型 3 变量住院时长</u>

	医院开销	开销范围 1	开销范围 2	开销范围 3
住院时长	0~1	5%	40%	55%
	2~7	6%	35%	59%
	>7	5%	20%	75%

为了形成集成模型，考虑使用年龄> 60，性别为女性，住院时长>7。对于每个模型，以下是医院开销在不同开销范围内的分布。

<u>集成模型</u>

模型	医院开销	开销范围 1	开销范围 2	开销范围 3
年龄	> 60	7%	28%	65%
性别	Male	7%	28%	65%
住院时长	> 7	5%	20%	75%
最终结果(平均)		6%	25%	68%

图 5-7　取医院开销的平均值形成集成模型

医院费用的最终预测就是在不同的模型中，在相同的医险开销范围下，取医院开销预测的平均值。例如，基于以上分析，在开销范围 3 下，取平均值(65% +65% +75%) /3≈68%；在开销范围 2 下，取平均值(28%+28% +20%)/3≈25%；同样的，对于开销范围 1 而言，平均值为 6%。

上述分析得出的结论是，最终医院开销的预测有 68%的可能性落在了开销范围 3 (大于$60k)，有 25%的可能性落在了开销范围 2($20k~$60k)，有 6%的可能性落在了开销范围 1(小于$20k)。

还有其他的分类程序，如支持向量机(SVM)[28]、人工神经网络(ANNS)[29]、提升树[30]。所有这些方法，如随机森林，都是非常准确的分类器，适用于分类和回归问题。与所有的模型一样，随机森林具有特定的优势，也具有一些局限性，我们在下面讨论这些。[31]

1. 随机森林的优点

- 随机森林适用于分类问题和回归问题。
- 有非常高的分类准确度和稳定性。
- 随机森林可以简单高效地处理大型数据库。
- 有助于从大型数据库(其中变量的数目多于观察样本数)中选择变量，并且为每个预测变量生成重要性量度。
- 随机森林为非参数，因此没有正式的分布假设。
- 有效地处理缺失值和异常值。这可以通过插补法来完成，也可以通过递归分支或替代分支的内置程序进行简单处理。
- 有助于建模预测变量之间错综复杂的关系。
- 有助于减少过拟合问题。

2. 随机森林的局限性

- 随机森林难以解释。
- 在应用于回归问题时，它们表现不佳。

- 如果数据由具有不同层次的分类变量组成，那么随机森林算法会有偏差，因此在此种数据类型中，变量重要性分数变得不可靠[32]。我们使用部分置换的方法来解决这个问题。
- 如果数据由相关自变量组成，则意味着在数据中存在多重共线性。在这种情况下，随机森林变量的重要性量度变得不可靠，可能会产生误导。

3. 在随机森林中，如何选择 Ntrees

随机森林是一种非常强大、高效的机器学习技术，可以对海量数据集进行快速操作。现在，下一个问题是，如何确定组成随机森林的决策树数量。决定最佳决策树数量的一般经验规则基于袋外(OOB)误差率，意思是构建树直到误差不再减小。如果不关注计算时间，那么基于袋外预测，多几棵树可以给出更好、更可靠的估计值。观察袋外误差率，生成更多棵树木，一旦树木数量稳定了，就停止生长(在此之后，会达到一个阈值)，此时除非有可用的大型计算环境，否则增加树木的数量不会带来任何显著的性能增益。

4. 在随机森林中，如何选择 m_{try}

在构建随机森林时，下一个重要的事情是，对于树的每个分支，必须考虑确定有多少个特征或变量(m_{try})。

推荐的默认值，在分类树中使用 sqrt P，在回归树中使用 P/3。但有时可用基于试错法，找出在模型中何处具有最高的预测正确度[34]。

举一个医疗保健的示例，训练数据集具有 1000 个观察样本和 25 个变量，其中分类树每个分支的特征或变量的数量计算为 sqrt P，也就是 sqrt 25，因此每个分支所用的特征或变量的数量为 5。在回归树中，每棵回归树的特征或变量的数目计算为 P/3，也就是 25/3，因此每个分支所使用的特征或变量的数量为 8。

5. 随机森林中的袋外(OOB)误差

在随机森林技术中，没有必要对单独的验证集获得验证集误差的无偏差估计，在运行过程中，内部就完成了估计。在随机森林中，每棵树都使用不同的自举样本(具有来自原始数据的替换)构建。在此采样中，大约 2/3 的数据用于训练，我们称之为袋内样本，大约 1/3 的案例排除在自举样本之外，用于验证，我们称之为袋外样本，使用袋外样本所得到的估计误差称为袋外误差[35]。袋外(OOB)误差率或误分类率是测量随机森林预测误差的方法。随机森林误差率取决于在随机森林中任意两棵树之间的相关性。如果树之间的相关性提高了，那么误差率也随之增加；如果相关性降低了，那么误差率也随之降低。随机森林中每棵树的强度也是如此。如果每棵树的强度增加了，那么误差率也降低了；如果每棵树的强度降低了，那么误差率就增加了。

6. 随机森林中的变量重要性量度

在随机森林程序中，有助于估计模型中重要预测变量的两种方法是平均准确度降低(Mean Decrease Accuracy，MDA)和平均基尼降低(Mean Decrease Gini，MDG)。平均准确度降低(MDA)和平均基尼降低(MDG)之间稍微有些区别，平均准确度降低(MDA)也称为置换量度，计算方法时归一化，计算每个变量测试集中未置换的观察样本和随机置换的观察样本之间的差值。为了归一化变量重要性，我们将每个变量除以每个变量的标准误差，这个标准误差是从模型中的“importanceSD”参数中得到的。较高的平均准确度降低(MDA)表示较高的变量重要性[36]。平均基尼降低(MDG)也称为 IncNodePurity，计算方法为将所有使用树木数量归一化的每棵树节点的分支处的基尼杂质的减少加和在一起。平均基尼降低(MDG)测量的是变量的纯度。较高的 IncNodePurity 值表示较高的变量重要性(例如，这些节点是纯净的)[37]。当变量的数目较大时，使用所有变量构建随机森林，然后从第一次运行中选择最重要的变量，重新构建随机森林模型。

7. 随机森林临近度度量

我们将临近度定义为观察样本对或案例对之间的接近程度。在随机森林中，为每个案例对或观察样本对计算临近度；如果两个案例在一棵树中具有相同的终端节点，那么它们之间的临近度值增加 1。

结合随机森林中的所有树木，使用两倍的树木数量进行归一化[38]。临近度构成了 ***N*N*** 矩阵。在临近度矩阵中的主对角线案例与其本身具有完美的临近度，也就是说，临近度接近于 1，意味着这些观察样本或案例非常相似；而临近度接近于 0 意味着，观察样本或案例不同[39]。在监督和无监督数据中进行缺失值替换，定位异常值[40]，使用度量比例进行指导性数据可视化[41]，进行变量重要性分层[42]时，使用临近度。在大数据集中，临近度 ***N*N*** 矩阵不是很适合，因此在处理大数据集时，随机森林使用临近度矩阵的“压缩”形式。

5.2.2 基于 R 的随机森林模型

在医疗保健的案例分析中，我们将讨论数据以及在数据中使用的变量。然后，我们讨论基于 R 的探索性数据分析，我们认为这是数据分析过程中的第一步。我们也讨论基于 R 构建逻辑回归模型，并对其输出进行解释。

商业问题：预测恶性和良性乳腺癌的概率。

商业解决方案：建立随机森林模型。

1. 关于数据

在医疗保健案例分析中，展示了使用随机森林模型预测恶性和良性乳腺癌的概率。在创建了随机森林模型的同时，生成了合成数据。使用 UCI 机器学习库中可用的乳腺癌威斯康辛(诊断)数据集来合成数据[43]。在此数据集中有总共 600 个观察样本和 11 个变量：10 个变量是数值型的，1 个变量是分类型的。

在 synthetic_cancer_data 集中包含了 11 个 breast Fine- Needle-Aspirate (FNAs) 细胞学特性(分配了 1 到 10 之间的某个值)。数据集有 600 个患者的 Fine-Needle-Aspirate (FNAs)的细胞学分析。结果为数据中的因变量或目标变量，其中 Yes 表示存在恶性肿瘤，No 表示不存在恶性肿瘤。63%的观察样本是良性的，37%的观察样本是恶性的。在数据集中的变量，Thickness_of_Clump、Normal_Nucleoli Cell_Size_Uniformity、Cell_Shape_Uniformity、Marginal_Adhesion、Bland_Chromatin Single_Epithelial_Cell_Size、Bare_Nuclei 和 Mitoses 分配给了 1 到 10 之间的某个值，1 表示非常接近良性，10 表示最接近恶性。

基于 R，创建自己的工作目录，导入数据集。

```
#从工作目录中读取数据，创建自己的工作目录，读取数据集。

data1 <- read.csv ("C:/Users/Deep/Desktop/data/
synthetic_cancer_data.csv",header=TRUE,sep=",")

data2<-data.frame(data1)
```

2. 执行数据探索

在探索性数据分析中，我们以更广阔的视野观察现有数据中的模式、趋势、汇总、异常值、遗漏值等。在下面我们讨论数据探索的 R 代码及其输出。

```
#执行探索性数据分析，了解数据

#显示数据集的前 6 行，看看数据的样子

head (data2)

Sample_No Thickness_of_Clump Cell_Size_Uniformity Cell_Shape_Uniformity
        1                  6                    2                     2
        2                  6                    6                     5
        3                  3                    2                     3
```

```
      4                 7                  9                  9
      5                 6                  3                  1
      6                 8                 10                 10

  Marginal_Adhesion Single_Epithelial_Cell_Size Bare_Nuclei
              2                 2                       2
              6                 7                      10
              1                 2                       2
              2                 4                       4
              4                 3                       3
              9                 7                      10
  Bland_Chromatin Normal_Nucleoli Mitoses Outcome
            5               1          1       No
            5               2          2       No
            4               2          2       No
            4               7          2       No
            4               3          1       No
            9               9          2       Yes

#显示最后 6 行，看看数据的样子
tail(data2)

   Sample_No Thickness_of_Clump Cell_Size_Uniformity Cell_Shape_Uniformity
     595                   4                  8                    7
     596                   7                  3                    1
     597                   6                  2                    4
     598                   6                  1                    3
     599                   5                  3                    2
     600                   6                  4                    5

  Marginal_Adhesion Single_Epithelial_Cell_Size Bare_Nuclei Bland_Chromatin
              3                          5           10            9
              1                          4            3            4
              1                          2            1            4
              1                          2            1            4
              3                          2            1            2
```

```
        2                          1            3        1


Normal_Nucleoli Mitoses Outcome
            1       2      Yes
            1       2       No
            1       2       No
            1       2       No
            3       2       No
            2       1       No
```

```
#描述数据结构，显示了在数据中出现的每个变量的数据类型，如特定变量是否为数值
#类型，因子等

str(data2)

'data.frame'                  : 600 obs. of 11 variables:
$ Sample_No                   : int 1 2 3 4 5 6 7 8 9 10 ...
$ Thickness_of_Clump          : int 6 6 3 7 6 8 3 4 4 6 ...
$ Cell_Size_Uniformity        : int 2 6 2 9 3 10 2 3 2 2 ...
$ Cell_Shape_Uniformity       : int 2 5 3 9 1 10 1 2 1 3 ...
$ Marginal_Adhesion           : int 2 6 1 2 4 9 1 2 2 1 ...
$ Single_Epithelial_Cell_Size : int 2 7 2 4 3 7 3 2 3 4 ...
$ Bare_Nuclei                 : int 2 10 2 4 3 10 10 1 3 1 ...
$ Bland_Chromatin             : int 5 5 4 4 4 9 5 3 1 2 ...
$ Normal_Nucleoli             : int 1 2 2 7 3 9 2 2 3 2 ...
$ Mitoses                     : int 1 2 2 2 1 2 1 2 5 1 ...
$ Outcome                     : Factor w/ 2 levels "No","Yes": 1 1
                                1 1 1 2 1 1 1 1 ...

#从数据 2 中删除 Sample_No
data2 <- data2[,-1]

#显示数据的列名

names(data2)
[1] "Thickness_of_Clump" "Cell_Size_Uniformity" "Mitoses"
```

```
[4] "Cell_Shape_Uniformity" "Marginal_Adhesion" "Bland_Chromatin"

[7] "Single_Epithelial_Cell_Size" "Bare_Nuclei" "Normal_Nucleoli"

[10]"Outcome"

#显示数据类型

class(data2)

[1] "data.frame"

#检查存在于数据中的缺失值

sum(is.na(data2))
[1] 0
#检查乳腺肿瘤良性恶性的比例

table(data2$Outcome)/nrow(data2)

   No         Yes
0.6333333 0.3666667
```

数字表示在确诊的乳腺癌患者中，大约有 63%为良性，37%为恶性。

#使用完整数据进行模型构建和解释

在此案例中，一开始，我们使用完整的数据进行模型构建和解释，接下来我们随机将数据拆分为两个部分：训练数据集和测试数据集。下面进行详细的说明。

```
#安装 randomForest 包

install.packages("randomForest")

library(randomForest)
```

构建随机森林模型，需要安装 randomForest 包。

#使用完整的数据构建随机森林模型

```
Program 1:
rf_model <- randomForest(Outcome ~ ., data=data2,
ntree=1500,mtry=3,importa nce=TRUE)

rf_model
```

Program 1 的随机森林的预测准确度，总结如下：

```
Call:
randomForest(formula = Outcome ~., data = data2,ntree = 1500,
mtry = 3, importance = TRUE)

        Type of random forest: classification
              Number of trees: 1500
  No. of variables tried at each split: 3

      OOB estimate of error rate: 3.67%

Confusion matrix:
       No    Yes    class.error
No    366    14     0.03684211
Yes    8     212    0.03636364
```

我们使用上述 Program 1 randomForest 函数来构建模型，Outcome 是数据中的因变量，ntree = 1500 表示在构建随机森林模型时使用的树木数量，默认情况下，ntree 是 500，mtry=3 表示在构建决策树时每个分支所使用的随机变量数，importance = True 表示在模型中使用的重要预测器。OOB 估计表示随机森林模型的预测准确度。OOB 估计也称为袋外误差，在这个案例分析中，OOB 误差或随机森林模型的预测误差为 3.67%。

```
#绘出 rf_model

plot(rf_model)
```

Program 1 的 rf_model 的误差曲线如图 5-8 所示。

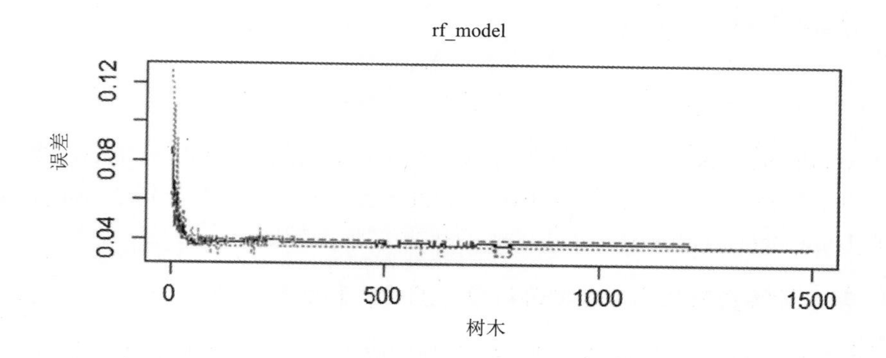

图 5-8 Program 1：rf_model 的误差曲线

如图 5-8 所示，误差曲线指示：随着树木数量的增长，不同类别(浅黑色和灰色)和袋外样本(深黑色)的误差。类别与 print(rf_model)中所显示的顺序一样，因此 red=No，Green=Yes。从上述的曲线中可以看到，在大约 1200 处误差最小，在此点之后，完全拉平了，增加树木数量的增加不会产生任何性能增益。

3. 将数据集拆分为训练数据集和测试数据集

现在，数据被拆分成两个部分：训练数据集和测试数据集；拆分比例为 70:30，意味着 70%的数据被分给了训练数据集，30%的数据被分给了测试数据集。

```
# 设置 seed，重生成样本

set.seed(2)

#以 70:30 的比例，将数据集拆分为训练数据集和测试数据集

install.packages("caTools")

library(caTools)

sample <- sample.split(data2$Outcome,SplitRatio=0.70)

#训练数据集中的观察样本数目

train_data <- subset(data2,sample==TRUE)
```

```
#测试数据集中的观察样本数目

test_data <- subset(data2,sample==FALSE)
```

将 Synthetic_cancer_data 数据集分为两个部分 train_data 和 test_data，拆分比例为 70：30，这意味着 70%的数据分到了 train_data，30%的数据分到了 test_data。我们使用 Train_data 构建模型，使用 test_data 测试模型性能。

4. 基于训练数据和测试数据进行模型的构建和解释

下面使用训练数据集构建模型，使用测试数据集测试模型的性能。

```
#使用训练数据构建随机森林模型
Program 1.1:

r_model<-randomForest(Outcome~.,data=train_data,ntree=1500,mtry=3,
importance=TRUE)

print(r_model)
```

Program 1.1 的随机森林预测准确度，总结如下：

```
Call:
  randomForest(formula = Outcome ~., data = train_data,
ntree = 1500,mtry = 3, importance = TRUE)

          Type of random forest: classification
               Number of trees: 1500
    No. of variables tried at each split: 3

        OOB estimate of error rate: 3.81%

Confusion matrix:
     No   Yes class.error
No  256   10   0.03759398
Yes 6    148   0.03896104
```

在先前的 Program 1 代码中已经讨论了上述 Program 1.1 代码 randomForest 中的 Outcome, ntree = 1500, mtry = 3 和 importance = True。

OOB 估计表示随机森林模型的预测准确度，在此案例分析中，随机森林模型的 OOB 误差或预测误差为 3.81%。

```
plot(r_model)
```

如图 5-9 所示，这是 Program 1.1 的 rf_model 随着树木数量变化的误差曲线。

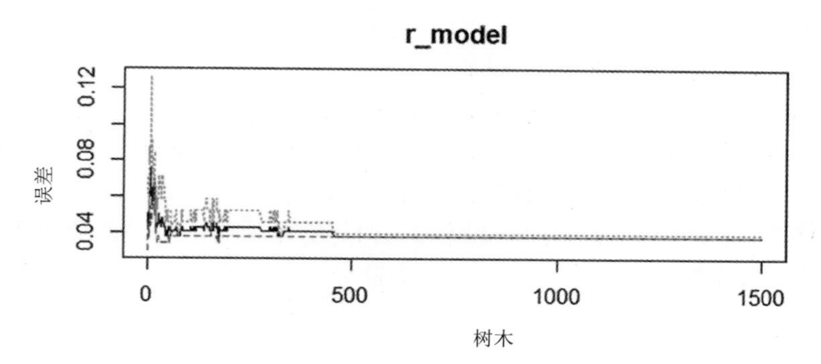

图 5-9 Program 1.1：rf_model 随着树木数量变化的误差曲线

如图 5-9 所示，误差曲线指示了随着树木数量的增长，不同类别(红色和绿色)和袋外样本(黑色)的误差。类别与 print (rf_model) 中所显示的顺序一样，因此 red=No，Green=Yes。从上述的曲线中可以看到：在大约 500 处误差最小，在此点之后，完全拉平了，树木数量的增加不会产生任何性能增益。

```
plot(margin(r_model,test_data$Outcome))
```

如图 5-10 所示，这是 Program 1.1 的 rf_model 中的余量曲线。

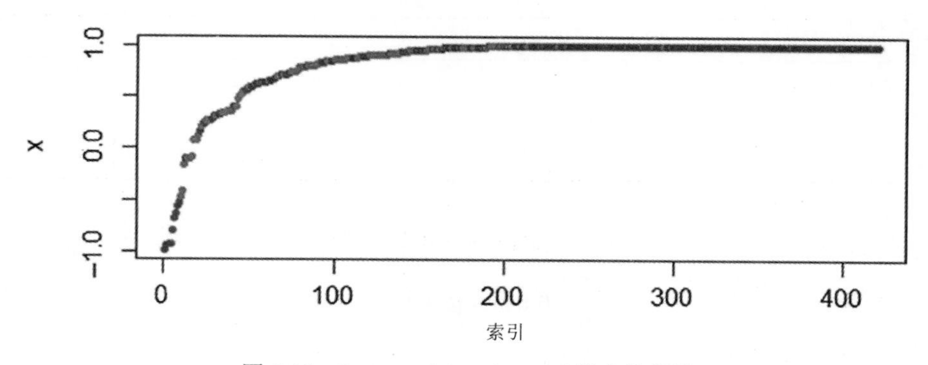

图 5-10 Program 1.1：rf_model 的余量曲线

对于分类问题，随机森林模型结合了所有的决策树的结果进行多数表决，然后将得到最多表决的类作为最终的预测类。我们将余量定义为正确类的表决比例减去其他类的表决的最大比例[44]。余量函数的公式如下所示：

$$mg(\boldsymbol{X},Y)=\frac{\sum_{K=1}^{K}I(h_{\mathrm{k}}(\boldsymbol{X})=Y)}{K}-\max_{j\neq Y}\left[\frac{\sum_{K=1}^{K}I(h_{\mathrm{k}}(\boldsymbol{X})=j)}{K}\right]$$

其中 $I(.)$为指标函数。

X，Y 表示在 X，Y 空间中的概率。

如果 $mg(X,Y)>0$，则意味着多数表决是正确的，分类器集投票给了正确分类。

如果 $mg(X,Y)<0$，则意味着多数表决是错误的，分类器集投票给了错误分类。

因此，余量值越大，分类的置信度越高。

如图 5-10 所示，可以观察到使用红色和蓝色显示类，一大部分的类为 No 和 Yes 得到了正确分类，在集成模型中，一小部分的类为不确定或错误分类。

```
#使用测试数据预测模型

ran_pred <- predict(r_model,test_data)

#显示混淆矩阵或分类表

table(test_data$Outcome ,ran_pred)
```

如表 5-1 所示的分类表，我们认为 test_data$Outcome 为实际输出，ran_pred 为预测结果。

表 5-1　分类表

ran_pred		
test_data$Outcome	No	Yes
No	111	3
Yes	2	64

对角线值得到了正确分类，因此正确率可以计算为：

正确率 $=\frac{111+64}{111+3+2+64}=\frac{175}{180}\approx\mathbf{0.97}$ (保留小数点后两位)

错误率或误分类率可以计算为：

1 − 正确率=1 − 0.97=0.03

```
#使用测试数据，预测概率矩阵

ran_prob <- predict(r_model,test_data,type = "prob" )

ran_prob

ran_prob1<-data.frame(ran_prob)
```

表 5-2 显示了概率矩阵。

表 5-2 预测良性和恶性肿瘤的概率表

Probability(No)良性肿瘤	Probability %(No)	Probability (Yes)恶性肿瘤	Probability %(Yes)
0.1200	12.00%	0.8800	**88.00%**
0.9987	99.87%	0.0013	0.13%
0.4753	47.53%	0.5247	52.47%
0.9080	90.80%	0.0920	9.20%
1.0000	100.00%	0.0000	0.00%
1.0000	100.00%	0.0000	0.00%
1.0000	100.00%	0.0000	0.00%
0.2600	26.00%	0.7400	**74.00%**
0.9993	99.93%	0.0007	0.07%
0.0380	3.80%	0.9620	**96.20%**

Probability(No)表示在患者中存在良性肿瘤的概率值，Probability% (No)表示在未来具有良性肿瘤的概率百分比，Probability(Yes)表示在患者中存在恶性肿瘤的概率值，Probability% (Yes)表示在未来具有恶性肿瘤的概率百分比。例如，在表 5-2 中，概率百分比使用黑体突出显示，这表明这些患者处在危险区域，这表明这 3 个患者，在未来分别有 88.00%、74.00%和 96.20%的概率获得恶性肿瘤，需要定向为使用较低成本改进医疗服务的优先者。因此，在医疗业中，先前的预测性分析有助于提供早期的信号，挽回成千上万患者的生命。

5.2.3 基于 SAS 的随机森林模型

本书将讨论不同的 SAS 程序，如 proc content 和 proc freq。我们也讨论在完整数据上构建随机森林模型来预测良性和恶性乳腺肿瘤的概率，并提供 Program 2 中 SAS 代码的解释，以及每个部分输出的解释。在下一节中，我们讨论将数据集拆分成两个部分——训练数据集和测试数据集，同时提供 Program 2.1 和 Program 2.1.1 中 SAS 代码的解释，以及每个部分输出的解释。

```
    /* 使用 SAS 创建自己的库，如此处的 libref，并提到了路径 */
    libname libref "/home/aro1260/deep";

    /* 导入 Synthetic_cancer_data */
    PROC IMPORT DATAFILE=
"/home/aroragaurav1260/data/synthetic_cancer_data.csv"
          DBMS=CSV Replace
          OUT=libref.cancer;
          GETNAMES=YES;
    RUN;

    /* 检查数据内容 */
    PROC CONTENTS DATA=libref.cancer;
    RUN;
```

在此案例中，如表 5-3 所示，这是本案例中 proc content 的部分输出。这显示了数据的内容，如观察样本数；数据中的变量数量；每个变量的库名称和数据类型；变量为数值型还是字符类型，以及它们的长度、格式和输入格式。

表 5-3　proc content 的部分输出

Part 1

CONTENTS 程序			
数据集名称	LIBREF.CANCER	观察样本	600
成员类型	DATA	变量	11
引擎	V9	索引	0
创建日期	01/11/2018 15:41:09	观察样本长度	88
上一次修改日期	01/11/2018 15:41:09	删除的观察样本	0
保护		压缩	No
数据集类型		排序	No
标签			
数据表示	SOLARIS_X86_64, LINUX_X86_64, ALPHA_TRU64, LINUX_IA64		
编码	utf-8 Unicode (UTF-8)		

Part 2

按字母排列的变量和属性列表					
#	变量	类型	长度	格式	输入格式
7	Bare_Nuclei	Num	8	BEST12.	BEST32.
8	Bland_Chromatin	Num	8	BEST12.	BEST32.
4	Cell_Shape_Uniformity	Num	8	BEST12.	BEST32.
3	Cell_Size_Uniformity	Num	8	BEST12.	BEST32.
5	Marginal_Adhesion	Num	8	BEST12.	BEST32.
10	Mitoses	Num	8	BEST12.	BEST32.
9	Normal_Nucleoli	Num	8	BEST12.	BEST32.
11	Outcome	Char	3	$3.	$3.
1	Sample_No	Num	8	BEST12.	BEST32.
6	Single_Epithelial_Cell_Size	Num	8	BEST12.	BEST32.
2	Thickness_of_Clump	Num	8	BEST12.	BEST32.

```
/* 应用 proc freq，观察数据的频率 */

proc freq data = libref.cancer;
tables Bare_Nuclei Outcome Outcome * Bare_Nuclei;
run;
```

proc freq 表示每个层级的频率数、累积频率和累积百分比，如在 1 到 10 范围内变化的裸核数目、良性乳腺肿瘤患者的数量(No)(63.33%)和恶性乳腺肿瘤患者的数量(Yes)(36.7%)。见表 5-4。

表 5-4　proc freq 的部分输出

Part 1

FREQ 程序				
裸核数目	频率	百分比	累计频率	累计百分比
1	124	20.67	124	20.67
2	117	19.50	241	40.17
3	122	20.33	363	60.50
4	26	4.33	389	64.83
5	22	3.67	411	68.50
6	14	2.33	425	70.83
7	12	2.00	437	72.83

(续表)

裸核数目	频率	百分比	累计频率	累计百分比
8	12	2.00	449	74.83
9	12	2.00	461	76.83
10	139	23.17	600	100.00

Part 2

结果	频率	百分比	累计频率	累计百分比
No	380	63.33	380	63.33
Yes	220	36.67	600	100.00

如 Outcome 和 Bare_Nuclei 两个变量之间的交互，显示在 Outcome by Bare_Nuclei 表中，具有频率、百分比、行百分比、列百分比的详细信息。例如，Outcome(No)和 Bare Nuclei(1)之间的交互，频率为 120、百分比为 20.00、行百分比为 31.58、列百分比为 96.77。

Part 3

频率
百分比
行百分比
列百分比

Outcome by Bare_Nuclei 表

	Bare_Nuclei										
Outcome	1	2	3	4	5	6	7	8	9	10	总计
No	120	111	111	17	8	5	2	1	1	4	380
	20.00	18.50	18.50	2.83	1.33	0.83	0.33	0.17	0.17	0.67	63.33
	31.58	29.21	29.21	4.47	2.11	1.32	0.53	0.26	0.26	1.05	
	96.77	94.87	90.98	65.38	36.36	35.71	16.67	8.33	8.33	2.88	
Yes	4	6	11	9	14	9	10	11	11	135	220
	0.67	1.00	1.83	1.50	2.33	1.50	1.67	1.83	1.83	22.50	36.67
	1.82	2.73	5.00	4.09	6.36	4.09	4.55	5.00	5.00	61.36	
	3.23	5.13	9.02	34.62	63.64	64.29	83.33	91.67	91.67	97.12	
总计	124	117	122	26	22	14	12	12	12	139	600
	20.67	19.50	20.33	4.33	3.67	2.33	2.00	2.00	2.00	23.17	100.00

```
/* 从数据中去掉 Sample_No */
data libref.final_cancer;
```

```
set libref.cancer(drop= Sample_No);
RUN;
PROC CONTENTS DATA=libref.final_cancer;
RUN;
```

1. 基于完全数据进行模型构建和解释

在本节中，基于 SAS Studio 和完全数据进行模型构建和解释；在下一节中，我们随机地将数据拆分成两个部分——训练数据集和测试数据集。

在 Program 2 代码中，使用 PROC HPFOREST 程序构建随机森林模型，maxtrees 表示模型中使用的树的数量，在这个案例分析中，maxtrees = 1500，vars_to_try 表示 9 个输入变量中有 3 个是随机选中的，考虑作为分支规则，在这个案例分析中，vars_to_try =3，在分类问题里，根据规则，计算为 sqrt(9)=3。目标变量是 Outcome，这是类别类型的；因此这个层级是二元的，所有的输入变量是数值类型的，因此它们的层级是标称的。PROC HPFOREST 运行在 final_cancer 数据集上，将模型保存在二进制文件 Random_model_fit.bin 中。在这个案例中，save file 选项提供了将模型保存为二进制文件 Random_model_fit.bin 中的全路径，ods output fitstatistics 选项将 fitstatistics 输出保存在 libref.fitstats_out 中。

```
/* 使用完整的数据构建随机森林模型 */

/* Program 2: */

Proc hpforest data = libref.final_cancer maxtrees=1500 vars_to_try=3 ;
target Outcome/level=binary;
input Thickness_of_Clump Cell_Size_Uniformity Cell_Shape_Uniformity
Marginal_Adhesion Single_Epithelial_Cell_Size Bare_Nuclei
Bland_Chromatin
Normal_Nucleoli Mitoses/level=nominal;
ods output fitstatistics = libref.fitstats_out;
save file = "/home/aroragaurav1260/data/Random_model_fit.bin";
RUN ;
```

Program 2 随机森林的输出被分成几个部分，下面分别讨论各个部分。

Program 2 输出的 Part 1 和 Part 2 显示了程序使用两条线程，运行在单台机器上(本地)的信息。

Part 1

HPFOREST 程序	
性能信息	
执行模式	单机
线程数目	2

Part 2

数据访问信息			
数据	引擎	角色	路径
LIBREF.FINAL_CANCER	V9	Input	On Client

Program 2 输出的 Part 3 显示了在 PROC HPFOREST 语句中指定的若干参数的信息；因此，maxtrees=1500，表明了在构建随机森林模型时所使用的树的数量，以及 vars_to_try=3(sqrt(9)=3)，表明考虑 9 个输入变量里随机选中 3 个，作为分支规则，除此之外，最大值都是默认的。

Part 3

模型信息		
参数	值	
尝试的变量	3	
最大树木数	1500	
Inbag 部分	0.6	(默认)
裁剪部分	0	(默认)
裁剪阈值	0.1	(默认)
叶子部分	0.00001	(默认)
叶子尺寸设置	1	(默认)
使用的叶子尺寸	1	
类别二叉搜索树	30	(默认)
区间二叉搜索树	100	
最小类别尺寸	5	(默认)
节点尺寸	100000	(默认)
最大深度	20	(默认)
Alpha	1	(默认)
穷尽	5000	(默认)
要跳过的序列行	5	(默认)
分支标准	.	基尼
预选方法	.	BinnedSearch
缺失值处理	.	有效值

Program 2 的 Part 4 显示了所读取和使用的观察样本的数目(600)的信息，这意味着在数据中没有缺失值。

Part 4

观察样本的数目	
类型	N
所读取的观察样本数目	600
所使用的观察样本数目	600

Program 2 输出的 Part 5 显示了基线拟合统计。在 PROC HPFOREST 中，首先不使用模型，计算基线拟合统计。在基线拟合统计中，误分类率为 0.367，这是恶性乳腺肿瘤(Yes)观察样本的比率。

Part 5

基线拟合统计	
统计	值
均方误差	0.232
误分类率	0.367
损耗对数	0.657

Program 2 输出的 Part 6 显示了拟合统计输出中的前 10 个和后 10 个观察样本。在单台机器模式下，PROC HPFOREST 为树木数量逐渐增多的序列计算拟合统计。

拟合统计改善了，或者说，一开始随着树木数量的增多，它的值减小了，然后在达到某个阶段后，持平，在小范围内波动。随机森林模型提供了均方误差(训练)、均方误差(OOB)、误分类率(训练)和误分类率(OOB)的信息。误分类率(OOB)也称为袋外估计，较少偏差。从上述的输出中，模型的 OOB 误分类率在 0.07 和 0.04 之间波动，比基线拟合统计中的误分类率 0.367 小，因此，我们认为这是一个好模型。

Part 6 (top 10 observations)

拟合统计

树木数量	叶子数量	均方误差(训练)	均方误差(OOB)	误分类率(训练)	误分类率(OOB)	损耗对数(训练)	损耗对数(OOB)
1	15	0.0541	0.0739	0.0650	0.0750	0.498	0.979
2	29	0.0436	0.0826	0.0600	0.0974	0.207	1.125
3	50	0.0394	0.0823	0.0483	0.1000	0.173	0.938
4	68	0.0359	0.0752	0.0417	0.0932	0.167	0.809
5	84	0.0331	0.0671	0.0367	0.0860	0.160	0.645
6	98	0.0341	0.0616	0.0367	0.0870	0.130	0.405

(续表)

树木数量	叶子数量	均方误差(训练)	均方误差(OOB)	误分类率(训练)	误分类率(OOB)	损耗对数(训练)	损耗对数(OOB)
7	114	0.0349	0.0606	0.0383	0.0872	0.131	0.366
8	130	0.0353	0.0554	0.0433	0.0780	0.132	0.250
9	145	0.0339	0.0523	0.0350	0.0688	0.129	0.179
10	158	0.0331	0.0497	0.0317	0.0637	0.127	0.170
1490	24697	0.0305	0.0405	0.0350	0.0467	0.123	0.151
1491	24713	0.0305	0.0405	0.0350	0.0467	0.123	0.151
1492	24728	0.0305	0.0405	0.0350	0.0467	0.123	0.151
1493	24747	0.0305	0.0405	0.0350	0.0467	0.123	0.151
1494	24767	0.0305	0.0405	0.0350	0.0467	0.123	0.151
1495	24786	0.0305	0.0405	0.0350	0.0467	0.123	0.151
1496	24800	0.0305	0.0405	0.0350	0.0467	0.123	0.151
1497	24816	0.0305	0.0405	0.0350	0.0467	0.123	0.151
1498	24835	0.0305	0.0405	0.0350	0.0467	0.123	0.151
1499	24855	0.0305	0.0405	0.0350	0.0467	0.123	0.151
1500	24870	0.0305	0.0405	0.0350	0.0467	0.123	0.151

Program 2 输出的 Part 7 显示的是规则数(表明了使用变量的分支规则数目)的信息，损耗减少变量重要性(loss reduction variable importance)两次测量了变量的重要性——一次是在训练数据上，另一次是在 OOB 数据上。从拟合统计中可以看到，OOB 估计较少偏差。有两个度量 OOB 基尼和 OOB 余量，OOB 基尼是比较严格的度量，因此基于 OOB 基尼度量进行行排序。OOB 基尼对于两个变量(Marginal_Adhesion 和 Mitoses)是负数，OOB 余量对于一个变量(Mitoses)是负数。随机森林模型拟合数据的结论为：Bare_Nuclei、Cell_Size_Uniformity 和 Cell_Shape_Uniformity 是预测未来发生恶性乳腺肿瘤的前三个重要的预测指标(变量)。

Part 7

损耗减少变量重要性

变量	规则数	基尼	OOB 基尼	余量	OOB 余量
Bare_Nuclei	3265	0.112204	0.10209	0.224407	0.22382
Cell_Size_Uniformity	2897	0.101099	0.09367	0.202197	0.19867
Cell_Shape_Uniformity	3358	0.097528	0.08778	0.195056	0.18584
Normal_Nucleoli	2203	0.017954	0.01358	0.035908	0.03161
Bland_Chromatin	2499	0.014967	0.00929	0.029934	0.02418

(续表)

变量	规则数	基尼	OOB 基尼	余量	OOB 余量
Thickness_of_Clump	2720	0.013948	0.00792	0.027896	0.02477
Single_Epithelial_Cell_Size	1970	0.010975	0.00686	0.021950	0.01690
Marginal_Adhesion	2241	0.003202	-0.00086	0.006404	0.00108
Mitoses	2217	0.001974	-0.00099	0.003948	-0.00350

```
/* 绘制训练数据的误分类率 */

proc sgplot data=libref.fitstats_out;
title "Misclassification Rate for Training Data";
series x=Ntrees y=MiscALL;
yaxis label='OOB Misclassification Rate';
run;
```

图 5-11 显示了训练数据的误分类率曲线。

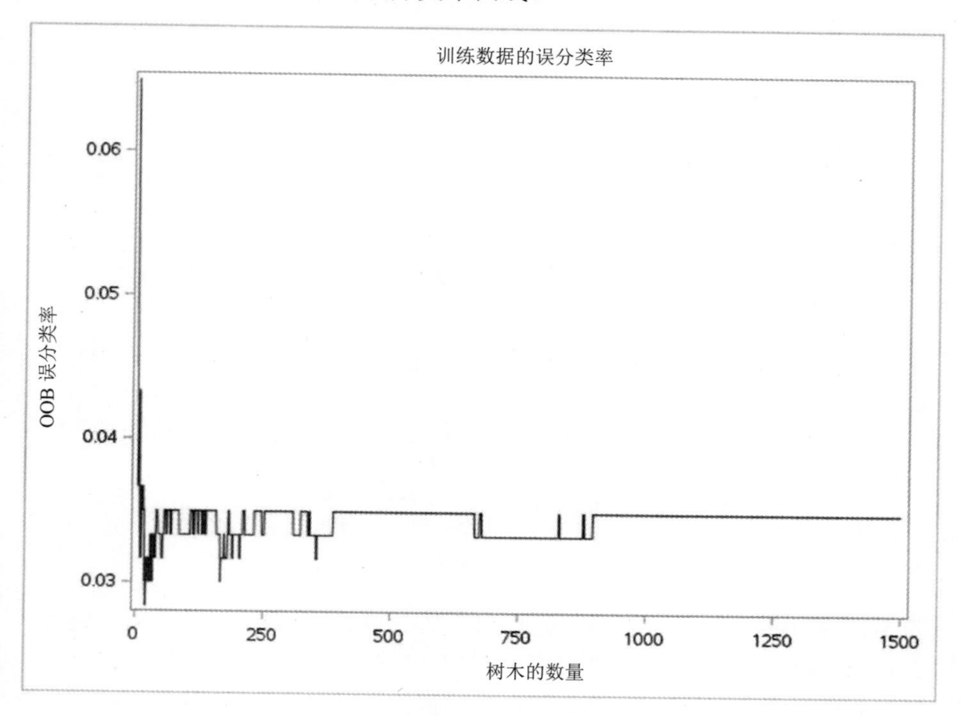

图 5-11　训练数据的误分类率曲线

图 5-11 显示了在训练数据中，在大约 1000 处，误差最低或被拉平。

```
/* 绘制 OOB 与训练误分类率的曲线 */

proc sgplot data=libref.fitstats_out;
title "OOB vs Training";
series x=Ntrees y=MiscAll;
series x=Ntrees y=MiscOob/lineattrs=(pattern=shortdash
thickness=2);
yaxis label='Misclassification Rate';
run;
```

图 5-12 显示了 OOB 与训练误分类率的曲线。

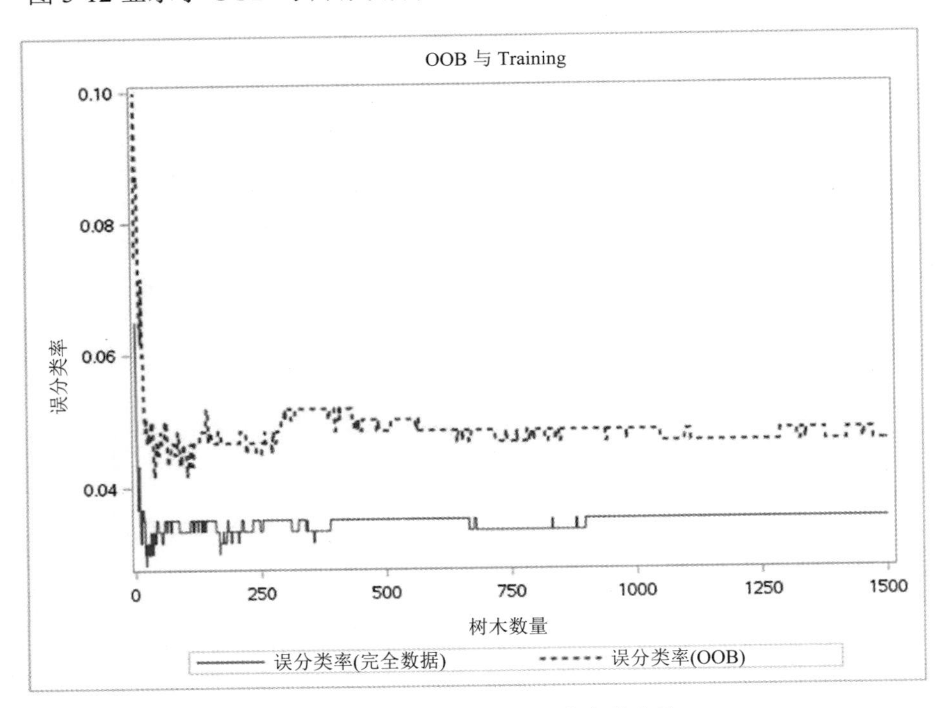

图 5-12　OOB 与训练误分类率的曲线

图 5-12 显示的是与基于训练数据相比，基于 OOB 数据的误分类率比较大，因此对于 OOB 误分类率而言，需要更多的树木才能拉平。从曲线上可以清晰地看到，使用训练数据时，大约在 1000 处误差最小或被拉平，而使用 OOB 数据，则需要更多的树木才能拉平。

```
/* 按照 70:30 的比例，将数据集拆分为训练数据集和验证数据集 */

In this section, we are randomly splitting data into 70 : 30 .

proc surveyselect data= libref.final_cancer method=srs seed=2 outall
samprate=0.7 out=libref.cancer_subset;
```

SURVEYSELECT 程序	
选择方法	简单随机采样

在本小节中，我们随机地将数据按照 70∶30 的比例进行拆分。

输入数据集	FINAL_CANCER
随机数种子	2
采样率	0.7
样本尺寸	420
选择概率	0.7
采样权重	0
输出数据集	CANCER_SUBSET

所使用的选择方法为简单的随机采样。

现在，基于选择变量，将数据划分为训练数据集和验证数据集。当选择等于 1 时，将所有的观察样本分配给训练数据集；当选择等于 0 时，将所有的观察样本分配给验证数据集。

```
/* 选中变量的值：1 表示归为训练集，0 表示归为测试集 */

data libref.train;
   set libref.cancer_subset;
   if selected=1;

data libref.valid;
   set libref.cancer_subset;
   if selected=0;
```

2. 基于训练数据和测试数据进行模型构建和解释

基于训练数据集构建模型，基于验证数据集测试模型的性能。

```
data libref.train_valid;
set libref.cancer_subset;
Run;

/* 基于训练数据构建随机森林模型 */

/*Program 2.1*/

proc hpforest data=libref.train_valid
maxtrees=1500 vars_to_try=3;
target Outcome/level=binary;
input Thickness_of_Clump
Cell_Size_Uniformity Cell_Shape_Uniformity
Marginal_Adhesion Single_Epithelial_Cell_Size
Bare_Nuclei Bland_Chromatin
Normal_Nucleoli Mitoses/level=nominal;
partition var= Selected (train = 1,valid = 0);
ods output VariableImportance= libref.loss_reduction_importance;
save file="/home/aroragaurav1260/data/Random_forest_fit.bin";
Run;
```

Program 2.1 的随机森林输出被分成了若干部分，在接下来的部分中，我们将分别讨论各个部分。

Program 2.1 的 Part 1、Part 2 和 Part 3 在先前的 Program 2 输出中解释过了。

Part 1

HPFOREST 程序	
性能信息	
执行模式	单机
线程数目	2

Part 2

数据访问信息			
数据	引擎	角色	路径
LIBREF.TRAIN_VALID	V9	Input	On Client

Part 3

模型信息		
参数	值	
尝试的变量	3	
最大树木数	1500	
Inbag 部分	0.6	(默认)
裁剪部分	0	(默认)
裁剪阈值	0.1	(默认)
叶子部分	0.00001	(默认)
叶子尺寸设置	1	(默认)
使用的叶子尺寸	1	
类别二叉搜索树	30	(默认)
区间二叉搜索树	100	
最小类别尺寸	5	(默认)
节点尺寸	100000	(默认)
最大深度	20	(默认)
Alpha	1	(默认)
穷尽	5000	(默认)
要跳过的序列行	5	(默认)
分支标准	.	基尼
预选方法	.	BinnedSearch
缺失值处理	.	有效值

Program 2.1 的 Part 4 显示了所读取和所使用的观察样本数：训练数据集有 420 个观察样本，验证数据集有 180 个观察样本。

Part 4

观察样本数目			
类型	NTrain	NValid	NTotal
所读取的观察样本数目	420	180	600
所使用的观察样本数目	420	180	600

Program 2.1 的 Part 4 显示了所读取和所使用的观察样本数：训练数据集有 420 个观察样本，验证数据集有 180 个观察样本。

Program 2.1 输出的 Part 5 显示了基线拟合统计。在 PROC HPFOREST 中，首先不使用模型，计算基线拟合统计。在基线拟合统计中，误分类率为 0.371，这是恶性乳腺肿瘤(Yes)的观察样本比率。

Part 5

基线拟合统计

统计	值	验证
均方误差	0.233	0.229
误分类率	0.371	0.356
损耗对数	0.660	0.651

Program 2.1 输出的 Part 6 显示了拟合统计输出中的前 10 个和后 10 个观察样本。在单台机器模式下，PROC HPFOREST 为树木数量逐渐增多的序列计算拟合统计。一开始，随着树木数量的增多，拟合统计改善了，或者说，它的值减小了，然后在达到某个阶段后，持平，在小范围内波动。随机森林模型提供了均方误差(训练)、均方误差(OOB)、均方误差(有效)、误分类率(训练)和误分类率(OOB)、误分类率(有效)的信息。从上述的输出中，模型的误分类率(有效)在 0.09 和 0.07 之间波动，比基线拟合统计中的误分类率 0.371 小，因此，我们认为这是一个好模型。

Part 6 (top 10 observations)

拟合统计

树木数量	叶子数量	均方误差(训练)	均方误差(OOB)	均方误差(有效)	误分类率(训练)	误分类率(OOB)	误分类率(有效)	损耗对数(训练)	损耗对数(OOB)	损耗对数(有效)
1	14	0.0761	0.0983	0.1060	0.0952	0.1071	0.1167	0.758	1.501	1.545
2	22	0.0503	0.0835	0.0713	0.0833	0.1161	0.1111	0.209	1.003	0.550
3	34	0.0486	0.0785	0.0704	0.0690	0.1090	0.0778	0.160	0.740	0.557
4	45	0.0388	0.0665	0.0619	0.0476	0.0836	0.0833	0.139	0.601	0.309
5	61	0.0369	0.0591	0.0573	0.0381	0.0610	0.0944	0.140	0.461	0.187
6	69	0.0357	0.0593	0.0595	0.0333	0.0692	0.0889	0.137	0.309	0.193
7	83	0.0355	0.0521	0.0586	0.0381	0.0569	0.0833	0.137	0.184	0.191
8	97	0.0360	0.0506	0.0569	0.0405	0.0636	0.0833	0.138	0.179	0.189
9	110	0.0349	0.0493	0.0585	0.0381	0.0680	0.0833	0.136	0.171	0.197
10	123	0.0343	0.0494	0.0600	0.0357	0.0673	0.0833	0.135	0.173	0.202
1490	18607	0.0307	0.0412	0.0507	0.0310	0.0500	0.0667	0.129	0.158	0.181
1491	18620	0.0307	0.0412	0.0506	0.0310	0.0500	0.0667	0.129	0.158	0.181
1492	18634	0.0307	0.0412	0.0506	0.0310	0.0500	0.0667	0.129	0.158	0.181
1493	18646	0.0307	0.0412	0.0506	0.0310	0.0500	0.0667	0.129	0.158	0.181
1494	18658	0.0307	0.0412	0.0506	0.0310	0.0500	0.0667	0.129	0.158	0.181
1495	18668	0.0307	0.0412	0.0506	0.0310	0.0500	0.0667	0.129	0.158	0.181
1496	18677	0.0307	0.0411	0.0506	0.0310	0.0500	0.0667	0.129	0.158	0.181
1497	18688	0.0307	0.0412	0.0506	0.0310	0.0500	0.0667	0.129	0.158	0.181
1498	18700	0.0307	0.0412	0.0506	0.0310	0.0500	0.0667	0.129	0.158	0.181
1499	18711	0.0307	0.0412	0.0506	0.0310	0.0500	0.0667	0.129	0.158	0.181
1500	18723	0.0307	0.0412	0.0506	0.0310	0.0500	0.0667	0.129	0.158	0.181

Program 2.1 输出的 Part 7 在先前的 Program 2 输出中已经讨论过了。

Part 7

损耗减少变量重要性

变量	规则数	基尼	OOB 基尼	有效基尼	余量	OOB 余量	有效余量
Cell_Shape_Uniformity	2485	0.106541	0.09673	0.08171	0.213082	0.20463	0.18548
Bare_Nuclei	2172	0.111845	0.09588	0.08347	0.223691	0.22511	0.21172
Cell_Size_Uniformity	2236	0.089356	0.08036	0.08199	0.178713	0.17278	0.17663
Normal_Nucleoli	1649	0.020824	0.01518	0.01468	0.041649	0.03710	0.03548
Single_Epithelial_Cell_Size	1619	0.012357	0.00858	0.00840	0.024715	0.01722	0.01737
Bland_Chromatin	1838	0.012302	0.00641	0.00750	0.024604	0.01864	0.01886
Thickness_of_Clump	1849	0.010342	0.00578	0.00654	0.020684	0.01614	0.01940
Mitoses	1743	0.002927	-0.00013	-0.00186	0.005853	-0.00083	-0.00295
Marginal_ Adhesion	1632	0.002765	-0.00084	-0.00070	0.005530	-0.00111	-0.00048

在 HPFOREST 程序之后，使用 Program 2.1.1 代码 HP4SCORE 程序创建模型，将模型保存为二进制模型文件。PROC HP4SCORE 应用二进制模型文件，进行评分或估计特定数据集中的变量重要性。在验证数据集中，为了基于随机分支分配方法(RBA)计算变量的重要性，使用 IMPORTANT 语句。在 PERFORMANCE 语句中，使用 THREADS =1 选项，这样当代码一次又一次运行时，在随机分支分配中，不会做出任何改变。为了引用由 PROC HPFOREST 创建的文件或文件的全路径，使用 IMPORTANT FILE。使用 OUT 创建输出数据集，在这个案例中，创建输出数据集，并将其存储在库 libref .scored (out = libref.scored)中，使用 VAR，指定所有的输入变量，这样就可以计算它们的变量重要性。

```
/* 使用验证数据预测模型 */

/* Program 2.1.1 */

proc hp4score data= libref.valid;
ods output VariableImportance=libref.rba_importance_valid;
performance threads=1;
importance file="/home/aroragaurav1260/data/Random_forest_fit.bin"
out=libref.scored
var=(Outcome Thickness_of_Clump Cell_Size_Uniformity
```

```
Cell_Shape_Uniformity
    Marginal_Adhesion Single_Epithelial_Cell_Size Bare_Nuclei
Bland_Chromatin
    Normal_Nucleoli Mitoses);
    Run;
```

使用验证数据，运行 Program 2.1.1，进行预测，我们将所得到的随机森林输出分为若干部分，接下来我们将分别讨论各个部分。

Program 2.1.1 输出的 Part 1、Part 2 和 Part 3 显示了在使用 1 条线程、所读取和所使用验证数据中观察样本数为 180 的条件下，程序运行在单机上的信息。

Part 1

HPFOREST 程序	
性能信息	
执行模式	单机
线程数目	1

Part 2

数据访问信息			
数据	引擎	角色	路径
LIBREF.VALID	V9	Input	On Client
LIBREF.SCORED	V9	Output	On Client

Part 3

观察样本数	
类型	N
所读取的观察样本数	180
所使用的观察样本数	180
所使用的频率总数	180

Program 2.1.1 的 Part 4 显示了基于随机分支分配(RBA)变量重要性的信息。比起损耗减少，随机分支分配较少偏差，也较少受到相关性的影响。RBA 使用余量和均方误差。

Part 4

随机分支分配变量重要性		
变量	余量	均方误差
Cell_Size_Uniformity	0.15906	0.04216
Bare_Nuclei	0.17286	0.03901
Cell_Shape_Uniformity	0.16009	0.03554
Normal_Nucleol	0.03052	0.00667
Thickness_of_Clump	0.01798	0.00547
Bland_Chromatin	0.01421	0.00284
Single_Epithelial_Cell_Size	0.01333	0.00139
Marginal_Adhesion	0.00380	0.00019
Outcome	0.00000	0.00000
Mitoses	−0.00045	−0.00076

使用 PROC SORT 来排序 rba_importance_valid 输出文件，基于余量(MARGIN)，以降序(DESCENDING)的方式，完成排序。

```
/* 基于余量，排序 rba_importance_valid */

proc sort data = libref.rba_importance_valid;
by descending Margin;
Run;
proc print data= libref.rba_importance_valid;
Run;
```

观察样本	变量	均方误差	余量
1	Bare_Nuclei	0.03901	0.17286
2	Cell_Shape_Uniformity	0.03554	0.16009
3	Cell_Size_Uniformity	0.04216	0.15906
4	Normal_Nucleoli	0.00667	0.03052
5	Thickness_of_Clump	0.00547	0.01798
6	Bland_Chromatin	0.00284	0.01421
7	Single_Epithelial_Cell_Size	0.00139	0.01333
8	Marginal_Adhesion	0.00019	0.00380
9	Outcome	0.00000	0.00000
10	Mitoses	−0.00076	−0.00045

```
/* 计算误分类率 */

data libref.final_score;
set libref.scored ;
if upcase(Outcome) ne upcase(I_Outcome) then misclass=1;
else misclass=0
run;
```

MEANS 程序表显示了误分类率的信息，在此案例中，误分类率为 0.07。

```
proc means data=libref.final_score(where=(Outcome ne ''));
var misclass;
run;
```

MEANS 程序				
分析变量: misclass				
N	均值	标准偏差	最小值	最大值
1980	0.0702020	0.2555517	0	1.0000000

使用随机森林模型拟合数据的结论为：Bare_Nuclei、Cell_Shape_Uniformity 和 Cell_Size_Uniformity 是恶性乳腺肿瘤未来发病的三大重要预测指标(变量)。

5.3 小结

在本章，我们学习了医疗保健业中数据分析的应用。所讨论的模型是随机森林模型，讨论了该模型的各种特性、特征、优点及其局限性。我们借助预测恶性和良性乳腺肿瘤概率的案例分析，演示了这种模式的实际应用。基于 R 和 SAS Studio，从模型开发阶段到执行和结果阶段，我们进行了解释和讨论。

第 6 章

航空公司案例分析

全球航空业提供航空运输服务，将旅客和货物运送到世界的每一个角落，它已经成为全球经济形成的重要组成部分。航空业是一个快速发展、充满活力的行业。国际航空运输协会(IATA)曾经预测，“在 2018 年，全球航空业净利润将上升至 384 亿[1]。航空业实现了可持续盈利水平，预计 2018 年是连续第四年可持续盈利”。根据国际航空运输协会的数据，在 2016 年，飞机运送了将近 38 亿名旅客，预计在 2035 年，将会有 72 亿乘客出行[2]。波音公司和空客公司被公认为全球最大的飞机制造商。

全球共有 3500 多家航空公司，仅在美国就有 100 多家航空公司。根据 2016 年 6 月的统计数据，基于飞机机队规模，美国航空公司是世界上最大的航空公司，达美航空公司次之，美国联合航空公司第三[3]；这三个公司都是美国公司。

美国交通运输部(DOT)基于收入，对航空公司进行分类。如图 6-1 所示，这是基于三个类别和利润范围对这些航空公司进行分类。

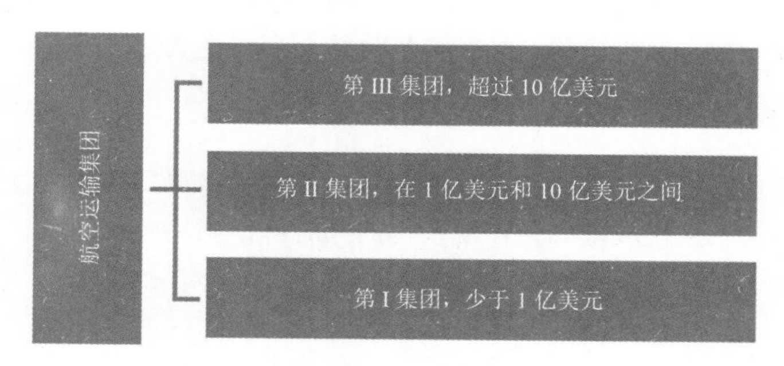

图 6-1　航空公司分组

2017 年 6 月 20 日，在巴黎航展上颁发了世界航空大奖[4]。根据 Skytrax 的报道，这个久负盛名的颁奖典礼被称为“航空业的奥斯卡奖”，卡塔尔航空公司被认为是 2017 年世界上最佳航空公司。根据 Skytrax 的报道，2017 年的另外前 9 家航空公司分别为新加坡航空公司、全日空航空公司、阿联酋航空、国泰航空、长荣航空、汉莎航空、阿提哈德航空、海南航空和印度尼西亚鹰航空公司[5]。

虽然航空业正以惊人的速度增长，但是在其奔向未来时也面临着一定的挑战。在下面我们将讨论这个行业所面临的三个巨大挑战。

1. 安全保障

航空业所面临的最大挑战是乘客及其工作人员和资产的安全保障。全球恐怖主义仍然挥之不去，航空业历来都是靶子；一个示例就是布鲁塞尔的攻击[6]。政府、机场管理局和航空公司需要厘清日益增长的安全保障水平和乘客舒适之间的平衡。另外两个悲惨示例是马来西亚飞机 MH370 的坠毁[7]和乌克兰飞机 MH17 的坠毁[8]。IATA 投资建设了数据管理平台，称为全球航空数据管理(Global Aviation Data Management，GADM)[9]。GADM 的目标是从不同的源头，如飞行运营、基础设施和 IATA 审计，采集数据，然后使用先进的分析方法分析数据，改进航空业的安全措施。

2. 乘客体验

航空业所面临的另一大挑战是乘客体验。多年来，在某些方面，旅行体验有所改善，但是平衡体验和日渐增长的成本需要打破框框，开拓思路。乘客的体验路线图包括改进航班预订的体验、交通体验、机场驻地体验、机上体验和航行后体验。在当今世界中，机场不仅仅是乘客集散中心，也是休闲设施中心。在使登机过程变得方便快捷，提供给旅客更好的体验，更多的休闲时间方面，科技扮演了重要的角色。重要的焦点是如何更好地服务乘客，提供 Wi-Fi、食物和饮料、美容院服务给乘客。这些设施不仅让乘客感到舒适，同时也提供了额外的场所，为机场增收。根据国际航空运输协会的数据，在 2035 年预计有 72 亿名乘客出行。这表明，随着乘客流量、基础设施方面投资的增加，机场可能会变得更大更现代化。

3. 可持续性

与所有行业一样，航空业正在采取各种措施，采用更环保的做法，减少碳排放量。航空业的第三大挑战是如何在现代化的同时降低对环境的影响。为了实现碳中和的目标，减少碳排放，在 2009 年，国际机场协会(欧洲分部)制定和启动了机场碳认证项目[10]。这个项目有助于实现由 ICAO 和 ATAG 定义的航空业整体可持续发展目标。我们鼓励世界各地的所有机场都参与到这个认证项目中，实施碳管理的最佳实践，从而降低碳排放量。截至 2017 年 9 月，在世界范围内共有 198 家机场认证参加了这个项目，共有 34 家机场成为碳中性，包括欧洲的 27 家，亚太地区的 5 家，北美的 1 家和非洲的 1 家。该项目的长期预期是，到 2030 年，在欧洲必须有 100 家碳中性机场。图 6-2 以升序方式表示碳中性认证的四个层次[11]。

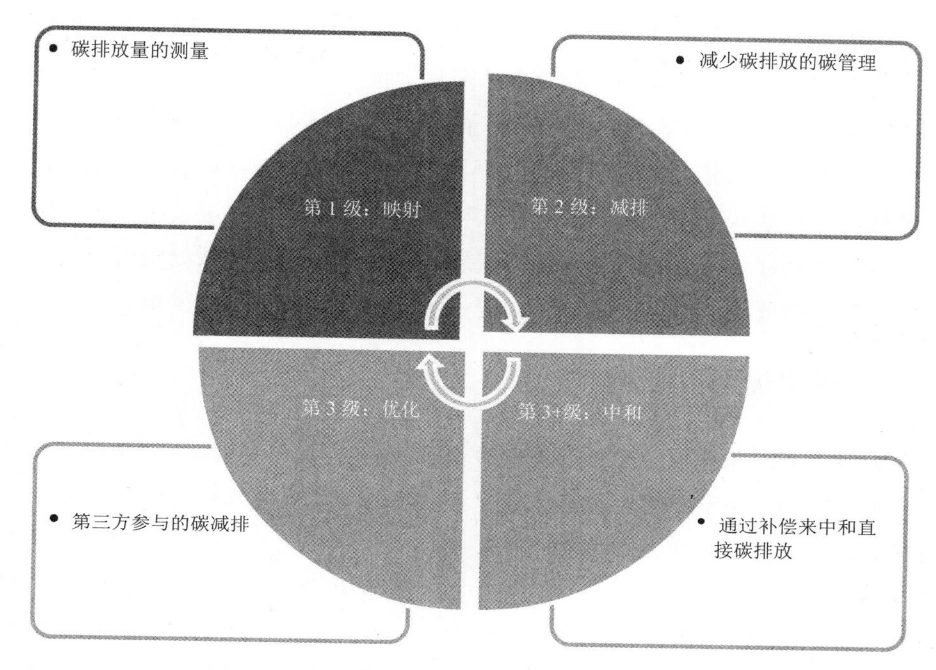

图 6-2 以升序方式表示的碳中性认证的四个层次

本章讨论了航空业中分析的关键应用，我们也讨论了多元线性回归模型，以及在回归分析中所使用的概念和词汇。我们也提供了详细的案例分析：基于 R 和 SAS Studio，预测航班延误抵达的分钟数。

6.1 在航空业中分析的应用

每天，航空业都会生成海量的数据。借助预测模型，可以揭示数据中的隐藏模式，从数据中得到有效的见解。

提前预测分析技术为机场、航空公司、旅行社和乘客解锁了一个机会领域。在航空业中，从客户忠诚度项目到欺诈检测、飞行安全和预测航班延误，数据发挥了重要作用。从乘客出行信息、飞机传感器数据等不同的源头采集航空数据。今日，航空业必须首先认为自己是数据公司，其次才是出行公司。

航空业每天都以文本、图片等不同格式生成海量数据，由于数据海量并且多样，使用传统的方法管理数据会成为航空业所面临的一个大挑战。在一些案例中，航空公司没有适当的 IT 基础设施来采集、存储和分析每天生成的海量数据，一些航空公司不具备适当的技术基础设施，这将会成为这些航空公司有效使用它们的数据的障碍。我们正在实现大数据技术，对这些海量数据进行全面的管理、存储、访问，保证数据的安全性。海量数据为我们提供了一个机会，可以让我们采用预测性分析、机器学习和人工智能算法(如回归、贝叶斯网络、人工智能网络和 SVM 等)，有效地得出见解，并将其转换为有用的信息。从整体意义上看，重新定义航空业，应用范围从个性化优惠和乘客体验到更安全的航班、航空欺诈检测、预测航班延误，预测性分析起到了重要的作用。在本节中，提供了其中一些关键应用的概述。

6.1.1 个性化优惠和乘客体验

今天的乘客，在他们想要预订航班机票时，有各种不同的选择和选项，为了提供优质客户体验，对整个航空业都造成了很大压力。回到几年前，航空业使用一刀切的解决方案策略，但由于数字化、先进的技术和网络营销，现在在这个行业中，可以看到出现了天翻地覆的变化[12]。当今，在谈到坐飞机出行时，不同的乘客有不同的需求和优先次序。航空业正在使用更全面的数据，基于乘客需求给单个乘客提供高度个性化、量身定制的优惠，来提升乘客的满意度和忠诚度。从单次预订中，航空公司就可以轻松地采集乘客数据，使用这些数据，获得更好的见解，以相对优良的方式了解乘客。

基于乘客出行的目的，如出差旅行或休闲旅行，可以对乘客进行划分；基于此，可以预测乘客的行为，如乘客是否对价格敏感，或者乘客是否寻求产品质量。

基于海量的航空数据，应用预测性分析和机器学习算法，如监督分类、推荐引擎、聚类、情感分析等。基于乘客的购买历史、行为和类别(层次)，应用聚类算法对乘客进行划分[13]。通过监测乘客在社交媒体平台上分享的出行期间的乘客体验和评论，可以完成情感分析。通过提取 tweets，分析乘客的情感，如正面情感、负面情感和中性情感，这些情感有助于旅游公司更好地了解其产品和服务，有助于改进乘客体验[14]。借助于乘客出行推荐系统，给出所推荐的产品和服务的建议，如乘客想要什么(他们的喜好、兴趣、住址等)，针对这些乘客，相应地使用量身定制的优惠[15]。例如，以更优惠的价格，将航班、额外的包裹、旅馆、汽车租赁捆绑成一个包提供给乘客。出行推荐系统以更好的价格提供相关最佳的选择给乘客，有助于增加出行提供商的利润。

6.1.2 更安全的航行

航空业生成了与飞机和航行相关的海量数据，在航行期间，每秒钟都在以导向报告、事件报告、控制位置和警告报告等形式生成数据。在每个航班中，每秒种都要从成百上千个感应器中采集数据。人工分析如此大量的数据是不可行的。使用监督和非监督机器学习算法和预测分析，可用容易而智能地监测和分析海量数据，从而改进飞机的安全性。当观察到与趋势不一致的数据时，自动触发警报。这些警报指示了风险，发现异常，有助于系统采取必要措施，防止灾难性事故。

在航空业中，预测分析在航空安全事件中起到了重要的作用。航空业现在正在与美国航空航天管理局(NASA)合作，管理航线安全程序。NASA 使用结构化数据和非结构化数据，如文本分析算法，从海量的文本数据集中提取有用信息。西南航空公司，为了改进空中旅行的安全，已经与 NASA 合作。

通过实现机器学习算法，他们建立了一个能够处理大型数据集的自动化系统，发送异常预警信号，防止可能发生的事故。NASA 还帮助其他商业航空公司，改进飞机维修程序，避免设备故障。NASA 已经与 Honeywell 航空航天集团合作，找到了一些方法，在飞机航行期间，自动发现矛盾动作的先兆，如预测发动机故障。NASA 也与 Radiometrics 公司携手合作，改进气象预报和航行安全性[17]。NASA 航空安全投资策略团队(ASIST)确定了防止航行中结冰是改进航行安全性的首要任务[18, 19]之一。1994 年 10 月 31 日，在印第安纳州 Roselawn 发生的美国之鹰 4184 航班坠毁就是在航行中遇到结冰的一个示例[20, 21]。

6.1.3 航空欺诈检测

由于所涉及的交易本质，在航空业，欺诈迅速增加。使用预测性分析和大数据的价值在不断增加，这可以帮助航空业检测和防止航空欺诈。当今快速发展的预测技术和机器学习解决方案，通过确定欺诈模式(如欺诈类型，欺诈源头、范围和欺诈规模)，能够控制和防止欺诈。分析师要一直保持领先骗子一步。欺诈检测机制不足会导致假警报或不发出警报。这些不足之处将会减少模型的鲁棒性和可靠性，可能会对调查者确定欺诈的发生构成挑战。欺诈检测的模型不断更新，囊括新变量以及高效的算法，保持高正确性，确定新的欺诈来源。

根据国际航空运输协会的报告，航空公司机票的销售会遭到欺诈，全年亏损接近 10 亿美元[22]。目前使用在线支付购买机票取得了巨大的发展。在进行在线交易的同时，大量的个人和财务信息，特别是信用数据信息，都存储在互联网上。网络犯罪分子攻击数据库，获取乘客的信用卡信息，销售信息给骗子。欺诈者使用偷来的信用卡购买机票，对航空业造成了巨大的经济损失。业内防欺诈项目已经在筹备，以打击在银行卡支付和网络欺诈领域的航空公司欺诈。欧洲刑警组织的一份新闻稿称，有 195 名乘客因机票欺诈而被拘留[23]。

6.1.4　预测航班延误

乘坐飞机出行所受到的挑战是不一致的航班到达和出发时间。航班延误不仅仅使航空公司付出高昂的代价，也增加了乘客的沮丧情绪。航空公司报告航班延误的原因有以下五大类别[24]。

(1) 极端天气：由于极端天气条件，或在天气条件不理想的情况下，如飓风、龙卷风和暴风雪，使得所有的航班不得不改变时刻表，导致航班延误和取消。

(2) 飞机迟到：在航空业，这是所观察到的最常见问题，当相同飞机的前一趟航班迟到时，将会导致现有航班延迟出发，因此航班延误。

(3) 航空运输：由于飞机维修的问题、装载行李、加油、飞机清洁等诸多原因，造成了航班的延误和取消。

(4) 安全性：由于安全原因，如不起作用的设备检查、在检查区域队伍很长、飞机的重新启动等。

(5) 国家航空系统(NAS)：就 NAS 而言，机场运营、交通繁重、空中交通管制等都是造成航班延误和取消的因素。

取消航班和改行航班也造成了一定比例的航班延误。如图 6-3 所示，这是根据 2017 年 11 月的飞机出行消费者报告所得到的航班延误各种原因的统计数据[25，26]。

如决策树、贝叶斯、人工神经网络、回归等预测模型用于预测航班延误的概率。利用大数据的力量，可以很容易地从如飞行维护历史、飞行航路信息、天气情况和安全延迟等不同源头，采集大块数据。分析这样的数据有助于找到趋势性。驾驶舱间隔管理(Flight Deck Interval Management，FDIM)是美国航空航天局的空中交通管理技术示范的一部分，他们的目的是开发和评估与飞机调度和飞机抵达机场有关的技术和程序。FDIM 使控制器更精确、更有预见性地指挥飞机，这有助于航空公司和机场运营商能够更有效地管理空中交通和减少航班延误[27]。预测的指标，如天气预报、机场阻塞、机场跑道构型、航班机械故障等，为航空业提前提供了可操作的见解。预警信号有助于管理层规划，相应调整航班时刻表，从而减少航班延误，优化成本。

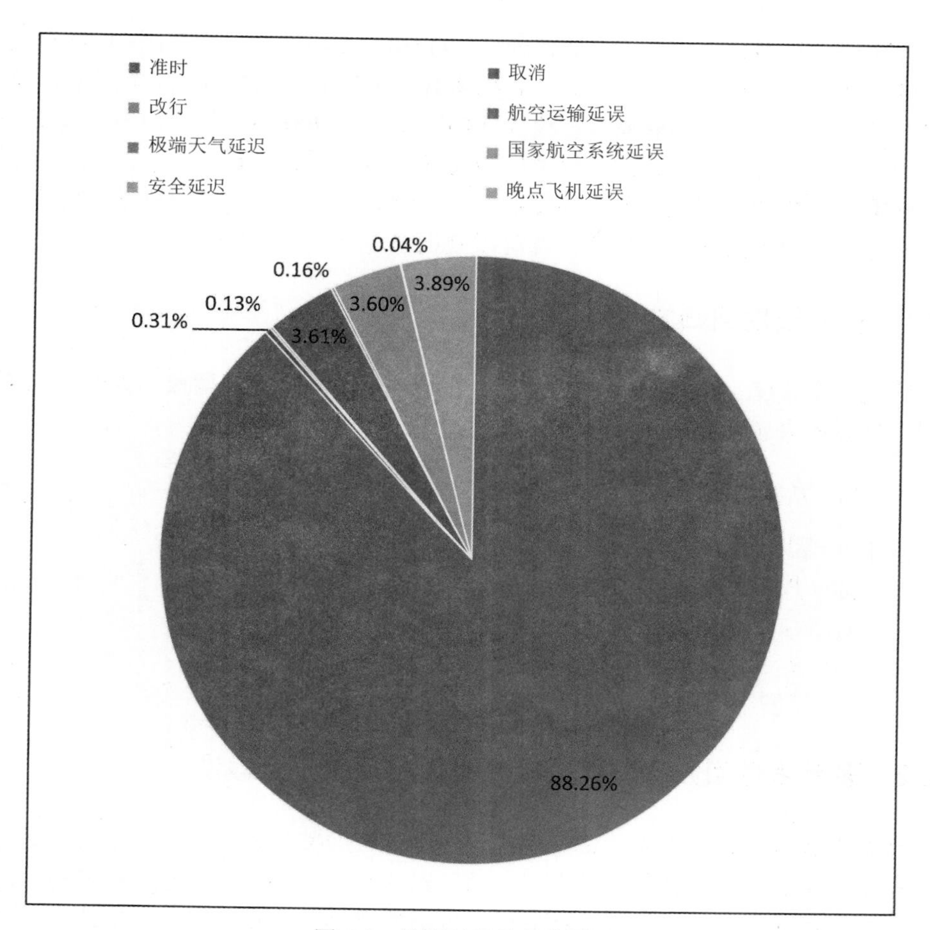

图 6-3 航班延误的各种原因

6.2 案例分析：使用多元线性回归模型预测航班延误

经济的快速发展导致了对航空运输需求的增加。要在市场上继续保持竞争力，当今的航空业正面临着诸多挑战。对于各个航空公司而言，航班延误是最大的挑战之一。由于航班延误，不仅为乘客体验带来负面影响，也影响到机场的运营。多次的航班延误可能会导致航空公司的经济损失，并影响了形象。预测分析有助于预测航班延误，确定重复造成航班延误的主要因素。预警信号有助于航空业相应地管理其规划和航班时刻表。减少航班延误可以减少航空公司的运营成本，为乘客提供优质、及时的服务。在此案例分析中，演示了应用多元线性回归模型来预测航班到达延迟，以及造成航班延误的主要因素。

线性回归模型是一种方法，估计因变量(Y)和一个或多个自变量(由 X 表示)之间的线性关系。当只有一个自变量时，我们将其考虑为简单的线性回归模型；当有多个自变量时，我们将其考虑为多重线性回归模型[28]。在线性回归模型中，因变量是连续的，自变量可以是二元的、分类的或连续的。给定自变量($x_1, x_2, x_3, x_4, \ldots, x_n$)的值，使用多重线性回归模型预测因变量的值。例如，预测航空公司机票的价格、预测航班延误、预测机场店销售等，都可以使用多种线性回归模型来实现。

6.2.1 多元线性回归方程

给定自变量($x_1, x_2, x_3, x_4, \ldots, x_n$)的值，使用多重线性回归模型预测因变量的值。使用下列方程来表示因变量和自变量之间的关系。

$$y = \beta_0 + \beta_1 x_1 + \beta_2 x_2 + \beta_3 x_3 + \cdots \beta_n x_n + \varepsilon$$

其中 y =因变量

β_0= 线性回归模型的截距

x_1，$x_2, \ldots, x_n$ =自变量

β_1，$\beta_2, \ldots, \beta_n$=N 个自变量(x)的线性回归系数

ε= 模型中的误差项

6.2.2 多元线性回归的假设及检查是否违反了模型假设

在开发各种统计模型时，请记住关于数据特性的某些假设。至关重要的是，应用模型所基于的数据应该与这些假设一致，以获得可靠的结果。万一不能满足这些假设，结果可能不可靠。除了这些假设，也需要遵循某些模型特定的格式，以确保数据与模型的基本工作机制一致。在实现模型之前，在执行数据的条件化和结构化时，可以应用其中的一些变化。

关键的多元线性回归的假设检查是否违反模型假设，列举如下[30]。

(1) 在因变量和自变量之间存在线性关系。如果因变量和自变量不具有线性关系，回归分析的结果可能不可靠。优先选择的检查线性关系的方法是画出自变量和因变量之间关系的散点图。必须检查，每个散点图显示出了因变量和自变量之间的线性关系。如果散点图显示出了曲线分量(平方项和立方项)，那么这表明在因变量和自变量之间存在非线性关系，因此假设被违反了。这个问题的解决方案是加上平方项和立方项。

(2) 在线性回归中，假定残差正态分布。如果残差非正态分布(极度倾向或变量具有大量的异常值)，可能会误导关系以及显著性检验结果。为了获得可靠的结果，必须满足正态分布的假设。目视检查数据曲线、斜度、峰度和 P-P 曲线，可以检验

这个假设是否得到满足。同时，在提供关于正态性的推断统计时，也使用 Kolmogorov-Smirnov 检验。可以通过直方图或频率分布来确定数据中的异常值。

(3) 必须有同方差，这意味着误差项的方差在各个层次的自变量中必须是相同的。在其他情况下，如果误差项的方差随着自变量值的不同而不同，那么存在异方差，会导致有误导性的结果，违反了假设。目视检查标准回归预测值的标准化残差曲线来检验这个假设是否得到满足。

理想情况下，当残差均匀沿着水平线分散时，意味着存在同方差；当残差不是均匀地沿着水平线分散，而是具有各种形状，如领结、漏斗形状等，则意味着存在异方差。解决方差问题的其中一个方案是非线性数据转换(对变量取对数)或加上二次项。

(4) 在自变量之间禁止存在多重共线性。这意味着自变量之间不能高度彼此相关。如果在自变量之间存在多重共线性，那么将会得到误导性的结果。对所有自变量使用相关性矩阵的简单方法可以很容易检验这个假设是否得到满足。如果相关性在 0.80 以上，那么自变量之间可能存在多重线性。另一个精确的方法是方差膨胀因子(Variance Inflation Factor，VIF)。如果 VIF 高于 5，那么存在多重共线性，最简单的解决方案是通过 VIF 值确定导致多重共线性问题的那些变量，将这些变量从回归中去除。

(5) 如果变量彼此独立，那么误差项或残差不应彼此相关，因此满足了假设。如果自变量的残差相关，那么会得到误导性的结果。残差相关的问题主要受到采样设计的影响。如果在一个大的人群进行随机的简单采样，那么不存在自变量残差相关的问题。但是，如果采样方法涉及了任何类型的聚类，那么可能存在自变量残差相关的问题。残差相关问题的解决方案与异方差问题非常类似，比较简单的方法是坚持使用最小二乘系数，但是使用健壮的标准误差。

6.2.3 在多元线性回归模型中的变量选择

在多元线性回归建模中，有不同的方法指定如何允许自变量进入分析中[31]。应用不同的选择方法，可以使用相同的变量集构建各种不同的回归模型。在前向的选择方法中，只要这些变量在解释因变量方面做出显著的贡献，在模型中一次包含这些自变量。迭代这个过程直到不留下任何可以对预测因变量做出任何显著贡献的自变量。就后向的选择方法而言，在模型中，就在单一步骤中包含所有变量，基于变量在预测因变量时未做出显著的贡献，依次移除每个变量。迭代这个过程，直到不留下任何对预测因变量未做出任何显著贡献的自变量。逐步选择方法组合了前向选择和后向选择。如在前向选择中，它从依次添加最显著的自变量开始，这些自变量显示出了对预测因变量做出最高的贡献，然后迭代这个过程。此外，在每一步之后进行检查，确定当前其中一个自变量由于与其他变量的关系，变得不相关。如果是这种情况，那么移除这个特定的变量。

6.2.4　评估多元线性回归模型

进行模型拟合检验，评估模型拟合数据的好坏程度，或评估模型如何精确地预测观察值或实际值。在观察值和预测值之间的差值越小，模型越好。评估模型拟合最普遍使用的方法是残差曲线、拟合优度和回归模型的标准误差。

1. 残差图

通常认为残差是每个观察样本中的不可预测的随机分量，定义为观察值和预测值之间的差值。从模型中得到的残差是一种最翔实了解模型拟合的方法。最简单的方法是通过目测直方图或残差与自变量的散点图，检查残差的随机性。在线性回归中，残差一直随机分散，不显示任何模式。如果残差并非随机分散，显示出了一些模式，那么意味着存在非线性关系，对此数据，线性回归模型不适合。

2. 离群值检测和有影响力的观察样本

通常认为，在数据中与其他观察样本不同的极端观察样本是离群值，能够在很大程度上影响线性回归模型估计结果的观察样本为有影响力的观察样本。对于模型而言，离群值并不都是坏事。一些时候，由于人为错误或不正确的数据输入，使得数据中出现离群值，在此种情况下，可以从模型中移除这些值；但是在另外一些情况下，数据中的离群值给出了有益的见解，必须仔细分析。例如，在欺诈检测中，离群值可以非常高效地提供有效的见解。检测离群值的最简单方法是目测残差图、箱形图和直方图，也存在其他一些数值诊断检验或方法，来检测离群值，如学生化残差，Cook 距离，DFITS 和 DFBETAS[32,33]。

3. 拟合优度

多重判定系数或 R 平方是多重线性回归模型中的拟合优度量度。R 平方是统计量度，表明了因变量(由自变量解释)中方差的百分比。多重判定系数或 R 平方总结了多重线性回归模型拟合数据的好坏程度。将误差平方和除以平方总和计算出多重判定系数或 R 平方；换句话说，使用模型解释的方差除以总方差。计算 R 平方的公式，显示如下。

$$R^2 = 1 - \frac{SSE}{SST}$$

其中

SSE =误差平方和

SST=平方总和

R 平方值总是为 0~100%。0 表示因变量中的方差不能由自变量解释，100%表示因变量中所有的方差都可以由自变量解释，显示出完美的线性关系。较高的 R 平方值显示了观察数据和拟合数据之间差值较小。但是，高的 R 平方值不总是意味着好模型，低的 R 平方值也不意味着预测能力不好的模型。也不存在这样的规律指示，什么才是好的 R 平方值，一般情况下，R 平方值取决于用于回归分析的数据类型。与 R 平方值相关的问题为，它的值随着自变量的加入而增加，能够误导结果。为了克服这个问题，使用调整过的 R 平方统计。基于模型中的参数数目调整 R 平方值，当所添加的参数显示对模拟拟合有了一定的改进时，增加 R 平方值；否则保持 R 平方值不变。因此，比起 R 平方统计，优选调整过的 R 平方统计更好。

4. 回归模型的标准误差

回归的标准误差也称为估计的标准误差，是另一种数值量度，告诉我们模型拟合样本数据的好坏程度。在回归的标准误差中，计算数据点到回归线直线距离的绝对量度。这个统计数字告诉我们数据点到回归线的平均距离。回归的标准误差使用的是因变量的单位。标准误差越小，模型预测的精确度就越高。回归标准误差的值越小，表示数据点与拟合值之间的距离较小。

6.3 基于 R 的多元线性回归模型

在航空业案例分析中

企业问题：预测航班抵达延误。

企业解决方案：构建多元线性回归模型。

6.3.1 关于数据

在此航空业案例分析中，合成生成 flight_delay 数据集合，并且使用此数据集合开发多元线性回归模型，来预测航班抵达延误。flight_delay 数据集合包含了总共 3593 个观察样本和 11 个变量；10 个变量为数值类型，1 个变量为分类类型。Arr_Delay 是因变量(目标变量)，在本质上是连续的，数据中所有的其他变量是自变量(解释变量)。

```
#从工作目录中读取数据，创建自己的工作目录，读取数据集

setwd("C:/Users/Deep/Desktop/data")

data1 <- read.csv ("C:/Users/Deep/Desktop/data/
flight_delay_data.csv",header=TRUE,sep=",")
```

6.3.2 执行数据探索

```
#执行探索性数据分析，了解数据

#显示数据集的前 6 行，看看数据的样子

head(data1)

  Carrier Airport_Distance Number_of_flights Weather
1    UA              437             41300        5
2    UA              451             41516        5
3    AA              425             37404        5
4    B6              454             44798        6
5    DL              455             40643        6
6    UA              416             39707        5
Support_Crew_Available
                  83
                  82
                 175
                  49
                  55
                 146
 Baggage_loading_time Late_Arrival_o Cleaning_o Fueling_o Security_o
1            17             19             15        26        31
2            17             19             15        22        32
3            16             17             14        28        29
4            18             19             13        29        31
5            17             19             18        26        37
6            16             19              6        28        31
Arr_Delay
    58
    48
    16
    81
    62
    34
```

#显示后 6 行

```
tail(data1)

   Carrier Airport_Distance Number_of_flights Weather
3588    B6              431             43641       5
3589    UA              442             41793       6
3590    EV              453             42219       5
3591    DL              427             41847       6
3592    B6              395             38732       5
3593    B6              450             46906       5
   Support_Crew_Available
                   79
                   120
                   70
                   49
                   74
                   51
   Baggage_loading_time Late_Arrival_o Cleaning_o Fueling_o
3588               16             18         10        22
3589               17             19          8        26
3590               16             19         12        20
3591               16             19          4        31
3592               17             18         10        23
3593               18             20          9        27
Security_o Arr_Delay
   37          35
   42          57
   37          43
   42          45
   39          40
   37          92
```

#描述数据结构

```
str(data1)
```

```
'data.frame'       : 3593 obs. of 11 variables:
$ Carrier          : Factor w/ 14 levels "9E","AA","AS",..:
                    11 11 2 4 5 11 4 6 4 2 ...
$ Airport_Distance : int 437 451 425 454 455 416 439 446 441 456 ...
$ Number_of_flights : int 41300 41516 37404 44798 40643 39707 45627
                    40415 42248 43453 ...
$ Weather                : int 5 5 5 6 6 5 5 5 6 6 ...
$ Support_Crew_Available: int 83 82 175 49 55 146 141 145 58 3 ...
$ Baggage_loading_time  : int 17 17 16 18 17 16 16 17 17 18 ...
$ Late_Arrival_o        : int 19 19 17 19 19 19 19 18 19 19 ...
$ Cleaning_o            : int 15 15 14 13 18 6 15 9 9 10 ...
$ Fueling_o             : int 26 22 28 29 26 28 21 25 17 24 ...
$ Security_o            : int 31 32 29 31 37 31 39 39 53 36 ...
$ Arr_Delay             : int 58 48 16 81 62 34 63 47 39 122 ...
```

```
#显示数据的列名

names(data1)
[1] "Carrier"          "Airport_Distance"       "Number_of_flights"
[4] "Weather"          "Support_Crew_Available" "Baggage_loading_time"
[7] "Late_Arrival_o"   "Cleaning_o"             "Fueling_o"
[10] "Security_o"      "Arr_Delay"

#显示数据的总计或描述性统计

summary(data1$Arr_Delay)

   Min. 1st Qu. Median  Mean  3rd Qu.  Max.
   0.0     49.0   70.0  69.8    90.0  180.0

#让我们看看在数据中存在的缺失值

sum(is.na(data1))
[1] 0

#找出变量之间的相关性
```

```
corr <- cor.test(data1$Arr_Delay,data1$Number_of_flights, method =
"pearson" )
corr
Pearson's product-moment correlation
data: data1$Arr_Delay and data1$Number_of_flights
t = 86.823, df = 3591, p-value < 2.2e-16
alternative hypothesis: true correlation is not equal to 0
95 percent confidence interval:
0.8121611 0.8332786
sample estimates:
   cor
0.823004
```

使用皮尔逊积矩相关方法找出两个变量之间的相关性。在 Arr_Delay 和 Number_of_Flights 之间有一种强的正相关性(82%)，这意味着这两个变量成正比例。Arr_Delay 随着 Number_of_Flights 的增加而增加。

为了确定变量之间的相关性是否显著，我们需要比较 p 值与显著性水平(0.05)。在此案例中，指示出 Arr_ Delay 和 Number_of_Flights 之间相关性的 p 值小于 0.05，表明相关系数是显著的。

```
#在一个窗口中添加四个图表，或绘制面板 par(mfrow = c(2,2))
#画出因变量和自变量

plot(data1$Arr_Delay,data1$Number_of_flights)

plot(data1$Arr_Delay,data1$Security_o)

plot(data1$Arr_Delay,data1$Support_Crew_Available)

plot(data1$Arr_Delay,data1$Airport_Distance)
```

图 6-4 显示了因变量和自变量的各种图。

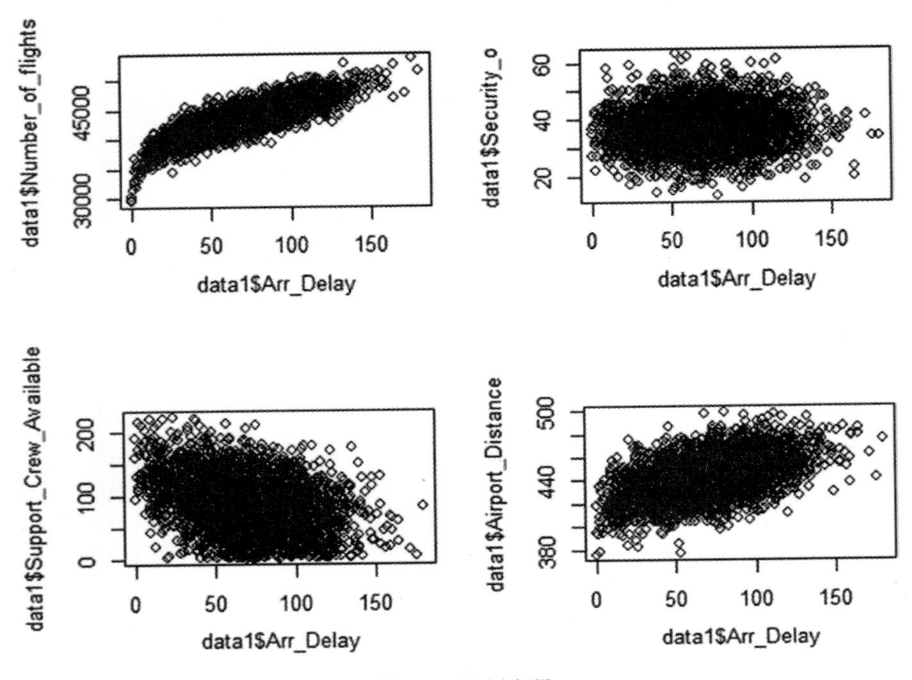

图 6-4　绘制变量

```
#从 data1 中丢弃第一个变量(carrier)

data2 <- data1[-c(1)]
```

由于 carrier 在本质上是分类类型的，不适用于 cor 函数，因此从 data1 中移除 carrier 变量。

```
#检查变量之间的相关性

cor(data2)
                        Airport_Distance Number_of_flights Weather Support_Crew_Available
Airport_Distance          1.000000000    0.40561880  0.148396273    -0.17006177
Number_of_flights         0.405618798    1.00000000  0.247261335    -0.30060555
Weather                   0.148396273    0.24726133  1.000000000    -0.11068882
Support_Crew_Available  -0.170061773   -0.30060555 -0.110688820     1.00000000
Baggage_loading_time      0.400131114    0.67192355  0.271090293    -0.29906280
Late_Arrival_o            0.317892412    0.57064820  0.219533717    -0.24226314
Cleaning_o               -0.003433746   -0.01181124  0.006311967    -0.02756499
```

```
Fueling_o                -0.037275014  -0.04282957  0.011344078   0.03805393
Security_o                0.043956588   0.07465514  0.034967545  -0.01520496
Arr_Delay                 0.482167140   0.82300401  0.327185319  -0.36188832
                        Baggage_loading_time Late_Arrival_o Cleaning_o Fueling_o
Airport_Distance          0.40013111       0.31789241 -0.003433746 -0.037275014
Number_of_flights         0.67192355       0.57064820 -0.011811241 -0.042829570
Weather                   0.27109029       0.21953372  0.006311967  0.011344078
Support_Crew_Available -0.29906280      -0.24226314 -0.027564994  0.038053928
Baggage_loading_time      1.00000000       0.54694337 -0.011580701 -0.004914550
Late_Arrival_o            0.54694337       1.00000000 -0.016692814 -0.020889830
Cleaning_o               -0.01158070      -0.01669281  1.000000000 -0.007044785
Fueling_o                -0.00491455      -0.02088983 -0.007044785  1.000000000
Security_o                0.07395267       0.08105316 -0.011456912  0.016647225
Arr_Delay                 0.78363370       0.66683947 -0.003494777 -0.036260638
                        Security_o   Arr_Delay
Airport_Distance          0.04395659  0.482167140
Number_of_flights         0.07465514  0.823004007
Weather                   0.03496754  0.327185319
Support_Crew_Available -0.01520496  -0.361888320
Baggage_loading_time      0.07395267  0.783633696
Late_Arrival_o            0.08105316  0.666839470
Cleaning_o               -0.01145691 -0.003494777
Fueling_o                 0.01664723 -0.036260638
Security_o                1.00000000  0.080079308
Arr_Delay                 0.08007931  1.000000000

#Splitting dataset into training and testing dataset
```

使用分层随机抽样，以 70∶30 的比例将数据划分成两个部分，train_data 数据集和 test_data 数据集。这意味着 70%的数据划为训练数据集，30%的数据划为测试数据集。使用 train_data 构建模型，使用 test_data 测试模型性能。

```
#安装 caTools 包，划分数据

install.packages("caTools")

library(caTools)
```

```
#重现样本

set.seed(1000)

sample <- sample.split(data2$Arr_Delay,SplitRatio=0.70)

#使用 subset 命令划分数据

train_data <- subset(data2,sample==TRUE)
test_data <- subset(data2,sample==FALSE)
```

6.3.3　基于训练数据和测试数据进行模型构建和解释

使用 train_data 数据集构建模型，test_data 数据集测试模型性能。

```
#在 train_data 集合上使用 lm，构建多元线性回归模型

model <- lm(Arr_Delay ~., data = train_data)
summary(model)
```

在上面的代码中，使用 lm 函数(线性模型)构建多元线性回归模型。在数据中，Arr_Delay 是因变量(目标变量)，所有的其他变量是自变量(解释变量)。使用 train_data 集合构建模型，总计模型显示了系数表和模型统计数据。代码清单 6-1 显示了系数表和模型统计数据。

观察代码清单 6-1 中的系数，存在变量，其 p 值小于 0.001，因此所有的这些变量都是模型中的显著变量，但是也存在变量，如 Cleaning_o、Fueling_o 和 Security_o，其 p 值不小于 0.001；因此在模型中，这些变量为非显著变量。让我们移除模型中的所有非显著变量，再次运行模型。

代码清单 6-1　系数表(1)

```
Call:
lm(formula = Arr_Delay ~., data = train_data)

Residuals:
    Min      1Q  Median    3Q     Max
-35.780 -8.151  -0.583 8.230  70.332
```

```
Coefficients:
                        Estimate   Std. Error t value  Pr(>|t|)
(Intercept)           -5.801e+02  8.943e+00  -64.861  < 2e-16 ***
Airport_Distance       1.751e-01  1.613e-02   10.852  < 2e-16 ***
Number_of_flights      4.418e-03  1.281e-04   34.486  < 2e-16 ***
Weather                4.721e+00  5.403e-01    8.737  < 2e-16 ***
Support_Crew_Available -5.113e-02 6.398e-03   -7.991 2.03e-15 ***
Baggage_loading_time   1.353e+01  5.238e-01   25.835  < 2e-16 ***
Late_Arrival_o         6.999e+00  3.931e-01   17.804  < 2e-16 ***
Cleaning_o             1.176e-01  7.106e-02    1.654   0.0982 .
Fueling_o             -1.016e-01  7.086e-02   -1.433   0.1519
Security_o             8.947e-03  3.505e-02    0.255   0.7985
---
Signif. codes: 0 '***' 0.001 '**' 0.01 '*' 0.05 '.' 0.1 ' ' 1

Residual standard error: 12.38 on 2504 degrees of freedom
Multiple R-squared: 0.8213,     Adjusted R-squared: 0.8206
F-statistic:  1279 on 9 and 2504 DF,    p-value: < 2.2e-16
```

```
#使用显著变量，基于train_data集合，构建最终的多元线性回归模型
model_sig<-lm(Arr_Delay~Airport_Distance+Number_of_flights

+Weather+Support_Crew_Available+Baggage_loading_time
+Late_Arrival_o, data= train_data)

model_sig
```

代码清单 6-2 系数表(2)

```
Call:
lm(formula = Arr_Delay ~ Airport_Distance + Number_of_flights +
   Weather + Support_Crew_Available + Baggage_loading_time +
   Late_Arrival_o, data = train_data)

Coefficients:
        (Intercept)      Airport_Distance    Number_of_flights
         -5.809e+02             1.754e-01            4.424e-03
            Weather Support_Crew_Available Baggage_loading_time
```

```
          4.688e+00               -5.171e-02               1.350e+01
        Late_Arrival_o
          7.007e+00

summary(model_sig)

Call:
lm(formula = Arr_Delay ~ Airport_Distance + Number_of_flights +
   Weather + Support_Crew_Available + Baggage_loading_time +
   Late_Arrival_o, data = train_data)
Residuals:
   Min      1Q  Median    3Q     Max
-36.224 -8.213 -0.677 8.295  70.468

Coefficients:
                         Estimate  Std. Error t value Pr(>|t|)
(Intercept)            -5.809e+02  8.705e+00 -66.734   < 2e-16 ***
Airport_Distance        1.754e-01  1.613e-02  10.877   < 2e-16 ***
Number_of_flights       4.424e-03  1.280e-04  34.570   < 2e-16 ***
Weather                 4.688e+00  5.400e-01   8.683   < 2e-16 ***
Support_Crew_Available -5.171e-02  6.394e-03  -8.087 9.38e-16 ***
Baggage_loading_time    1.350e+01  5.232e-01  25.804   < 2e-16 ***
Late_Arrival_o          7.007e+00  3.930e-01  17.828   < 2e-16 ***
---
Signif. codes: 0 '***' 0.001 '**' 0.01 '*' 0.05 '.' 0.1 ' ' 1

Residual standard error: 12.39 on 2507 degrees of freedom
Multiple R-squared: 0.8209,    Adjusted R-squared: 0.8205
F-statistic: 1916 on 6 and 2507 DF, p-value: < 2.2e-16
```

代码清单 6-2 显示了系数(标记估计)、它们的标准误差、t 值和 p 值。由于 Airport_Distance、Number_of_flights、Weather、Support_Crew_Available、Baggage_loading_time 和 Late_Arrival_o 的 p 值小于 0.001，因此它们具有显著的统计意义。在线性回归模型中，预测变量或自变量增加一个单位，在结果或因变量上就会显示出变化(增加或减少)。这可以解释如下：

(1) 在 Number_of_flights 中每增加 1 个单位，Arr_Delay 增加 0.004。

(2) 类似地，对于 Support_Crew_Available 而言，它每减少一个单位，Arr_Delay 减少 0.05。

(3) 类似地，对于 Late_Arrival_o 而言，它每增加 1 个单位，Arr_Delay 增加 7.007。

在此模型中，基于 2507 个自由度，残余标准误差为 12.39(2×12.39 = 24.78)，多重 R 平方为 82.09%，调整 R 平方为 82.05%。通常认为，R 平方值 0.7(70%)或更高，为良好。在此案例分析中，R 平方值为 82.09%，这意味着，在模型中，如 Airport_Distance、Weather、Number_of_flights、Support_Crew_Available、Baggage_loading_time 和 Late_Arrival_o 的自变量预测了 82.09%的航班 Arr_Delay。R 平方值有一个局限性，那就是随着模型中变量数目的增加，R 平方值倾向于增加；因此，在变量数目较多的情况下，优选调整的 R 平方值更好。通常认为回归的标准误差和多元 R 平方值是拟合优度的量度，这解释了线性回归模型拟合样本数据的好坏程度。F 检验(*p* 值小于 0.001)表示了在基于模型(全模型比简化模型好)中的一组自变量，模型可以显著预测 Arr_Delay。在上一节中，提供了关于回归标准误差、多元 R 平方值和调整的 R 平方值的详细解释。

```
names(model_sig)

 [1] "coefficients"  "residuals" "effects"   "rank" "fitted.values"
 [6] "assign"         "qr"          "df.residual" "xlevels" "call"
[11] "terms"         "model"

#拟合值的数目

length(model_sig$fitted.values)
[1] 2514
```

拟合值的数目为 2514，在 train_data 数据集中，观察样本数也为 2514；这意味着拟合数据是 train_data 数据集中的预测值。

```
#预测 train_data 数据集中的拟合值
pred_train<- model_sig$fitted.values
head(pred_train)

     1        3         4        10         11        12
60.25684 8.64335 98.66114 95.44036 72.93578 104.41100

pred_train1 <- data.frame(pred_train)
```

```
#残差值
resed_train <- model_sig$residuals
head(resed_train)

     1         3          4         10         11        12
-2.256842 7.356650 -17.661140 26.559637 -13.935782 17.589005

resed_train1<-data.frame(resed_train)
```

残差值是实际值与预测值之间的差值。如果实际值比预测值大，那么残差值为正；如果实际值比预测值小，那么残差值为负。

```
#在未见过的数据集(如测试数据)上进行预测

pred_test<- predict(model_sig,newdata = test_data)
head(pred_test)

  2        5        6        7        8        9
63.71968 66.64359 32.76744 63.25060 47.70671 71.13357

pred_test1<- data.frame(pred_test)

#绘制实际结果与预测结果

plot (test_data$Arr_Delay,col="red",type ="l",lty=1.8)
lines(pred_test1,col="blue",type ="l",lty=1.4)
```

图 6-5 绘制了实际结果与预测结果。红线表示从测试数据集中得到的实际值，蓝线表示了预测值。除了少数几个案例，大部分的蓝线和红线案例是互相重叠的。在此案例中，可以观察到，大部分的预测值紧紧地跟随着实际值，表示这是安静良好的模型。

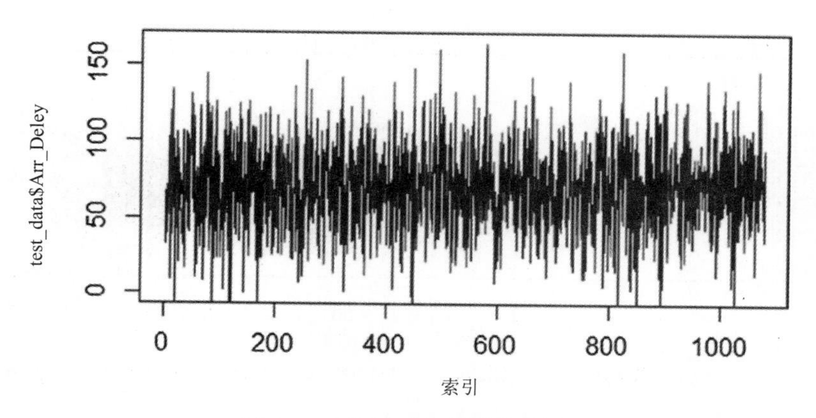

图 6-5　实际结果与预测结果图

```
#线性回归诊断统计和绘图
```

观察回归结果，如斜率系数、*p* 值、R 平方、调整 R 平方标准误差和 F 检验统计数据，检查模型构建完备性，在此之后，不足以停止回归分析模型。在提交模型的最后结果之前，观察线性回归假设未被违反，这是最好的办法。违反假设可能导致不可靠、不精确的推理和预测。以下提到了一些诊断统计数据和绘图，如残差、正态性等。

```
#绘制函数，观察 4 种不同的诊断图
```

使用 plot 函数，观察 4 种不同的诊断图。目视检查这些图，观察基于在多元线性回归假设中列出的线性回归假设，模型的表现如何。

```
#查看第一幅图
 plot(model_sig,which=1)
```

第一幅图是残差值与拟合值图，如图 6-6 所示，使用这幅图检查线性和同方差假设。如果线性模型假设不满足，那么残差值会显示一些图形或模式，如抛物线，这是不好的现象。残差的散点图不应该显示出任何模式，残差值必须均等地分布在 y=0 红线上下。从图 6-6 中可以看到，具有较大残差值的 3 个数据点被标记了(观察样本 1647，1652，3162)。除此之外，残差值分布还不错，均匀地分布在 y=0 红线上下。

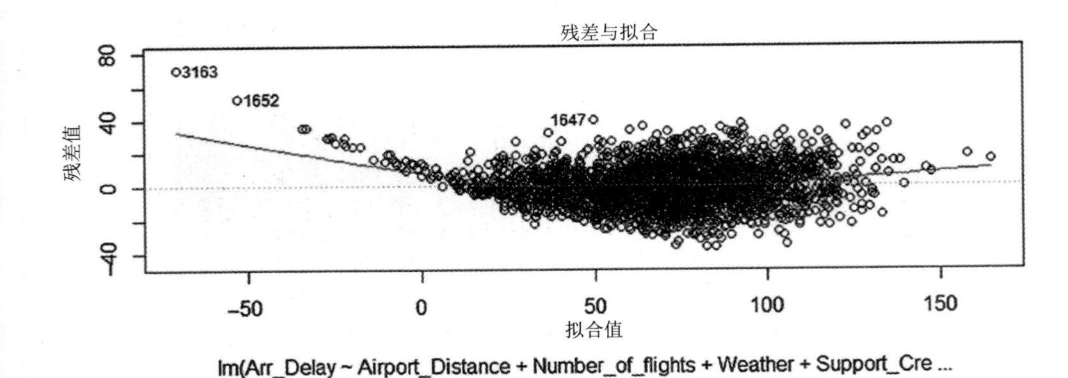

图 6-6　残差值与拟合值图

```
#现在，看看我们的第二幅图

plot(model_sig,which=2)
```

第二幅图是 QQ 图，如图 6-7 所示。使用 QQ 图检查正态性假设，即残差的正态分布。如果残差在非常大的程度上偏离了直虚线，那么通常认为这是不好的现象；如果残差看起来整齐地排在直虚线上，那么通常认为这是好现象。

从图 6-7 中可以观察到，具有较大残差的 3 个数据点被标记了(观察样本 1647，1652，3162)，除了这三个数据点外，残差看起来整齐地排在直虚线上。

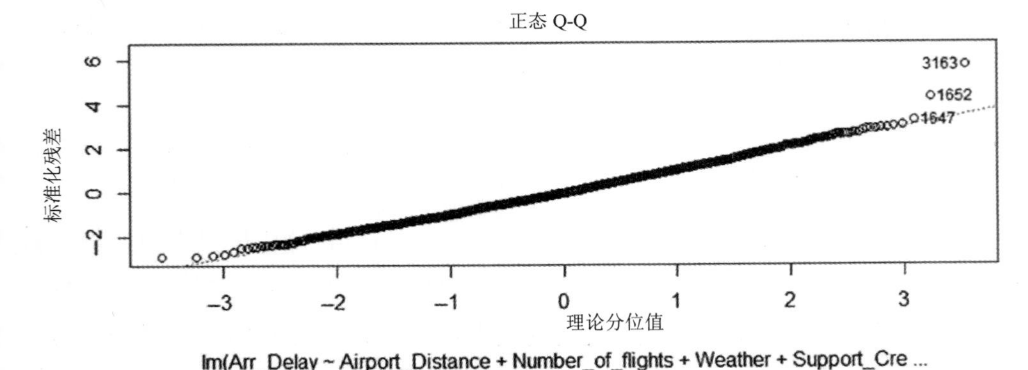

图 6-7　QQ 图

```
#让我们看看第三幅图

plot(model_sig,which=3)
```

第三幅图是尺寸位置图，如图 6-8 所示，显示的是平方根标准化残差与拟合值曲线，用来检查同方差假设。如果残差并非随机分布，红线不水平，那么就不是好现象；如果红线水平，数据点随机分布，那么就是好现象。从图 6-8 中可以看到标记出的具有较大残差的同样三个数据点(观察样本 1647，1652，3163)。除此之外，残差看起来沿着红色水平线随机分布，这表示同方差假设在此处成立。

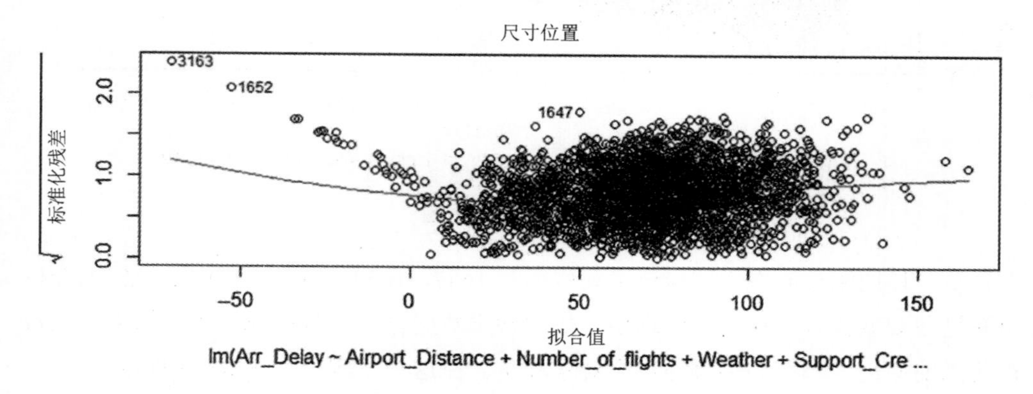

图 6-8　尺寸位置图

```
#现在看看第四幅图
#注意，这个特定的图 ID，在 R 中我们认定为‘5’。因此，此处提到的是 which=5

plot(model_sig,which=5)
```

如果在数据中存在任何有影响力的案例，那么使用第四幅图(如图 6-9)可以找到有影响力的案例。在数据中存在极端值或离群值，但是在描述线性回归线时，并不是所有的离群值都是有影响力的。这意味着，如果在回归分析中排除或包括这些离群值，回归结果也不会有太大的不同，顺从着这个趋势，这些也不是很有影响力的离群值。另一方面，如果存在一些有影响力的离群值，那么它们会影响到线性回归线，一旦从分析中排除这些值，回归结果会受到严重的影响。

如果不存在红色虚线或 Cook 距离曲线，那么这是好现象，不存在影响力案例。如果有红色曲线存在，并且在 Cook 距离内不存在任何数据点，那么这意味着，这些案例不具有影响力。但是，如果有任何数据点跨越 Cook 距离线，那么这不是好现象，在数据中存在有影响力的案例。从图 6-9 中，可以观察到标记了具有较大残差的三个数据点(观察样本 1539，1652，3163)。但是，在图中没有一个数据点跨越了 Cook 距离线，甚至都没有出现，因此不存在有影响力的案例。

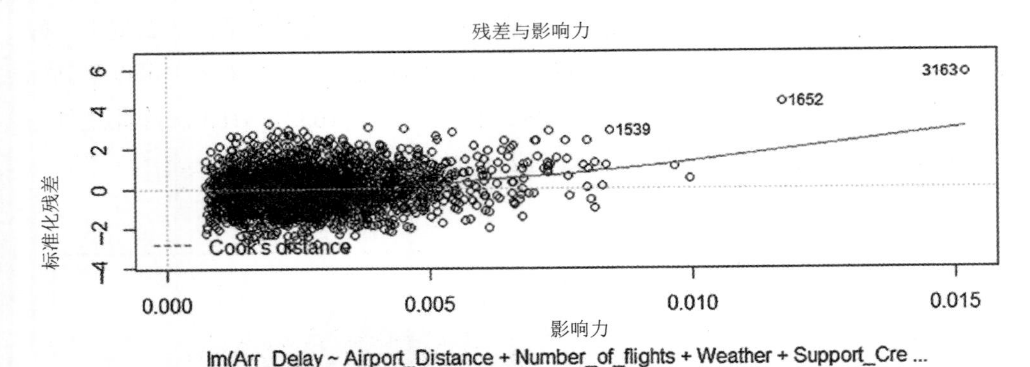

图 6-9　有影响力图

从上述四幅诊断图中，标记了观察样本 1647，1652，3163。我们必须仔细分析所有这些观察样本，找到一些理由，如归咎于数据输入、数据采集等。如果这是数据输入的原因，那么必须排除这个观察样本。在这个案例中，从数据中移除了三个数据点(1647, 1652, 3163)，当再次运行模型时，回归结果不会发生重大变化。除了这三个数据点(1647, 1652, 3163)之外，数据看起来不错。

```
#安装 car 包

install.packages("car")

library(car)

# 对独立性假设进行检验

durbinWatsonTest(model_sig)
```

德宾-沃森检验是回归分析中残差自相关的量度。如果残差自相关，那么回归结果可能不准确或不可靠。德宾-沃森检验值的范围是 0~4。

(1) 2 表示没有自相关。

(2) 大于 2 小于 4 表示负自相关。

(3) 大于等于 0 小于 2 表示正自相关。

在德宾-沃森检验中，零假设(H0)表示不存在一阶自相关，可替代的假设(H1)

表示存在一阶相关(lag 是一阶的一次单位)。

```
 lag Autocorrelation D-W Statistic p-value
 1     -0.01063148        2.020454     0.642
Alternative hypothesis: rho != 0
```

在这个案例中，$p > 0.001(0.642)$，因此接受零假设，在残差中没有自相关，独立性假设得到了满足。

```
#同方差假设的统计检验

ncvTest(model_sig)
```

ncvTest 是同方差假设的统计检验。这个检验有助于确定，在残差(异方差)中是否存在非常数方差。在 ncvTest 中，零假设(H0)表示存在常数方差，替代假设(H1)表示不存在常数方差。

```
Non-constant Variance Score Test
Variance formula: ~ fitted.values
Chisquare = 0.9386854     Df = 1      p = 0.3326162
```

在这个案例中，$p > 0.001(0.3326162)$，因此接受零假设，存在常数方差，满足同方差假设。

```
#共线性的 VIF 检验

vif(model_sig)
   Airport_Distance     Number_of_flights
         1.234012           2.091616
          Weather     Support_Crew_Available
         1.100304           1.128461
  Baggage_loading_time    Late_Arrival_o
         2.070252           1.600201

sqrt(vif(model_sig)) > 5

      Airport_Distance     Number_of_flights
             FALSE                FALSE
```

```
              Weather      Support_Crew_Available
                FALSE                FALSE
    Baggage_loading_time          Late_Arrival_o
                FALSE                FALSE
```

方差膨胀因子(VIF)检验是多重共线性的度量。VIF 值的范围从 5 到 10。如果在模型中，变量的 VIF 值大于 5，那么就存在共线性；如果 VIF 值大于 10，那么就存在严重的多重共线性的问题。为了修正这个问题，有不同的解决方案，如高度相关的自变量必须从模型中移除，可以标准化自变量，添加自变量等。严重的多重共线性不会影响到模型拟合，但是会产生很多其他问题，如，由于这加大了系数估计值的方差，可以改变系数的符号，使得难以选择正确的模型，因此削弱了分析的统计力量。在此案例中，没有自变量具有 VIF > 5，因此，在模型中不存在多重共线性。

6.4　基于 SAS 的多元线性回归模型

在本节中，我们讨论了不同的 SAS 程序，如 proc content、proc means、proc corr 和 proc univariate。我们也讨论了构建多元线性回归模型，预测航班到达延误(在分钟级别内)，并解释了 Program 1 的 SAS 代码和每部分的输出。

```
/* 基于 SAS 创建自己的库，如此处的 libref，并提到了路径 */
libname libref "/home/aro1260/deep";
/* 导入 flight_delay 数据集 */
PROC IMPORT DATAFILE= "/home/aro1260/data/flight_delay.csv"
    DBMS=CSV Replace
    OUT=libref.flight_delay;
    GETNAMES=YES;
RUN;

/* 检查数据的内容 */
PROC CONTENTS DATA=libref.flight_delay;
RUN;
```

基于从分析方面来讲的重要性，表 6-1 的 Part 1 和 Part 2 显示了 proc content 的部分输出。proc content 显示了关于数据，如观察样本数、变量数、库名和每个变量的数据类型及其它们的长度、格式和输入格式。

表 6-1 proc content 的部分输出

Part 1

CONTENTS 程序			
数据集名称	LIBREF.FLIGHT_DELAY	观察样本	3593
成员类型	DATA	变量	11
引擎	V9	索引	0
创建日期	05/15/2018 12:58:24	观察样本长度	88
上一次修改日期	05/15/2018 12:58:24	删除的观察样本	0
保护		压缩	No
数据集类型		排序	No
标签			
数据表示	SOLARIS_X86_64, LINUX_X86_64, ALPHA_TRU 64, LINUX_IA64		
编码	utf-8 Unicode (UTF-8)		

Part 2

按字母排列的变量和属性列表

#	变量	类型	长度	格式	输入格式
2	Airport_Distance	Num	8	BEST12.	BEST32.
11	Arr_Delay	Num	8	BEST12.	BEST32.
6	Baggage_loading_time	Num	8	BEST12.	BEST32.
1	Carrier	Char	2	$2.	$2.
8	Cleaning_o	Num	8	BEST12.	BEST32.
9	Fueling_o	Num	8	BEST12.	BEST32.
7	Late_Arrival_o	Num	8	BEST12.	BEST32.
3	Number_of_flights	Num	8	BEST12.	BEST32.
10	Security_o	Num	8	BEST12.	BEST32.
5	Support_Crew_Available	Num	8	BEST12.	BEST32.
4	Weather	Num	8	BEST12.	BEST32.

```
/* 数据的描述性统计 */

proc means data = libref.flight_delay;
vars Airport_Distance Number_of_flights Weather
Baggage_loading_time Late_Arrival_o;
run;
```

应用 proc means，显示数据的描述性统计或总计，如各个变量的观察样本数(N)、均值、标准偏差、最大值和最小值。见表 6-2。

表 6-2　proc means 的部分输出

MEANS 程序					
变量	N	均值	标准偏差	最小值	最大值
Airport_Distance	3593	442.3568049	17.1662299	376.0000000	499.0000000
Number_of_flights	3593	43310.91	2797.43	29475.00	53461.00
Weather	3593	5.3534651	0.4781121	5.0000000	6.0000000
Baggage_loading_time	3593	16.9788478	0.6827480	14.0000000	19.0000000
Late_Arrival_o	3593	18.7400501	0.7934179	15.0000000	22.0000000

```
/* 检查数据中因变量和自变量的相关性 */

proc corr data = libref.flight_delay nosimple;
var Arr_Delay Airport_Distance Number_of_flights Weather
Support_Crew_Available
Baggage_loading_time Late_Arrival_o Cleaning_o Fueling_o Security_o;
run;
```

proc corr 显示了因变量和自变量之间的相关性矩阵。最佳实践是在模型构建前观察相关值。见表 6-3。

```
/* 应用 proc univariate 获得详细的总计统计数据 */

proc univariate data= libref.flight_delay plot;
var Late_Arrival_o;
run;
```

表 6-3 proc corr 的部分输出

CORR 程序

10 个变量: Arr_Delay Airport_Distance Number_of_flights Weather Support_Crew_Available Baggage_loading_time Late_Arrival_o Cleaning_o Fueling_o Security_o

皮尔逊相关系数, N = 3593 Prob > |r| under H0: Rho=0

	Arr_Delay	Airport_ Distance	Number_ of_flights	Weather	Support_Crew _Available	Baggage_ loading_time	Late_ Arrival_o	Cleaning _o	Fueling _o	Security_o
Arr_Delay	1.00000	0.48217	0.82300	0.32719	−0.36189	0.78363	0.66684	−0.00349	−0.03626	0.08008
		<0.0001	<0.0001	<0.0001	<0.0001	<0.0001	<0.0001	0.8341	0.0297	<0.0001
Airport_	0.48217	1.00000	0.40562	0.14840	−0.17006	0.40013	0.31789	−0.00343	−0.03728	0.04396
Distance	<0.0001		<0.0001	<0.0001	<0.0001	<0.0001	<0.0001	0.8370	0.0255	0.0084
Number_of	0.82300	0.40562	1.00000	0.24726	−0.30061	0.67192	0.57065	−0.01181	−0.04283	0.07466
_flights	<0.0001	<0.0001		<0.0001	<0.0001	<0.0001	<0.0001	0.4791	0.0102	<0.0001
Weather	0.32719	0.14840	0.24726	1.00000	−0.11069	0.27109	0.21953	0.00631	0.01134	xplian0.03497
	<0.0001	<0.0001	<0.0001		<0.0001	<0.0001	<0.0001	0.7053	0.4967	0.0361
Support_	−0.36189	−0.17006	−0.30061	−0.11069	1.00000	−0.29906	−0.24226	−0.02756	0.03805	−0.01520
Crew_Available	<0.0001	<0.0001	<0.0001	<0.0001		<0.0001	<0.0001	0.0985	0.0225	0.3622
Baggage_	0.78363	0.40013	0.67192	0.27109	−0.29906	1.00000	0.54694	−0.01158	−0.00491	0.07395
loading_time	<0.0001	<0.0001	<0.0001	<0.0001	<0.0001		<0.0001	0.4877	0.7684	<0.0001
Late_	0.66684	0.31789	0.57065	0.21953	−0.24226	0.54694	1.00000	−0.01669	−0.02089	0.08105
Arrival_o	<0.0001	<0.0001	<0.0001	<0.0001	<0.0001	<0.0001		0.3172	0.2106	<0.0001
Cleaning_o	−0.00349	−0.00343	−0.01181	0.00631	−0.02756	−0.01158	−0.01669	1.00000	−0.00704	−0.01146
	0.8341	0.8370	0.4791	0.7053	0.0985	0.4877	0.3172		0.6729	0.4924
Fueling_o	−0.03626	−0.03728	−0.04283	0.01134	0.03805	−0.00491	−0.02089	−0.00704	1.00000	0.01665
	0.0297	0.0255	0.0102	0.4967	0.0225	0.7684	0.2106	0.6729		0.3185
Security_o	0.08008	0.04396	0.07466	0.03497	−0.01520	0.07395	0.08105	−0.01146	0.01665	1.00000
	<0.0001	0.0084	<0.0001	0.0361	0.3622	<0.0001	<0.0001	0.4924	0.3185	

proc univariate 是用来显示详细的数据总计或描述性统计数据的程序。这显示了峰度、偏度、标准偏差、未校正的 SS、校正的 SS、标准误差均值、方差、全距、四分位距等。这也用于评估数据的正态分布，有助于检测数据中存在的离群值或极端值。图 6-10 显示了数据存在的 Late_Arrival_o 变量的图(直方图、箱形图和 QQ 图)。Late_Arrival_o 变量的极端值在下列所有图中都清晰可见，在 QQ 图中，在尾部附近观察不到偏差，因此存在正态性。

Part 6

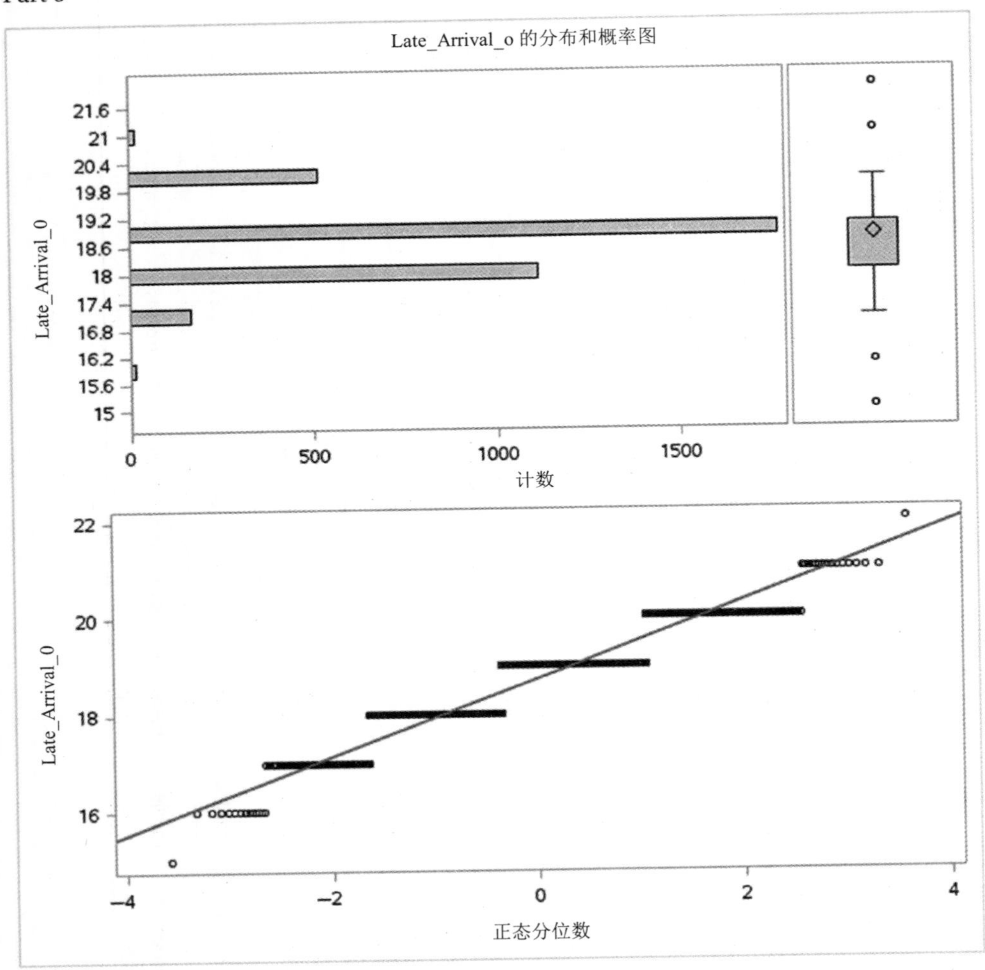

图 6-10　直方图、箱形图和 QQ 图显示了极端值

Part 1

UNIVARIATE 程序			
变量: Late_Arrival_o			
动差			
N	3593	总和权重	3593
均值	18.7400501	总和观察样本	67333
标准偏差	0.79341787	方差	0.62951191
偏度	-0.1915608	峰度	0.28347494
未校正的 SS	1264085	校正的 SS	2261.20679
系数变化	4.23380868	标准误差均值	0.01323651

Part 2

基本统计测量方法			
位置		差异量	
均值	18.74005	标准偏差	0.79342
中值	19.00000	方差	0.62951
众数	19.00000	全距	7.00000
		四分位距	1.00000

Part 3

位置检验: Mu0=0				
检验方法	统计		*p* 值	
学生 t 检验	T	1415.785	Pr > |t|	<0.0001
符号	M	1796.5	Pr≥|M|	<0.0001
符号秩检验	S	3228311	Pr≥|S|	<0.0001

Part 4

分位数(Definition 5)	
层级	分位数
100% Max	22
99%	20

(续表)

层级	分位数
95%	20
90%	20
75% Q3	19
50% Median	19
25% Q1	18
10%	18
5%	17
1%	17
0% Min	15

Part 5

极端观察样本			
最低值		最高值	
值	观察样本	值	观察样本
15	3163	21	2037
16	3459	21	2238
16	3439	21	2951
16	3389	21	3127
16	3121	22	1047

```
/* 检查变量之间的关系 */

proc sgscatter data = libref.flight_delay;
plot Arr_Delay*(Airport_Distance Number_of_flights Weather
Support_Crew_Available Baggage_loading_time Late_Arrival_o Cleaning_o
Fueling_o Security_o);
run;
```

使用 SGSCATTER 程序生成多个变量散点图组成的面板图。如图 6-11 所示，这是多个散点图的面板图，显示了 flight_delay 数据中自变量和因变量之间的关系。例如，在 Arr_Delay 和 Airport_Distance 之间存在正关系，在 Arr_Delay 和

Support_Crew_Available 之间存在负关系。

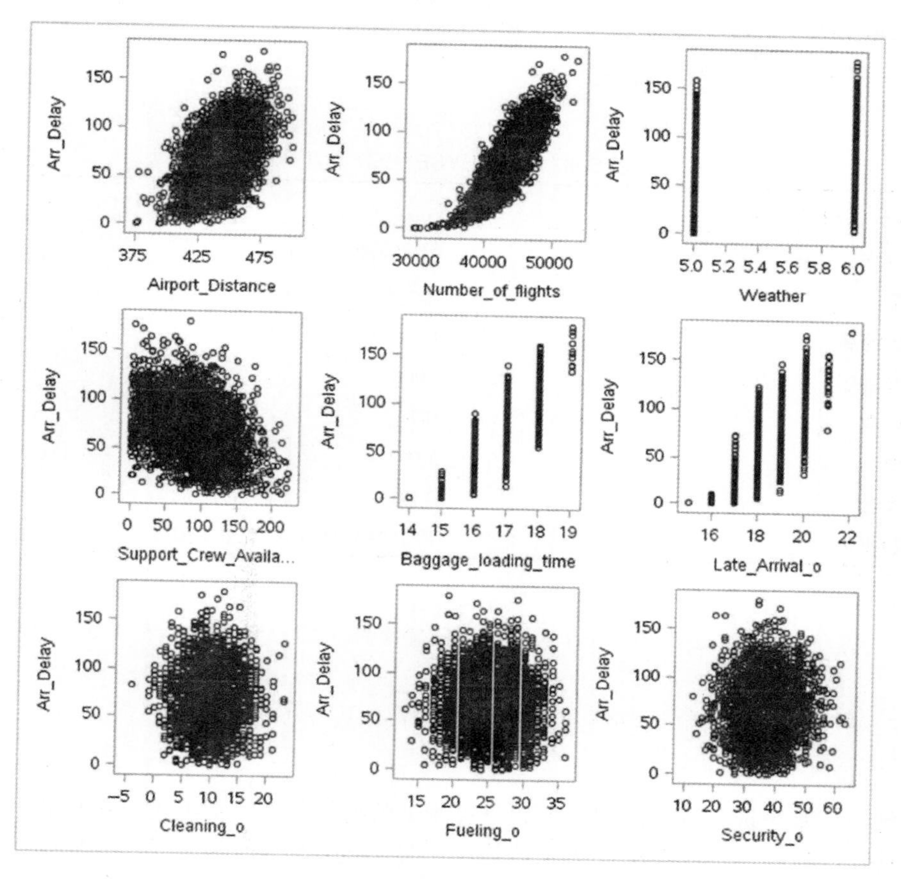

图 6-11　多个变量散点图组成的面板图

```
/* 基于层变量(Arr_Delay)，排序数据集 */

proc sort data=libref.flight_delay;
by Arr_Delay;
run;
```

在 SURVEYSELECT 程序部分(见表 6-4)，我们使用随机采样方法对数据进行划分，采样率为 0.7，将种子设置为 1000(与 R 中使用的种子值相同)。我们设置种子值，重新生成相同的样本，在执行采样后，libref.flight_delay_subset 是输出数据集合。

```
/* 将数据集划分成训练数据集(70%)和测试数据集(30%) */
proc surveyselect data= libref.flight_delay method=srs seed=1000
```

```
outall
    samprate=0.7 out= libref.flight_delay_subset;
    strata Arr_Delay ;
    run;
```

表 6-4　SURVEYSELECT 程序

SURVEYSELECT 程序	
选择方法	简单随机采样
层变量	Arr_Delay
输入数据集	FLIGHT_DELAY
随机数种子	1000
层采样率	0.7
层数目	159
总样本数	2597
输出数据集	FLIGHT_DELAY _SUBSET

```
/ *打印 libref.flight_delay_subset 输出的前 20 个观察样本(见表 6-5)*/

proc print data=libref.flight_delay_subset(obs=20);
run;
```

现在，基于选择变量，将数据划分成测试数据集和训练数据集，参见表 6-5 的部分输出(前 20 个观察样本)。当选择等于 1 时，将所有这些观察样本分配给训练数据集；当选择等于 0 时，将所有这些观察样本分配给测试数据集。使用训练数据集进行模型构建，使用测试数据集测试模型。

```
/* 选中变量的值：1 表示为训练集进行选择，0 表示为测试集进行选择*/
data libref.training(见表 6-6);
    set libref.flight_delay_subset;
    if selected=1;
    proc print;
data libref.testing(见表 6-7);
    set libref.flight_delay_subset;
    if selected=0;

    proc print;
```

表 6-5 libref.flight_delay_subset 输出的前 20 个观察样本

观察样本	选中	Arr_Delay	Carrier	Airport_Distance	Number_of_flights	Weather	Support_Crew_Available	Baggage_loading_time	Late_Arrival_o	Cleaning_o	Fueling_o	Security_o	Selection-Prob	Sampling Weight
1	1	0	MQ	395	29475	5	190	15	16	10	24	35	1.00000	1.00
2	1	0	FL	418	30300	5	158	14	16	5	26	27	1.00000	1.00
3	1	0	B6	376	29777	5	93	14	15	10	24	37	1.00000	1.00
4	1	1	MQ	394	31441	5	130	15	17	13	27	38	1.00000	1.00
5	1	2	EV	435	32815	5	115	15	16	10	23	42	0.80000	1.25
6	1	2	MQ	378	32101	5	110	15	16	12	28	31	0.80000	1.25
7	1	2	UA	409	33147	5	172	15	16	15	27	43	0.80000	1.25
8	0	2	MQ	405	34541	5	106	15	16	13	28	22	0.80000	0.00
9	1	2	DL	399	36825	5	213	15	17	8	26	32	0.80000	1.25
10	1	3	DL	415	35525	5	165	15	17	9	30	39	1.00000	1.00
11	1	3	EV	421	32083	5	126	15	17	4	31	27	1.00000	1.00
12	1	3	WN	431	34476	5	135	15	16	8	28	33	1.00000	1.00
13	1	4	WN	395	36185	5	124	15	17	4	26	32	0.83333	1.20
14	1	4	US	420	35736	5	127	15	17	13	29	40	0.83333	1.20
15	0	4	DL	424	33122	5	209	15	17	10	23	34	0.83333	0.00
16	1	4	WN	407	35670	5	117	15	16	6	28	34	0.83333	1.20
17	1	4	B6	437	34627	6	178	15	17	11	18	41	0.83333	1.20
18	1	4	B6	399	33949	5	133	15	17	11	16	40	0.83333	1.20
19	1	5	B6	422	34951	5	177	15	17	13	28	37	1.00000	1.00
20	1	5	B6	441	34868	5	131	16	16	11	24	44	1.00000	1.00

表 6-6　libref.training 的部分输出

观察样本	选中	Arr_Delay	Carrier	Airport_Distance	Number_of_flights	Weather	Support_Crew_Available	Baggage_loading_time	Late_Arrival_o	Cleaning_o	Fueling_o	Security_o	Selection-Prob	Sampling Weight
1	1	0	MQ	395	29475	5	190	15	16	10	24	35	1.00000	1.00000
2	1	0	FL	418	30300	5	158	14	16	5	26	27	1.00000	1.00000
3	1	0	B6	376	29777	5	93	14	15	10	24	37	1.00000	1.00000
4	1	1	MQ	394	31441	5	130	15	17	13	27	38	1.00000	1.00000
5	1	2	EV	435	32815	5	115	15	16	10	23	42	0.80000	1.25000
6	1	2	MQ	378	32101	5	110	15	16	12	28	31	0.80000	1.25000
7	1	2	UA	409	33147	5	172	15	16	15	27	43	0.80000	1.25000
8	1	2	DL	399	36825	5	213	15	17	8	26	32	0.80000	1.25000
9	1	3	DL	415	35525	5	165	15	17	9	30	39	1.00000	1.00000
10	1	3	EV	421	32083	5	126	15	17	4	31	27	1.00000	1.00000

表 6-7 libref.testing 的部分输出

观察样本	选中	Arr_Delay	Carrier	Airport_Distance	Number_of_flights	Weather	Support_Crew_Available	Baggage_loading_time	Late_Arrival_o	Cleaning_o	Fueling_o	Security_o	Selection-Prob	SamplingWeight
1	0	2	MQ	405	34541	5	106	15	16	13	28	22	0.80000	0
2	0	4	DL	424	33122	5	209	15	17	10	23	34	0.83333	0
3	0	6	AA	413	33783	5	71	15	17	7	20	38	0.80000	0
4	0	7	DL	429	35068	5	187	15	16	13	27	35	0.75000	0
5	0	10	AA	439	37952	5	107	15	18	14	20	36	0.72727	0
6	0	10	MQ	451	36069	5	157	16	18	11	24	30	0.72727	0
7	0	10	WN	448	39131	5	75	16	18	11	31	27	0.72727	0
8	0	11	AA	412	37861	5	131	15	17	8	30	29	0.70000	0
9	0	11	WN	402	36633	5	154	16	18	8	27	32	0.70000	0
10	0	11	B6	404	39022	5	190	16	17	7	25	37	0.70000	0

在本节中，使用训练数据集进行模型构建。

在 Program 1 的代码中，使用 PROC REG 构建线性回归模型，DATA 命名了用于回归的数据集，在这个案例中，为 libref.training。OUTTEST 输出了包含模型参数估计的数据集(libref.Reg_P_Out)。

MODEL 语句指定了自变量和因变量，来使用模型拟合数据。在这个案例中，Arr_Delay 是因变量，Airport_Distance、Number_of_flights、Weather、Support_Crew_Available、Baggage_loading_time、Late_Arrival_o、Cleaning_o、Fueling_o 和 Security_o 是自变量。

使用 SELECTION 方法指定允许自变量进入分析的方式。存在不同的选择方法，如逐步(stepwise)、前向(forward)、后向(backward)。在这个案例中，使用逐步(stepwise)方法。VIF 打印出了方差膨胀因子的统计数据，用于确定多重共线性。DW 显示了德宾-沃森统计数据，检测了残差的自相关性。OUTPUT OUT 生成了输出数据集 libref.Reg_out_train。在该输出数据集 P=pred 中，显示了预测值，R=Residual 显示了残差值(实际值与预测值之间的差值)，RSTUDENT=r1 显示了学生化残差，检测离群值，DFFITS =dffits 显示了 DFFITS 统计数据，COOKD=cookd 显示了 Cook 距离(D)统计数据，检测了有影响力的观察样本。

```
/* Program 1：基于训练数据集，构建多元线性回归模型 */

ODS GRAPHICS ON;
PROC REG DATA = libref.training OUTEST=libref.Reg_P_Out;
MODEL Arr_Delay = Airport_Distance Number_of_flights Weather
Support_Crew_Available Baggage_loading_time Late_Arrival_o
     Cleaning_o Fueling_o     Security_o/ SELECTION=stepwise VIF DW;
OUTPUT OUT = libref.Reg_out_train P=pred R=Residual RSTUDENT=r1
DFFITS=dffits COOKD=cookd;
RUN;
ODS GRAPHICS OFF;
```

我们将 Program 1 多元线性回归输出划分成几个部分，在下面分别讨论每个部分。

Part 1

REG 程序	
模型：MODEL1	
因变量: Arr_Delay	
所读取的观察样本数	2597
所使用的观察样本数	2597

Program 1 的 Part 1 显示了所读取和所使用的观察样本数目为 2597 的信息，因此，在数据中不存在缺失值。

Part 2

逐步选择：步骤 1

输入的变量 Number_of_flights: R-Square = 0.6839 and C(p) = 1964.627

方差分析

源头	DF	平方总和	均方	F 值	Pr > F
模型	1	1598587	1598587	5614.54	<0.0001
误差	2595	738855	284.72262		
修正总和	2596	2337442			

Part 2 (续)

变量	参数估计	标准误差	II SS 型	F 值	Pr > F
截距	−304.28441	5.00730	1051416	3692.77	<0.0001
Number_of_flights	0.00863	0.00011523	1598587	5614.54	<0.0001

条件数界限：1, 1

在 Program 1 中，从 Part 2 到 Part 8 显示了逐步回归，以及基于在 SLENTRY = level 处的 F 统计显著性，如何逐个将所有变量输入模型中。在添加了所有变量后，删除在 SLSTAY = level 处不生成 F 统计显著性的变量。在此案例中，SLENTRY 和 SLSTAY 使用的是逐步回归的默认值。当在模型外部不存在任何变量满足 0.1500 显著水平，能够进入模型(SLENTRY = level)，在模型中留下的所有变量在 0.1500 层次都是显著的(SLSTAY = level)，逐步过程结束。在第 2 部分，由于 Number_of_flights 变量符合标准，因此输入此变量。

Part 3

逐步选择：步骤 2

输入的变量 Baggage_loading_time: R-Square = 0.7777 and C(p) = 613.9122

方差分析

源头	DF	平方总和	均方	F 值	Pr > F
模型	2	1817881	908940	4538.04	<0.0001
误差	2594	519561	200.29342		
修正总和	2596	2337442			

Part 3 (续)

变量	参数估计	标准误差	II SS 型	F 值	Pr > F
截距	−480.76832	6.78867	1004545	5015.37	<0.0001
Number_of_flights	0.00563	0.00013255	361687	1805.78	<0.0001
Baggage_loading_time	18.05676	0.54571	219294	1094.86	<0.0001

条件数界限：1.881, 7.5239

在 Part 3 中，由于 Number_of_flights 和 Baggage_loading_time 变量符合标准，因此输入这两个变量。

Part 4

逐步选择：步骤 3

输入的变量 Late_Arrival_o: R-Square = 0.8035 and C(p) = 243.9176

方差分析

源头	DF	平方总和	均方	F 值	Pr > F
模型	3	1878186	626062	3534.80	<0.0001
误差	2593	459256	177.11362		
修正总和	2596	2337442			

Part 4 (续)

变量	参数估计	标准误差	II SS 型	F 值	Pr > F
截距	−544.15127	7.24923	997947	5634.50	<0.0001
Number_of_flights	0.00481	0.00013231	234475	1323.87	<0.0001
Baggage_loading_time	15.33640	0.53392	146134	825.09	<0.0001
Late_Arrival_o	7.74204	0.41957	60306	340.49	<0.0001

条件数界限：2.1193, 17.437

在 Part 4 中，由于 Number_of_flights、 Baggage_loading_time 和 Late_Arrival_o 变量符合标准，因此输入这 3 个变量。

Part 5

逐步选择：步骤 4

输入的变量 Airport_Distance: R-Square = 0.8120 and C(p) = 123.0486

方差分析

源头	DF	平方总和	均方	F 值	Pr > F
模型	4	1898105	474526	2799.61	<0.0001
误差	2592	439337	169.49723		
修正总和	2596	2337442			

Part 5 (续)

变量	参数估计	标准误差	II SS 型	F 值	Pr > F
截距	−591.61391	8.33431	854084	5038.92	<0.0001
Airport_Distance	0.18359	0.01694	19919	117.52	<0.0001
Number_of_flights	0.00458	0.00013123	206455	1218.05	<0.0001
Baggage_loading_time	14.30547	0.53090	123068	726.08	<0.0001
Late_Arrival_o	7.41858	0.41153	55080	324.96	<0.0001

条件数界限：2.1784, 28.895

在 Part 5 中，由于 Airport_Distance、Number_of_flights、Baggage_loading_time 和 Late_ Arrival_o 变量符合标准，因此输入这 4 个变量。

Part 6

逐步选择：步骤 5

输入的变量 Weather: R-Square = 0.8163 and C(p) = 64.0653

方差分析

源头	DF	平方总和	均方	F 值	Pr > F
模型	5	1907991	381598	2302.29	<0.0001
误差	2591	429451	165.74703		
修正总和	2596	2337442			

Part 6 (续)

变量	参数估计	标准误差	II SS 型	F 值	Pr > F
截距	−599.03362	8.29740	863902	5212.17	<0.0001
Airport_Distance	0.18087	0.01675	19324	116.59	<0.0001
Number_of_flights	0.00452	0.00012998	200612	1210.35	<0.0001
Weather	4.25731	0.55124	9886.25645	59.65	<0.0001
Baggage_loading_time	13.79740	0.52910	112712	680.02	<0.0001
Late_Arrival_o	7.25571	0.40750	52548	317.03	<0.0001

条件数界限：2.1856, 41.812

在 Part 6 中，由于 Airport_Distance、Number_of_flights、Weather、Baggage_loading_time 和 Late_Arrival_o 变量符合标准，因此输入这 5 个变量。

Part 7

逐步选择：步骤 6

输入的变量 Support_Crew_Available: R-Square = 0.8203 and C(p) = 7.9886

方差分析

源头	DF	平方总和	均方	F 值	Pr > F
模型	6	1917406	319568	1970.50	<0.0001
误差	2590	420036	162.17588		
修正总和	2596	2337442			

Part 7 (续)

变量	参数估计	标准误差	II SS 型	F 值	Pr > F
截距	−578.28912	8.64731	725294	4472.27	<0.0001
Airport_Distance	0.17716	0.01658	18523	114.22	<0.0001
Number_of_flights	0.00442	0.00012931	189262	1167.02	<0.0001
Weather	4.19333	0.54534	9589.07148	59.13	<0.0001
Support_Crew_Available	−0.04843	0.00636	9415.04763	58.05	<0.0001
Baggage_loading_time	13.41806	0.52573	105643	651.41	<0.0001
Late_Arrival_o	7.05988	0.40390	49548	305.52	<0.0001

条件数界限：2.2106, 57.236

在 Part 7 中，由于 Airport_Distance、Number_of_flights、Weather、Baggage_loading_time、Support_Crew_Available 和 Late_Arrival_o 变量符合标准，因此输入这 6 个变量。

Part 8

逐步选择：步骤 7

输入的变量 Fueling_o: R-Square = 0.8205 and C(p) = 7.3028

方差分析

源头	DF	平方总和	均方	F 值	Pr > F
模型	7	1917842	273977	1690.48	<0.0001
误差	2589	419600	162.07034		
修正总和	2596	2337442			

Part 8 (续)

变量	参数估计	标准误差	II SS 型	F 值	Pr > F
截距	−575.24770	8.84142	686072	4233.17	<0.0001
Airport_Distance	0.17577	0.01659	18186	112.21	<0.0001
Number_of_flights	0.00441	0.00012937	188210	1161.29	<0.0001
Weather	4.22902	0.54559	9737.46361	60.08	<0.0001
Support_Crew_Available	−0.04832	0.00635	9372.00589	57.83	<0.0001
Baggage_loading_time	13.45121	0.52595	106009	654.09	<0.0001
Late_Arrival_o	7.06580	0.40379	49627	306.21	<0.0001
Fueling_o	−0.11710	0.07144	435.39740	2.69	0.1013

条件数界限：2.2143, 73.908

留在模型中的所有变量显著水平为 0.1500。

没有其他变量满足 0.1500 显著水平，进入模型。

在 Part 8 中，由于 Airport_Distance、Number_of_flights、Weather、Baggage_loading_time 、Support_Crew_Available、Late_Arrival_o 和 Fueling_o 变量符合标准，因此输入这 7 个变量。

Part 9

逐步选择：小结

步骤	输入的变量	移除的变量	输入变量数	部分 R 平方	模型 R 平方	C(p)	F 值	Pr > F
1	Number_of_flights		1	0.6839	0.6839	1964.63	5614.54	<0.0001
2	Baggage_loading_time		2	0.0938	0.7777	613.912	1094.86	<0.0001
3	Late_Arrival_o		3	0.0258	0.8035	243.918	340.49	<0.0001
4	Airport_Distance		4	0.0085	0.8120	123.049	117.52	<0.0001
5	Weather		5	0.0042	0.8163	64.0653	59.65	<0.0001
6	Support_Crew_Available		6	0.0040	0.8203	7.9886	58.05	<0.0001
7	Fueling_o		7	0.0002	0.8205	7.3028	2.69	0.1013

在 Part 9 中，显示了所有输入到模型中符合标准的变量，如 Number_of_flights、Baggage_loading_time、Late_Arrival_o、Airport_Distance、Weather、Support_Crew_Available 和 Fueling_o。

Part 10

REG 程序	
模型：MODEL1	
因变量: Arr_Delay	
所读取的观察样本数	2597
所使用的观察样本数	2597

Program 1 的 Part 10 显示了所读取和所使用的观察样本数目为 2597 的信息，因此，在数据中不存在缺失值。

Part 11

方差分析

源头	DF	平方总和	均方	F 值	Pr > F
模型	7	1917842	273977	1690.48	<0.0001
误差	2589	419600	162.07034		
修正总和	2596	2337442			

Program 1 的 Part 11 显示了方差分析表。F 值为 1690.48，相关的 p 值小于 0.0001，这表示在模型中，因变量 Arr_Delay 与至少一个自变量之间存在显著关系。

Part 12

均方根误差	12.73069	R 平方	0.8205
因均值	70.09241	调整 R 平方	0.8200
系数变量	18.16271		

Program 1 的 Part 12 显示了 R 平方(0.8205)、调整 R 平方(0.8200)和均方根误差(12.73069)。在此案例中，R 平方值显示了在模型中，Arr_delay 82%的变化可以由自变量解释。

Part 13

参数估计						
变量	DF	参数估计	标准误差	t 值	Pr > |t|	方差膨胀
截距	1	−575.24770	8.84142	−65.06	<0.0001	0
Airport_Distance	1	0.17577	0.01659	10.59	<0.0001	1.28107
Number_of_flights	1	0.00441	0.00012937	34.08	<0.0001	2.21428
Weather	1	4.22902	0.54559	7.75	<0.0001	1.09538
Support_Crew_Available	1	−0.04832	0.00635	−7.60	<0.0001	1.12443
Baggage_loading_time	1	13.45121	0.52595	25.58	<0.0001	2.15928
Late_Arrival_o	1	7.06580	0.40379	17.50	<0.0001	1.67702
Fueling_o	1	−0.11710	0.07144	−1.64	0.1013	1.00678

Program 1 的 Part 13 显示了“参数估计”表。这个表列出了自由度(DF)、参数估计、标准误差、*t* 值、相关概率(*p* 值)和 VIF。除了 Fueling_o 外的所有变量，*p* 值都小于 0.05，因此除了 Fueling_o 以外，所有变量都是显著的。通常认为大于 5 的 VIF 为共线性情况，在此案例中，任何变量的 VIF 值都不大于 5，因此不存在共线性。

Part 14

REG 程序	
模型: MODEL1	
因变量: Arr_Delay	
德宾-沃森 D 值	1.323
观察样本数	2597
第 1 阶自相关	0.335

Program 1 的 Part 14 显示德宾-沃森 D 值为 1.323，检测了残差的自相关性。

Part 15

REG 程序
模型: MODEL1
因变量: Arr_Delay

Arr_Delay 的拟合诊断图如图 6-12 所示。

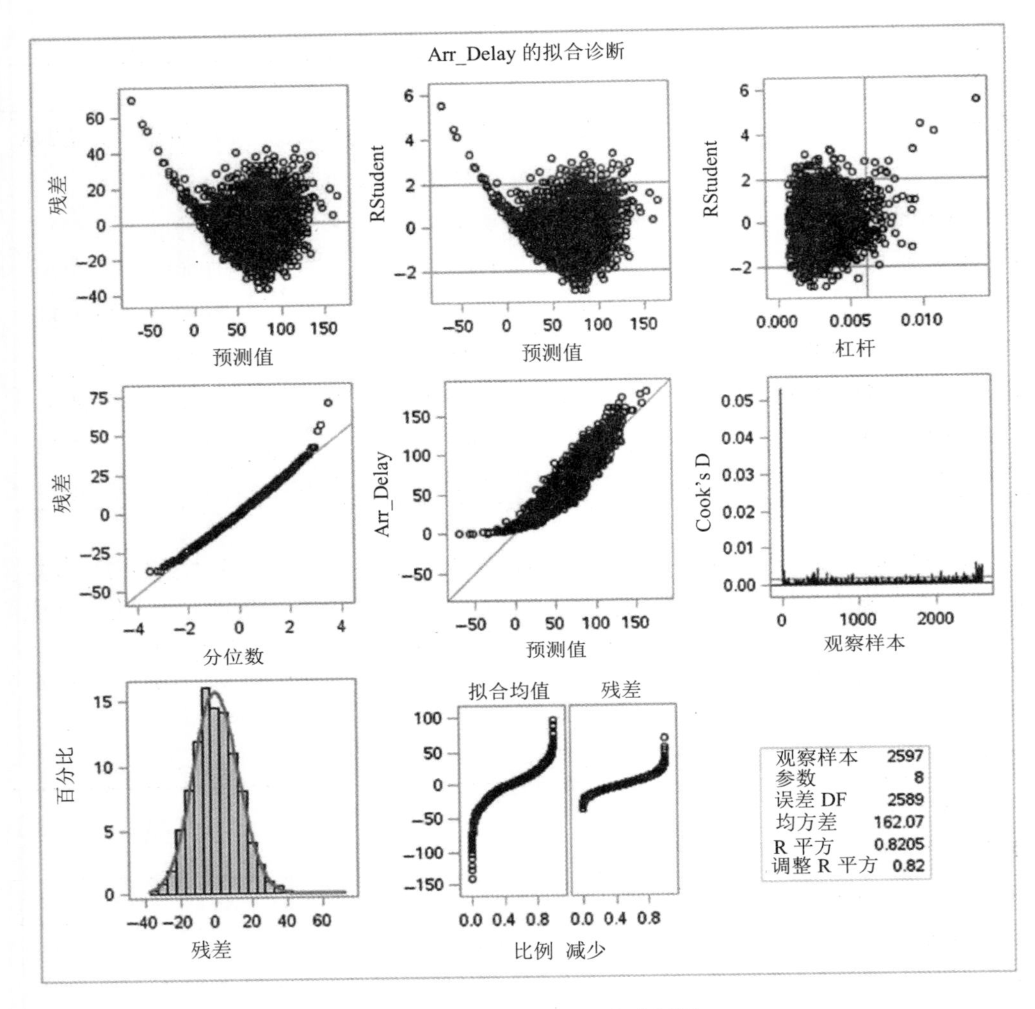

图 6-12　Arr_Delay 的拟合诊断图

Program 1 的 Part 15 显示了诊断图。这些图有助于检测任何违反线性回归模型假设的数据。残差与预测值的图不会显示出任何模式，如果存在任何模式，如圆锥体、球体等，则表明缺乏模型拟合，方差不相等。在 QQ 图中，可以看到线性趋势，只在末尾处观察到细微的偏差，这表明满足了正态性的假设。直方图显示了正态分布。在学生化残差与杠杆图中，可以观察到在参考线外的一些离群值和有影响力的观察样本，Cook 距离图也显示了有影响力的观察样本。

Arr_Delay 的残差与回归因子如图 6-13 所示。

Part 16

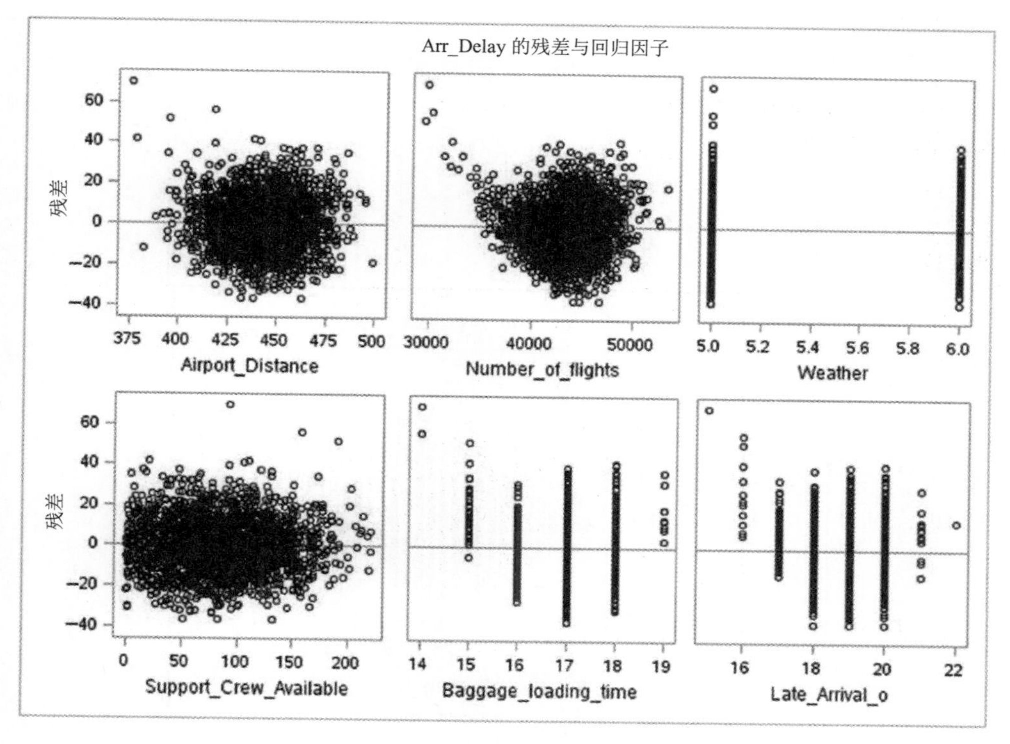

图 6-13 Arr_Delay 的残差与回归因子图

Program 1 的 Part 16 和 Part 17 显示了残差图。见图 6-14。

使用 PROC SCORE 对 libref.testing 数据集进行评分。在这个案例中，SCORE=libref. Reg_P_Out，参数估计输出到 libref.Reg_P_Out 数据集中，用作评分系数。PREDICT OUT= libref.R_Score_Pred，生成数据集，在 PROC SCORE 中，VAR 语句包括了在 PROC REG 中的来自模型的自变量，Arr_Delay 变量包含了预测值。

```
/*在测试数据上运行的评分程序*/
PROC SCORE DATA= libref.testing SCORE=libref.Reg_P_Out TYPE = parms
PREDICT
OUT= libref.R_Score_Pred;
VAR Airport_Distance Number_of_flights Weather
```

```
Support_Crew_Available
    Baggage_loading_time Late_Arrival_o Cleaning_o Fueling_o Security_o;
    run;

    proc print data= libref.R_Score_Pred;
    title 'Predicted Scores for Regression on Testing Data';
    run;
```

Part 17

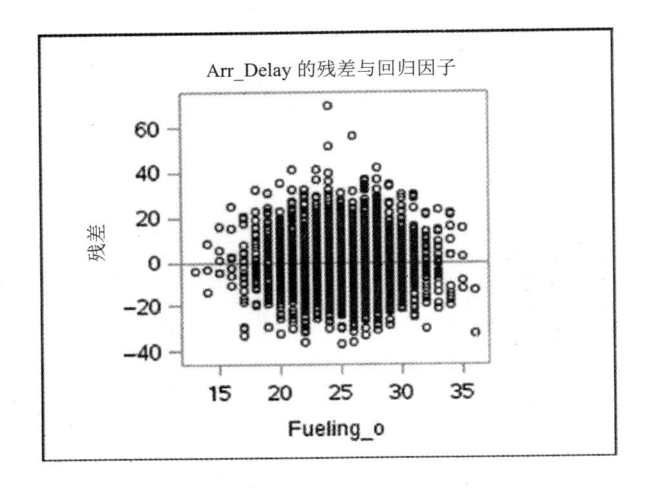

图 6-14　Arr_Delay 的残差与回归因子图

在表 6-8 中，libref.R_Score_Pred 数据显示了基于测试数据，回归预测评分的部分输出。

表 6-8 基于测试数据，回归预测分数的部分输出

基于测试数据，回归的预测分数

观察样本	选中	Arr_Delay	Carrier	Airport_Distance	Number_of_flights	Weather	Support_Crew_Available	Baggage_loading_time	Late_Arrival_o	Cleaning_o	Fueling_o	Security_o	Selection Prob	Sampling Weight	MODEL1
1	0	2	MQ	405	34541	5	106	15	16	13	28	22	0.80000	0	-24.215
2	0	4	DL	424	33122	5	209	15	17	10	23	34	0.83333	0	-24.457
3	0	6	AA	413	33783	5	71	15	17	7	20	38	0.80000	0	-16.457
4	0	7	DL	429	35068	5	187	15	16	13	27	35	0.75000	0	-21.470
5	0	10	AA	439	37952	5	107	15	18	14	20	36	0.72727	0	11.819
6	0	10	MQ	451	36069	5	157	16	18	11	24	30	0.72727	0	16.194
7	0	10	WN	448	39131	5	75	16	18	11	31	27	0.72727	0	32.308
8	0	11	AA	412	37861	5	131	15	17	8	30	29	0.70000	0	-2.724
9	0	11	WN	402	36633	5	154	16	18	8	27	32	0.70000	0	9.861
10	0	11	B6	404	39022	5	190	16	17	7	25	37	0.70000	0	12.174
11	0	12	AA	424	38695	5	81	16	18	14	21	36	0.76923	0	27.049
12	0	12	AA	429	39822	5	111	16	18	8	24	31	0.76923	0	31.095
13	0	12	EV	402	37707	5	141	16	18	15	25	42	0.76923	0	15.458
14	0	13	MQ	430	37899	6	134	15	18	12	24	35	0.70000	0	12.460
15	0	13	EV	415	37476	5	116	16	18	17	26	31	0.70000	0	17.816
16	0	13	B6	404	37657	5	95	16	18	7	32	35	0.70000	0	16.993

(续表)

观察样本	选中	Arr_Delay	Carrier	Airport_Distance	Number_of_flights	Weather	Support_Crew_Available	Baggage_loading_time	Late_Arrival_o	Cleaning_o	Fueling_o	Security_o	Selection Prob	Sampling Weight	MODEL1
17	0	14	MQ	422	36944	5	143	16	18	16	21	42	0.76923	0	15.982
18	0	14	UA	426	37577	5	110	16	17	12	36	32	0.76923	0	12.248
19	0	14	B6	419	39764	5	168	16	18	8	26	39	0.76923	0	26.093
20	0	15	UA	394	37974	5	174	16	18	7	28	32	0.75000	0	13.283
21	0	15	DL	443	39137	5	106	16	18	9	25	44	0.75000	0	30.661
22	0	15	DL	428	40074	5	139	16	18	12	23	29	0.75000	0	30.795
23	0	16	UA	412	36038	5	154	16	18	11	23	40	0.70000	0	9.464
24	0	16	DL	444	36458	5	95	16	18	12	27	39	0.70000	0	19.323
25	0	16	DL	421	38514	5	98	15	18	12	28	48	0.70000	0	10.631
26	0	17	AA	400	38298	6	41	16	18	10	21	20	0.71429	0	27.242
27	0	17	B6	450	39244	5	183	16	18	11	32	37	0.71429	0	27.822
28	0	18	MQ	448	38237	5	56	16	17	11	25	45	0.72727	0	22.922
29	0	18	VX	437	37199	5	143	16	18	16	28	43	0.72727	0	18.923
30	0	18	AA	419	38672	5	137	16	18	5	31	41	0.72727	0	22.192

使用 PROC SCORE 对 libref.testing 数据集进行评分。在这个案例中，SCORE=libref. Reg_P_Out，输出参数估计到 libref.Reg_P_Out 数据集，用作评分系数。RESIDUAL OUT= libref. R_Score_R，生成数据集，在 PROC SCORE 中的 VAR 语句包括了在 PROC REG 中来自模型的因变量和自变量。Arr_Delay 变量包含了正残差(实际值-预测值)。如果在上述代码中不声明 RESIDUAL 选项，那么 Arr_ Delay 变量包含了负残差(预测值-实际值)。

```
/* 由 PROC SCORE 生成的数据集的残差评分 */

PROC SCORE DATA= libref.testing SCORE=libref.Reg_P_Out RESIDUAL OUT=
libref.R_Score_R TYPE = parms;
VAR Arr_Delay Airport_Distance Number_of_flights Weather Support_
Crew_Available Baggage_loading_time Late_Arrival_o Cleaning_o
Fueling_o Security_o;
run;

proc print data = libref.R_Score_R;
title 'Residual Scores for Regression on Testing Data';
run;
```

在表 6-9 中，libref.R_Score_R 数据显示基于测试数据，回归残差评分的部分输出。

表 6-9 基于测试数据，回归残差评分的部分输出

基于测试数据，回归的残差评分

观察样本	选中	Arr_Delay	Carrier	Airport_Distance	Number_of_flights	Weather	Support_Crew_Available	Baggage_loading_time	Late_Arrival_o	Cleaning_o	Fueling_o	Security_o	Selection Prob	Sampling Weight	MODEL1
1	0	2	MQ	405	34541	5	106	15	16	13	28	22	0.80000	0	26.2151
2	0	4	DL	424	33122	5	209	15	17	10	23	34	0.83333	0	28.4570
3	0	6	AA	413	33783	5	71	15	17	7	20	38	0.80000	0	22.4569
4	0	7	DL	429	35068	5	187	15	16	13	27	35	0.75000	0	28.4701
5	0	10	AA	439	37952	5	107	15	18	14	20	36	0.72727	0	−1.8192
6	0	10	MQ	451	36069	5	157	16	18	11	24	30	0.72727	0	−6.1937
7	0	10	WN	448	39131	5	75	16	18	11	31	27	0.72727	0	−22.3083
8	0	11	AA	412	37861	5	131	15	17	8	30	29	0.70000	0	13.7243
9	0	11	WN	402	36633	5	154	16	18	8	27	32	0.70000	0	1.1389
10	0	11	B6	404	39022	5	190	16	17	7	25	37	0.70000	0	−1.1739
11	0	12	AA	424	38695	5	81	16	18	14	21	36	0.76923	0	−15.0487
12	0	12	AA	429	39822	5	111	16	18	8	24	31	0.76923	0	−19.0952
13	0	12	EV	402	37707	5	141	16	18	15	25	42	0.76923	0	−3.4584
14	0	13	MQ	430	37899	6	134	15	18	12	24	35	0.70000	0	0.5404
15	0	13	EV	415	37476	5	116	16	18	17	26	31	0.70000	0	−4.8159
16	0	13	B6	404	37657	5	95	16	18	7	32	35	0.70000	0	−3.9925
17	0	14	MQ	422	36944	5	143	16	18	16	21	42	0.76923	0	−1.9817

(续表)

观察样本	选中	Arr_Delay	Carrier	Airport_Distance	Number_of_flights	Weather	Support_Crew_Available	Baggage_loading_time	Late_Arrival_o	Cleaning_o	Fueling_o	Security_o	Selection Prob	Sampling Weight	MODEL1
18	0	14	UA	426	37577	5	110	16	17	12	36	32	0.76923	0	1.7522
19	0	14	B6	419	39764	5	168	16	18	8	26	39	0.76923	0	−12.0934
20	0	15	UA	394	37974	5	174	16	18	7	28	32	0.75000	0	1.7165
21	0	15	DL	443	39137	5	106	16	18	9	25	44	0.75000	0	−15.6606
22	0	15	DL	428	40074	5	139	16	18	12	23	29	0.75000	0	−15.7946
23	0	16	UA	412	36038	5	154	16	18	11	23	40	0.70000	0	6.5360
24	0	16	DL	444	36458	5	95	16	18	12	27	39	0.70000	0	−3.3228
25	0	16	DL	421	38514	5	98	15	18	12	28	48	0.70000	0	5.3689
26	0	17	AA	400	38298	6	41	16	18	10	21	20	0.71429	0	−10.2418
27	0	17	B6	450	39244	5	183	16	18	11	32	37	0.71429	0	−10.8224
28	0	18	MQ	448	38237	5	56	16	17	11	25	45	0.72727	0	−4.9218
29	0	18	VX	437	37199	5	143	16	18	16	28	43	0.72727	0	−0.9228
30	0	18	AA	419	38672	5	137	16	18	5	31	41	0.72727	0	−4.1915

6.5　小结

本章我们学习了多元线性回归模型，也讨论了模型的不同特性、特征和假设。借助于预测航班延误(对航空业而言是一个巨大的挑战)的案例分析，演示了这个模型在真实生活场景中的实际应用。基于 R 和 SAS Studio，演示了模型的开发阶段、执行和可视化，并且还对结果进行了解释。

第 7 章

快速消费品案例分析

快速消费品(Fast Moving Consumer Good，FMCG)业主要处理民生消费性用品的生产、分配和营销。正如定义所示，FMCG 产品也俗称为 CPG(民生消费性用品)。快速消费品(FMCG)指的是那些消费者定期消费的产品。在 FMCG 业，产品以相对较低的成本快速成交[1]。这个行业以高业务量、低利润的方式运营。这个市场可以分为高端市场和大众市场。

高端市场由较高收入阶层的消费者组成，他们对价格不敏感，但是具有更多的质量和品牌意识。另一方面，大众市场针对中低收入阶层的消费者，他们没有品牌意识，对价格非常敏感。相比于高端市场，卖给大众市场的产品价格较低。这个行业由消费品和非耐用产品组成，可以大致分为三个类别，如图 7-1 所示。

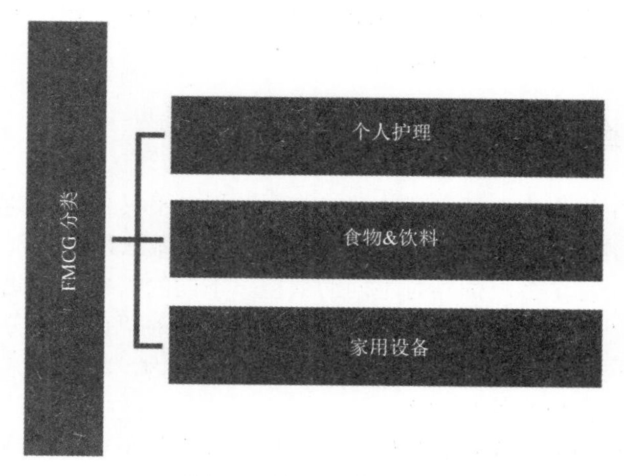

图 7-1　快速消费品分类

快速消费品行业是一个庞大的全球产业。根据 ASSOCHAM-Tech Si 的报告，预期截至 2020 年，印度的 FMCG 市场可达到 10.4 亿美元。“快速消费”的意思是 FMCG 产品的保质期很短，大批的产品归为非耐用品的范畴。在全球市场中，其中一些知名的 FMCG 公司为 Pepsi、 Coca-Cola、Kellogg’s、Kraft、Diageo、Heineken、Nestle、Unilever、Procter & Gamble 和 Johnson & Johnson 等[3]。从消费者的角度来看，FMCG 产业的主要特征为产品价格较低、频繁购买、快速消费、产品的保质期短。从营销的角度来看，它具有高容量、低利润、高存货周转率和广泛的分销网络等特点。

本章讨论了重新定义 FMCG 行业分析的关键应用，介绍了 RFM 模型和 k 均值聚类。本章演示了使用 R 和 SAS Studio，基于客户的购买历史，对客户进行细分的详细案例分析。

7.1　FMCG 行业中分析的应用

由于价格低廉、产品的非耐久本质，快消品行业的成功依靠销量和速度。在数据方面，这意味着需要分析海量的数据，所构建的模型能够快速预测，有能力追踪快速变化，能够影响到销售的变量。从不同的源头，如销售记录、经销商、客户和推销员，采集 FMCG 数据，还有一些非传统的数据来源，如天气预报、交通模式等。日常生成的数据具有不同的格式(如文本、图片等)，源自不同的系统，FMCG 行业在管理这些数据方面面临挑战。实现大数据技术，对如此海量的数据进行存储管理、可访问性管理、安全性管理和整体管理。如此海量的数据提供给人们采用预测性分析的机会，解决 FMCG 行业所面临的复杂问题，有效得到相关见解，并将其转换为可用的信息支持行业中所有关键的企业决策。在 FMCG 行业中，预测性分析扮演了重要的角色，其应用范围包括客户体验和参与、市场营销、物流管理和降价优化。本节提供了其中一些关键应用的概述。

7.1.1　客户体验与参与

在今天的数字世界中，客户在他们的购买过程中不仅希望得到满意的个性化体验，也期望客户参与[4]。传统分析使用“大众市场”做法，但是现代分析使用“市场划分”的做法。每个客户都具有不同的欲望、不同的需求；因此，几乎所有顶端的 FMCG 公司都使用提前分析，细分市场到个人。这种“市场划分”的营销方式有助于所有这些公司以更好的方式追踪和理解客户的行为，将这些客户转换为忠诚、高价值的客户，获得更高的利润率。

将预测性分析与社交媒体分析结合，提供了强大的平台，对趋势、模式、相关性和情绪进行识别[5]。这为 FMCG 公司提供了见解，如客户对他们的产品和服务有什么想法，客户的预期、需求、愿望、行为和意图是什么。这些输入有助于公司分析它们是否对产品和服务、市场策略、雇员和客户服务方面做出了正确的投入。更多地了解个体客户为理解客户对其和主要竞争对手品牌的认知提供了一个较好的机会，从而创建更好的数据驱动的品牌策略。然后，基于通过数字和传统渠道对客户进行细分，确定客户的消费行为和习惯，这样，公司可以为客户提供相关的优惠。公司可以通过正确的渠道，在正确的时间、使用恰到好处的优惠与客户互动。流失率预测有助于公司了解哪些客户具有较高可能性流失，从而建立有效的策略来留住他们。对于 FMCG 公司而言，在这个数字经济时代，个性化体验和客户参与对它们的成功至关重要。

7.1.2 销售和营销

现代快消品行业，销售交易量巨大。销售数据对增加销售起到了关键的作用，这是所有快消品企业的首要目标。由于快消产品保质期短，以及消费者需求的不确定性和波动性，因此精确的销售预测对于所有快消品公司而言都很重要[6]。快消品公司使用不同的、众所周知的时间序列预测方法，如移动平均线、指数平滑法、ARIMA 和 ANN，对保质期短的食物商品进行预测[7]。鉴于只使用销售数字进行销售预测会得到不精确的结果，因此这种方法不恰当；所以，管理者对这种销售预测的数字缺乏信心，难以做出商业决策。当今大数据的世界，使用先进的技术可以很容易地从不同源头(销售、市场营销、人口统计数据、数码、天气等)采集数据。我们可以很容易地融合所有这些数据，从中获得有效的见解，这改进了快消品企业销售预测的质量。例如，将市场营销数据与销售数据融合会得到比较精确的市场营销预测，也可能是，我们能够从大量数据中获得关于产品的信息，哪些产品应该在一个月内进行促销，对特定产品进行某种类型的活动来获得较高的利润，以消费能力强的客户为目标等。使用预测性分析构建市场营销的组合模型，这有助于估计所有市场营销输入的值，有助于发现更好的营销投资，获得更高的收益。营销组合模型有助于引导如何开销，从而减小无效的开支[8]。这跨越多个营销层次创建了透明性，这些层次包括表现的驱动因素、不同营销层次的投资回报率、对客户价格感知的影响。营销组合模型使用情景分析和优化模型优化了营销的 ROI。

7.1.3 物流管理

由于供应商必须管理大量、快速变化的产品，提供分销商，因此 FMCG 公司对有效的物流配送有着强烈的需求，物流配送发挥着重要作用。在物流管理中，分析主要集中在优化交付、发货和仓储性能方面[9]。库存优化就是具有足够的库存，这样客户就可以及时收到他们的产品，同时持有和订购必须保持低成本。路径优化不仅节约了 FMCG 公司的成本，也通过高效、大量的销售提高了企业利润。在 FMCG

公司中，路径是销售和分销的基本构建单位，它的目标在于以最短时间、最短距离、最低燃料成本平滑交付的过程。例如，这涉及如何在每个路径上行进、在路上的卡车司机数目、每位司机执行的送货数目、最后一站的地点、温度、交通持续时间等。在易腐业中，特别应用智能物流，减少由于温度和运输条件而造成的损失[10]。先进的算法有助于公司提出最短最理想的路径，预测在高峰时间段的交通、预测及时交付、提出正确的区域以及适当聚集，来优化配送中心之间的市场邻近度。在 FMCG 公司中进行高效的物流管理方面，逆向物流是另一个重要的因素[11]。缺乏有效的监督和逆向物流管理，公司可能会损失数百万美元的潜在收入。正确地管理逆向物流或一个强有力的物流逆向项目有助于 FMCG 公司减少成本，提高收入。这也有助于维持消费者的忠诚度和满意度。图 7-2 显示了逆向物流圈。

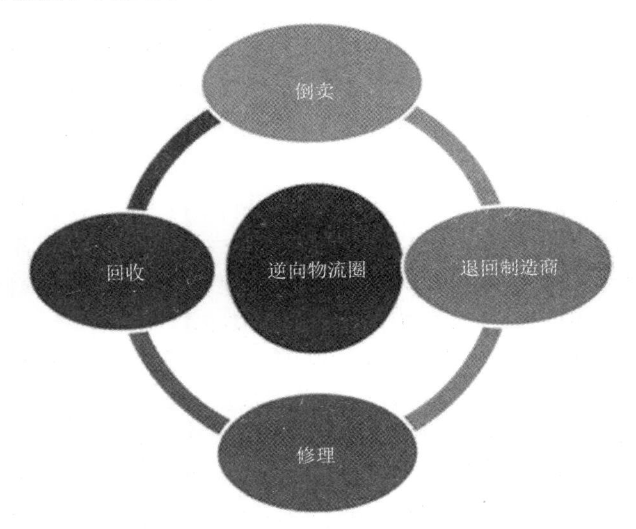

图 7-2　逆向物流圈

7.1.4　降价优化

在快速消费品企业制定战略性决策中，降价优化起重要作用。一个精心实施的降价优化可以带来较大售罄率、提高利润率，带来较高的收益率[12]。快速消费品企业在不同的季节决定优化其产品的定价方面面临挑战。

在旺季，快速消费品企业需要确定合理的产品价格，创建有效的策略进行营销，吸引更多的客户，提高销售额和利润。然而，在淡季，他们需要降低产品的价格，这样在潮流过时之前就可以清空库存，这个过程就是熟知的大减价。在大减价优化中，为了确定产品的合适价格，不仅是触发需求的增加，也为了提高利润率。我们要分析影响到需求的不同因素，如客户行为、市场趋势、客户的购买历史、定价等。客户对定价高度敏感，因此数据科学家将客户行为、趋势和成本等纳入考虑范围，预测随着价格的变化客户行为的变化。应用分析，执行大减价优化有助于公司在合适的时间，在所有的多个渠道中提供最优折扣的产品，来提高利润。

7.2 案例分析：使用 RFM 模型和 k 均值聚类进行客户细分

快速消费品(FMCG)行业是数百万美元的行业，这个行业往往大批量地销售低成本物件。在这个行业中，物品快速离开超市的货架。顶层的 FMCG 公司生产客户高度需求的物品，同时培养客户的忠诚度和客户对其品牌的信任。根据帕累托法则，80%的收入来自 20%的忠诚客户[13]。从市场的角度来看，比起竞争者，能够以较好的方式理解客户需求，根据客户的需要定制产品和物品，这是最基本的。针对前景，使用有效的市场营销策略，找到最忠诚的客户，这也是至关重要的。在当今竞争激烈的商业中，所有公司都使用客户关系管理的策略，获得并留住客户。分析师使用不同的方法以更好的方式分析客户价值。RFM 方法是营销人员使用的一种最普遍的方法，来确定并细分组织中的客户价值。对于特定产品或服务，RFM 方法基于最近一次消费(何时)、消费频率(多长时间一次)和消费金额(花费多少钱)。我们可以与其他预测模型(如 k 均值聚集、逻辑回归、决策树等)结合使用 RFM 模型，提供关于客户的更好见解。在这个案例分析中，我们使用 RFM 方法的结果作为 k 均值聚类的输入，确定客户的忠诚度。

7.2.1 RFM 模型概述

客户关系管理是所有 FMCG 企业的关键，为此，有必要找出有价值的客户。因此，我们使用了称为 RFM(最近一次消费、消费频率和消费金额)的营销模型，这是一种经过了简单验证，高效的技术。在这个模型中，基于特定客户的最近一次消费、消费频率和消费金额，对客户进行了细分[14]。

营销人员使用 RFM 分析确定具有较高可能性，对营销活动、促销活动等活动作出响应的客户。基于单个参数测量客户价值是不够的。例如，大多数人认为花了最多钱的客户是最具有价值、最忠诚的客户，但事实并非如此。如果客户只是在很久以前购买产品一次，那么你依然认为他是最具有价值的客户吗？答案为不是。因此，我们使用 RFM 模型精确了解客户群，以及他们的终身价值。RFM 模型使用三种属性，最近一次消费、消费频率和消费金额，来排名客户。使用最近一次消费、消费频率和消费金额评分，可以将客户细分为不同的群体。当客户的 RFM 评分最高，我们认为该客户具有高价值或高可盈利。如图 7-3 所示，基于最高的 RFM 评分(555 或 333)确定高可盈利客户。

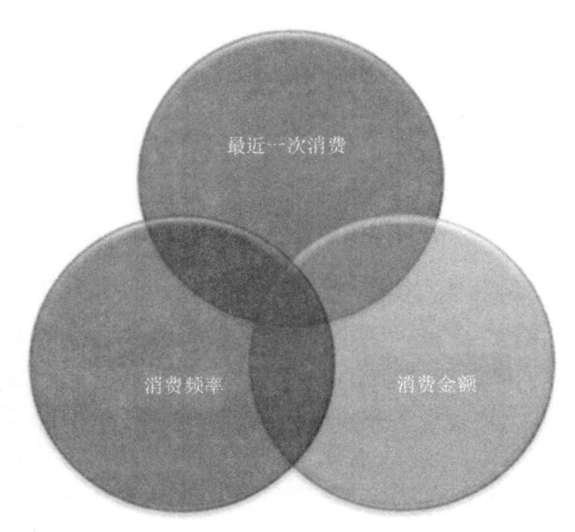

图 7-3　基于最高 RFM 评分(555 或 333)来确定高可盈利客户

在下面我们更详细地讨论了组成 RFM 评分的变量。

- 最近一次消费：这显示了客户最近与你的企业签订采购订单的信息。根据 RFM 模型，比起很长时间不从商店购买商品的客户，最近从商店购买商品的客户具有较高的可能性，响应任何新的举措(就营销活动、促销活动等方面而言)。
- 消费频率：客户经常从你的商店购买物品。比起不经常在你的商店购物的客户，经常或较频繁地在你的商店进行购物的客户具有较高的可能性再次在你的商店购物。最终，使用购买频率的统计数据，预测未来在你的商店进行购物的可能性。
- 消费金额：客户在一段时间内，在你的商店进行购物所花费的金额。比起在你的商店花费较少的客户，在你的商店花费较多的客户更有可能再次在你的商店购物。

基于最近一次消费、消费频率和消费金额的值，对每个客户进行评分。

RFM 评分越高，客户对营销活动、促销活动等正面积极响应的可能性越高，就越有可能再次在你的商店进行更多的购物，因此客户就越有价值。RFM 评分的顺序有助于相应地对客户进行排名。最近一次消费是最重要的因素，其次是消费频率，再次是消费金额。由于最近一次消费告诉我们客户最近在你的商店消费的信息，因此我们认为最近一次消费是 RFM 模型中最重要的因素，这也相对容易说服客户，更经常在你的商店消费，并且商店可以提供丰厚的优惠让客户多消费。但是，如果客户很长时间都没在你的商店消费，这表示客户不太可能返回你的商店进行消费，这个问题很难改正。

RFM 评分计算

为了计算每个客户的 RFM 评分，需要获得每个客户的一些基本属性[15]。

- 客户最近消费的日期。
- 客户在一段时间内交易的次数。
- 客户创造的总销售额或收入。

在此之后，为每个 RFM 属性确定类别号。RFM 类别号可以是 3 或 5，如果 RFM 属性被分成 5 类，那么总共就有 5×5×5=125 种不同的 RFM 值的组合，从最高的 555 开始到最低的 111 结束。如果 RFM 属性被分成 3 类，那么总共就有 3×3×3 = 27 种不同的 RFM 值的组合，从最高的 333 开始到最低的 111 结束。我们通常认为具有较高 RFM 评分(555 或 333)的客户是最优质客户，可以为企业带来较多的价值。当对所有的数据文件评分时，三个属性中的每一个都有一个分数。在以下的示例中，表 7-1 代表一些人在“最近一次消费”方面得分为“5”，消费频率得分为“4”，消费金额得分为“5”，最终得分为 5-4-5。基于每个得分中有 5 个选项，你可以有 125 种唯一的组合或细分，有 27 种唯一的组合或细分的情况也是类似的。

表 7-1 RFM 评分

最近一次消费	消费频率	消费金额	125 部分
5	5	5	545
4	4	4	
3	3	3	
2	2	2	
1	1	1	

让我们举个例子来说明 RFM 模型。观察表 7-2，基于最近一次消费、消费频率和消费金额，考虑 5 个客户的详细信息。可以对他们进行评分，当客户最近一次消费在一周内时，分配等级 3；在当月进行消费的客户，分配等级 2；在 3 个月以前消费的客户，分配等级 1。类似的，对于消费频率而言，消费次数超过 10 次的客户，分配等级 3；消费次数在 5~10 次的客户，分配等级 2；消费次数小于 5 次的客户，分配等级 1。类似的，对于消费金额而言，消费金额超过 1000 美元的客户，分配等级 3；消费金额在 500~1000 美元的客户，分配等级 2；消费金额小于 500 美元的客户，分配等级 1。最后一栏显示了总体的 RFM_Score，这是所有客户三个评分 R_Score、F_Score 和 M_score 的组合。评分方法取决于企业类型，在大多数场景中，Quintile 是最值得推荐的方法。

表 7-2　5 个客户的 RFM 评分

Cus_ID	最近一次消费(天)	消费频率	消费金额($)	R_Score	F_Score	M_Score	RFM_Score
1001	2	13	1300	3	3	3	333
1002	5	11	1100	3	3	3	333
1003	26	5	600	2	2	2	222
1004	120	1	50	1	1	1	111
1005	180	2	1500	1	1	3	113

从表 7-2 中可以看出，最近一次消费、消费频繁和消费金额多的客户被分配了评分 333，最近一次消费－3，消费频率－3 和消费金额－3，我们认为此客户是最佳客户。在这个示例中，我们为 Cus_ID 1001 和 1002 分配了 333 的评分，他们是最优质的客户，虽然 Cus_ID 1005 花费最高，但由于他只在很久以前在商店内消费过一次，因此我们不认为其是最佳客户。

Cus_ID 1004 被分配 111 的评分，最近一次消费－1，消费频率－1 和消费金额－1，这意味着，这个客户花费较少、几乎不进行任何消费、即使有也是在很久以前进行的消费。现在，基于 RFM 评分，我们创建的细分在这个案例中，将客户细分为三部分：最佳客户、潜在客户和流失客户。

- Cus_ID 1001 和 1002－最佳客户
- Cus_ID 1003－潜在客户
- Cus_ID 1004 和 1005－流失客户

RFM 分析有助于指导营销者更好地理解客户，以便在未来针对他们提出个性化的优惠，获得他们的信任和忠诚度，让他们开心和满意，增加企业收入。

7.2.2　k 均值聚类的概述

k 均值聚类是一种无监督学习，可以基于未标记的数据(没有确定类别的数据)，这个算法由 MacQueen 开发[16]。当在数据集内无标签时，在此种场景下，任务就是在数据集中找到与彼此相同的数据组，也就是所称的聚类。这是其中一种最流行、最简单、最通用的划分聚类的算法，可以解决众所周知的聚类问题，可适用于任何类型的分组。k 均值聚类存储了 k 个质心，并使用这些质心定义聚类。基于某个点到特定聚类质心的距离，将某个点分配给这个聚类，而不分配给任何其他聚类。在这个案例分析中，我们使用 RFM 方法的结果作为 k 均值算法的输入。

1. k 均值算法的工作原理

令 $X = \{x_1, x_2, x_3, ..., x_n\}$为数据点集，$K = \{k_1, k_2, k_3, ..., k_c\}$为聚类中心集。k 均值

的目标是使所有的 k 个聚类的平方误差和最小。在下面，介绍了 k 均值算法的主要步骤[17]：

(1) 随机选择“c”初始聚类中心或质心。

(2) 计算每个数据点到聚类中心(欧几里得距离)的距离。

(3) 到达某个聚类中心或质心距离最小的数据点将会被分配给这个聚类，而不会分配给任何其他聚类(这个点到其他聚类的中心或质心距离最大)。

(4) 重新计算新聚类中心或质心。

(5) 重新计算每个数据点到新聚类中心或质心的距离。

(6) 当质心不再改变，或没有数据点被重新分配时，则停止迭代，否则重新从步骤(3)开始。

如图 7-4 所示，显示了在二维数据集中具有三个聚类的 k 聚类算法。第一幅图(数据)显示了具有三个聚类的二维输入数据。第二幅图(种子点)显示了所选中的作为聚类中心的三个种子点，以及将数据点划分为某个聚类的初始分配。第三幅图(第一次迭代)和第四幅图(第二次迭代)显示了更新聚类标签及其中心的中间迭代。第五幅图(最终聚类)显示了使用 k 均值算法在收敛时所实现的最终聚类。

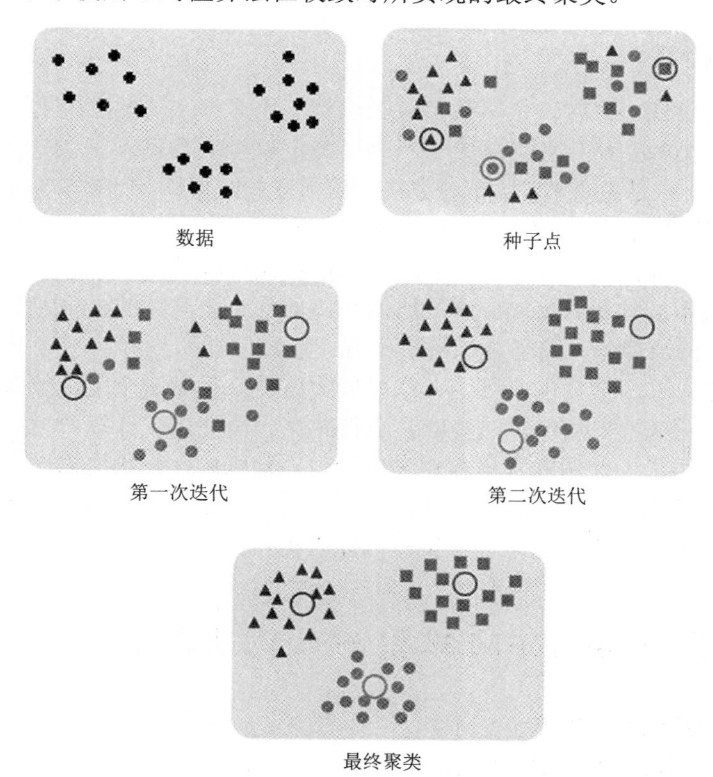

图 7-4　k 均值算法的示意图

与所有模型一样，k 均值算法具有其优势，也具有某些局限性。我们将在下一节中讨论这些问题[18]。

2. k 均值算法的优势和局限性

本节列出了 k 均值算法的关键优势。

- 简单，在大型数据中运行较快。
- 易于实现和解释聚类结果。
- 快速，就计算成本而言，相对有效率。
- 在数据集彼此可以区分的情况下，工作得更好，提供了更好的聚类。

下面介绍 k 均值算法的一些局限性。

- 确定聚类数目 k 有困难。
- 对初始种子的选择敏感，随机的初始种子生成不同的最终聚类。
- 在高度重叠的数据中，不能非常有效地提供较好的聚类。
- 由于只有数值型数据可以定义均值，因此只适用于数值数据。
- 对数据中存在的离群值或极端值敏感，对数据的规模敏感。

3. k 均值参数

在 k 均值算法中，有许多参数可以影响到 k 均值算法的最终聚类结果，如聚类的数目 k、聚类的初始化和距离度量。为了确定聚类的数目，在 k 均值分析中，k 是重要的标准，这是主观的，大部分取决于聚类过程的目标[19]。在 k 均值聚类中，有不同的方法帮助确定聚类的数目，如手肘法、侧影方法、基于经验、交叉验证等[20]。另一件事情是聚类的初始化，由于 k 均值算法会仅仅收敛到局部最小值，因此不同的初始化生成不同的最终聚类。解决均值中局部最小化问题的一种方法是对于给定 k 使用不同的初始划分，选择具有最小平方误差值的初始划分，运行 k 均值算法。在聚类过程中，一个重要的步骤是，选择聚类度量，基于这个度量计算两个元素的相似度。一般说来，k 均值算法与欧几里得距离一同使用，计算数据点和聚类中心或质心之间的距离。使用欧几里得距离度量，在数据中，k 均值算法会得到球形的聚类。除了欧几里得距离，还有其他的距离度量，如曼哈顿距离、余弦距离等。不同的距离度量生成了不同的聚类结果，因此必须仔细完成距离度量的选择[21]。

7.3　基于 R 的 RFM 模型与 k 均值聚类

在这个快速消费品案例分析中，

- **企业问题：**基于消费历史，进行客户细分。
- **企业解决方案：**构建 RFM 模型与 k 均值聚类。

7.3.1 关于数据

在 FMCG 案例分析中，合成生成 customer_seg 数据集，并且使用这个数据集开发 RFM 模型和 k 均值聚类，基于客户的消费历史，细分客户。customer_seg 数据集包含了共 330379 个观察样本和 8 个变量；6 个变量是数值类型的，2 个变量是分类类型的。

```
#从工作目录中读取数据，创建自己的工作目录，读取数据集

setwd("C:/Users/Deep/Desktop/data")

data1 <- read.csv ("C:/Users/Deep/Desktop/data/
customer_seg.csv",header=TRUE,sep=",")
```

7.3.2 执行数据探索

在探索性数据分析中，我们以更广阔的视野，观察现有数据中的模式、趋势、总和、离群值、遗漏值等。在下一节中，我们讨论了数据探索的 R 代码及其输出。

```
#执行探索性数据分析，了解数据

#显示数据集中的前 6 行数据，看看数据的样子

head(data1)
  Invoice_No Stock_Code Product_Category Invoice_Date Customer_ID Amount
1 1540425    154735 Healthcare & Beauty 1/7/2011    556591    23.45
2 1540425    154063          Toiletries  1/7/2011    556591    13.55
3 1540425    153547             Grocery  1/7/2011    556591    14.55
4 1540425    153547             Grocery  1/7/2011    556591    13.55
5 1540425    153547             Grocery  1/7/2011    556591    14.75
6 1540425    154735 Healthcare & Beauty 1/7/2011    556591    23.45

    Country        l_Date
1 United States 12/12/2011
2 United States 12/12/2011
3 United States 12/12/2011
4 United States 12/12/2011
```

```
5 United States 12/12/2011
6 United States 12/12/2011

#显示后 6 行
tail(data1)
   Invoice_No Stock_Code Product_Category Invoice_Date Customer_ID
330374    1582017    153547    Grocery         12/12/2011      559082
330375    1582017    154179    Dairy           12/12/2011      559082
330376    1582018    153547    Grocery         12/12/2011      556391
330377    1582018    153547    Grocery         12/12/2011      556391
330378    1582018    153547    Grocery         12/12/2011      556391
330379    1582018    154179    Dairy           12/12/2011      556391

   Amount           Country     l_Date
330374  13.54  United States 12/12/2011
330375  26.74  United States 12/12/2011
330376   6.96  United States 12/12/2011
330377  36.00  United States 12/12/2011
330378 237.28 United States 12/12/2011
330379  80.88  United States 12/12/2011

#描述数据结构

str(data1)

 'data.frame'      : 330379 obs. of 8 variables:
 $ Invoice_No      : int 1540425 1540425 1540425 1540425 1540425
                    1540425 1540425 1540425 1540425 1540425 ...
$ Stock_Code       : int 154735 154063 153547 153547 153547 154735
                    153547 154735 153547 217510 ...
$ Product_Category : Factor w/ 5 levels "Beverages","Dairy",..: 4 5
                    3 3 3 4 3 4 3 1 ...

$ Invoice_Date     : Factor w/ 285 levels "1/10/2011","1/12/2011",..:
                    20 20 20 20 20 20 20 20 20 20 ...
$ Customer_ID      : int 556591 556591 556591 556591 556591 556591
```

```
                    556591 556591 556591 556591 ...
 $ Amount           : num 23.4 13.6 14.6 13.6 14.8 ...
 $ Country          : Factor w/ 1 level "United States": 1 1 1 1 1 1
                     1 1 1 1 ...
 $ l_Date           : Factor w/ 1 level "12/12/2011": 1 1 1 1 1 1 1 1
                     1 1 ...
```

```
#显示数据的列名

names(data1)

[1] "Invoice_No"   "Stock_Code"  "Product_Category" "Invoice_Date"
[5] "Customer_ID"  "Amount"      "Country"          "l_Date"

#显示总计或数据的描述性统计
summary(data1$Amount)
   Min.  1st Qu.  Median   Mean  3rd Qu.    Max.
  1.00    6.57    13.65   24.67  22.14   185319.56

#让我们看看在数据中存在的缺失值

sum(is.na(data1))
[1] 0

#唯一的发票编号

length(unique(data1$Invoice_No))

[1] 15355
```

在数据中唯一的发票编号为 15355

```
#唯一的 customer_id

length(unique(data1$Customer_ID))
[1] 3813
```

在数据中唯一的 customer_id 编号为 3813

```
#安装 dplyr 包

install.packages("dplyr")
library(dplyr)

#显示 invoice_date 的日期格式

data2 <- data1 %>%
mutate(Invoice_Date=as.Date(Invoice_Date, '%m/%d/%Y'))
NOW <- as.Date("2011-12-12", "%Y-%m-%d")

#改变日期格式后的数据结构 2

str(data2)
'data.frame'        : 330379 obs. of 8 variables:
$ Invoice_No        : int 1540425 1540425 1540425 1540425 1540425
                      1540425 1540425 1540425 1540425 1540425 ...
$ Stock_Code        : int 154735 154063 153547 153547 153547 154735
                      153547 154735 153547 217510 ...
$ Product_Category : Factor w/ 5 levels "Beverages","Dairy",..: 4 5
                      3 3 3 4 3 4 3 1 ...
$ Invoice_Date      : Date, format: "2011-01-07" "2011-01-07" ...
$ Customer_ID       : int 556591 556591 556591 556591 556591 556591
                      556591 556591 556591 556591 ...
$ Amount            : num 23.4 13.6 14.6 13.6 14.8 ...
$ Country           : Factor w/ 1 level "United States": 1 1 1 1 1 1
                      1 1 1 1 ...
$ l_Date            : Factor w/ 1 level "12/12/2011": 1 1 1 1 1 1 1 1 1
                      1 ...
```

#构建 RFM 模型

```
#计算最近一次消费、消费频率和消费金额表
```

```
R_table <- aggregate(Invoice_Date ~ Customer_ID, data2, FUN=max)

R_table$R <-as.numeric(NOW - R_table$Invoice_Date)

F_table <- aggregate(Invoice_Date ~ Customer_ID, data2, FUN=length)

M_table <- aggregate(Amount ~ Customer_ID, data2, FUN=sum)
```

基于数据中存在的发票日期(Invoice_Date)和金额(Amount)，计算最近一次消费、消费频率和消费金额的表：

```
#合并数据集，移除不必要的列，重命名列

RFM_data <- merge(R_table,F_table,by.x="Customer_ID",
by.y="Customer_ID")

RFM_data <- merge(RFM_data,M_table, by.x="Customer_ID",
by.y="Customer_ID")

names(RFM_data) <- c("Customer_ID","Invoice_Date", "Recency",
"Frequency","Monetary")
```

基于 customer_id，将最近一次消费、消费频率和消费金额表合并，创建主表 RFM_data：

```
#显示 RFM_data 中的前 6 个观察样本

head(RFM_data)
  Customer_ID Invoice_Date Recency Frequency Monetary
1    555624    2011-01-21      325        1     84902.960
2    556025    2011-12-10        2       88     4014.714
3    556026    2011-12-12        0     3927     40337.760
4    556027    2011-12-09        3      199     4902.968
5    556098    2011-12-09        3       59     1146.574
6    556099    2011-05-12      214        6     115.992

#RFM 评分
```

```
# Rsegment 1 是最近的，Rsegment 5 是最远的

RFM_data$Rsegment <- findInterval(RFM_data$Recency,
quantile(RFM_data$ Recency, c(0.0, 0.25, 0.50, 0.75, 1.0)))
```

在此步骤中，使用分位数方法完成 RFM 数据的评分。评分的范围从 1~5。在 R 细分中，1 为最近，5 为最远的评分。

```
#Fsegment 1 为最不频繁，而 Fsegment 5 为最频繁

RFM_data$Fsegment <- findInterval(RFM_data$Frequency,
quantile(RFM_data$ Frequency, c(0.0, 0.25, 0.50, 0.75, 1.0)))
```

在 Fsegment 中，1 为最不频繁，而 5 为最频繁的评分。

```
#Msegment 1 为最低销售额，而 Msegment 5 为最高销售额

RFM_data$Msegment <- findInterval(RFM_data$Monetary,
quantile(RFM_data$ Monetary, c(0.0, 0.25, 0.50, 0.75, 1.0)))
```

在 Msegment 中，1 为最低销售额，而 5 为最高销售额评分。

RFM 值和 RFM 评分是不同的。RFM 值是基于发票日期和数据中显示的金额，为每个客户计算的最近一次消费、消费频率和消费金额的实际值，而 RFM 评分是基于此 RFM 值，得到 1~5 的某个数字。

```
#将 RFM 评分串联为单一的列

RFM_data$Con <- paste(RFM_data$Rsegment,
RFM_data$Fsegment,RFM_data$Msegment)
```

将从 Rsegment、Fsegment 和 Msegment 中得到的所有个体评分串联成为单一的列，作为最终的 RFM 评分。例如，144 的评分意味着最近一次消费 - 1，消费频率 - 4，消费金额 - 4。

```
#RFM 评分总计

RFM_data$Total_RFM_Score <- c(RFM_data$Rsegment +
RFM_data$Fsegment+RFM_data$Msegment)
```

总和来自 Rsegment、Fsegment 和 Msegment 的所有评分。

```
#显示评分后 RFM_data 中的前 20 个观察样本
```

```
head(RFM_data,20)
  Customer_ID Invoice_Date Recency Frequency Monetary Rsegment
1  555624     2011-01-21     325         1   84902.960     4
2  556025     2011-12-10       2        88    4014.714     1
3  556026     2011-12-12       0      3927   40337.760     1
4  556027     2011-12-09       3       199    4902.968     1
5  556098     2011-12-09       3        59    1146.574     1
6  556099     2011-05-12     214         6     115.992     4
7  556100     2011-10-03      70        46    1137.768     3
8  556101     2011-09-29      74         5    1945.450     3
9  556102     2011-10-14      59        25     478.832     3
10 556104     2011-12-10       2        82    1611.692     1
11 556105     2011-12-07       5        25     526.165     1
12 556106     2011-12-10       2        56    1227.581     1
13 556107     2011-01-10     336         6     242.975     4
14 556108     2011-11-05      37        38    7575.104     2
15 556109     2011-03-25     262         9     252.555     4
16 556110     2011-11-10      32        27     474.333     2
17 556111     2011-07-20     145        24     508.118     4
18 556112     2011-03-05     282        18     379.618     4
19 556114     2011-10-14      59       175    3224.146     3
20 556115     2011-06-22     173        12     173.510     4

  Fsegment Msegment  Con        Total_RFM_Score
1    1     4         4 1 4            9
2    3     4         1 3 4            8
3    4     4         1 4 4            9
4    4     4         1 4 4            9
5    3     3         1 3 3            7
6    1     1         4 1 1            6
7    3     3         3 3 3            9
8    1     4         3 1 4            8
9    2     2         3 2 2            7
10   3     3         1 3 3            7
11   2     2         1 2 2            5
```

```
12  3   3         1 3 3          7
13  1   1         4 1 1          6
14  2   4         2 2 4          8
15  1   1         4 1 1          6
16  2   2         2 2 2          6
17  2   2         4 2 2          8
18  2   2         4 2 2          8
19  4   4         3 4 4         11
20  1   1         4 1 1          6
```

从上表可以看出，我们认为使用斜体突出显示的 customer_ ID 556026 和 556027 是最优质客户，被分配了分数 144，最近一次消费 - 1，消费频率 - 4 和消费金额 - 4。

customer_id 556026 和 556027 是最近消费、较频繁消费和消费金额较大的客户，企业的成功来自这样的客户。现在，我们认为使用粗体突出显示的 customer_id 556099、556107、556109 和 556115 是已流失客户，所分配的分数为 411，最近一次消费 - 4，消费频率 - 1，消费金额 - 1。customer_id 556099, 556107, 556109 和 556115 的客户消费金额最低、很少消费、如果有消费也是很长时间之前。在消费频率和花费金额方面介中的客户，我们认为是潜在客户。RFM 技术有助于通过理解客户的消费历史和行为，确定高价值客户。RFM 也有助于针对这些客户，特别是潜在客户，发送个性化的电子邮件营销活动，增加销售，增加长期客户保留率和终身价值。

```
#显示 RFM_data 的结构

str(RFM_data)

'data.frame'      : 3813 obs. of 10 variables:
$ Customer_ID     : int 555624 556025 556026 556027 556098 556099 556100
                    556101 556102 556104...
$ Invoice_Date    : Date, format: "2011-01-21" "2011-12-10" ...
$ Recency         : num 325 2 0 3 3 214 70 74 59 2 ...
$ Frequency       : int 1 88 3927 199 59 6 46 5 25 82...
$ Monetary        : num 84903 4015 40338 4903 1147...
$ Rsegment        : int 4 1 1 1 1 4 3 3 3 1...
$ Fsegment        : int 1 3 4 4 3 1 3 1 2 3...
$ Msegment        : int 4 4 4 4 3 1 3 4 2 3...
$ Con             : chr "4 1 4" "1 3 4" "1 4 4" "1 4 4"...
$ Total_RFM_Score: int 9 8 9 9 7 6 9 8 7 7...
```

#k 均值聚类

在这个案例分析中，我们使用 RFM 方法的结果作为 k 均值聚类的输入，确定客户的忠诚度，获得关于客户的更深入的见解。

```
# 只保留 RFM 数据中所选中的变量

 clus_df<-RFM_data[,c(3,4,5)]
```

选择 RFM 数据中的最近一次消费、消费频率和消费金额变量，执行 k 均值聚类分析。

```
#显示 clus_df 中的前 6 行观察样本

  head(clus_df)
    Recency Frequency Monetary
1    325         1      84902.960
2      2        88       4014.714
3      0      3927      40337.760
4      3       199       4902.968
5      3        59       1146.574
6    214         6        115.992
```

```
#使用手肘法确定聚类的数目
```

确定聚类数目多少带了点主观性，此处，我们使用手肘法确定聚类的数目。

除了手肘法，也有许多其他方法，如侧影方法、间隙统计等，我们可以使用这些方法来确定 k 均值算法中的聚类数目。手肘法考虑的是聚类内部总的平方和(总 wss)，将其作为聚类数目的函数。使用手肘法确定聚类数目的步骤解释如下：

(1) 我们使用不同的 k 值，计算 k 均值算法。例如，在这个示例中，k 的值在 1 到 15 聚类之间变化，最大的 k 值是任意选中的，但是应该可以足够大，可以解决拐点。

(2) 为每个 k 计算聚类内总的平方和(总 wss)。

(3) 绘制 wss 与聚类数目 k 的曲线。

(4) 在这个曲线中，拐点一般指示了最优化的聚类数目。

```
#计算并绘制 k=1 到 k=15 的 wss
  k.max <- 15
```

```
#计算聚类内部平方和总和的函数
  wss <- sapply(1:k.max,function(k) {kmeans(clus_df,
                 k,nstart = 30)$tot.withinss})

  plot(1:k.max,wss,type = "b",pch = 19 ,frame = FALSE,
       main = "Elbow method",
       xlab = "no of cluster k ",
       ylab = "total within cluster sum of square")
```

手肘法如图 7-5 所示。在这个曲线中，我们在 3 处观察到了拐点。因此，在此示例中，最优的聚类数目为 3。

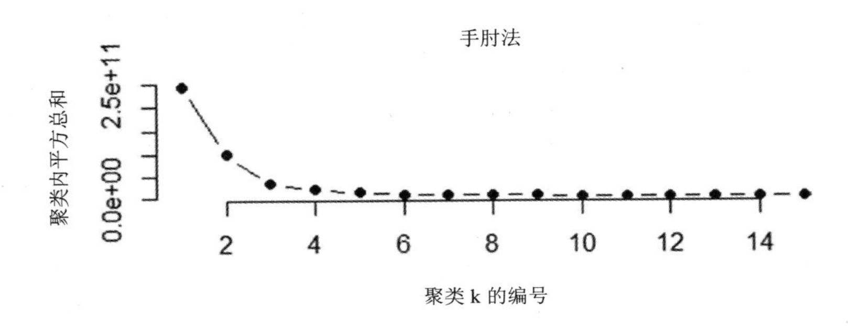

图 7-5　手肘法

```
#设定种子

set.seed(123)

#应用 k 均值

km <-kmeans(clus_df,centers =5,nstart = 30)
```

我们使用 k 均值函数计算 k 均值。在此案例分析中，我们将数据分成 5 个聚类(中心点=5)。如在这个案例分析中所示，RFM 模型输出是 k 均值聚类的输入。k 均值函数具有 nstart 的选项，我们使用这个选项尝试多个初始配置，选择最好的一种配置。在这个案例分析中，添加 nstart=30 将会生成 30 个初始配置，由于在为 2、3 个聚类执行相同的过程之后，5 个聚类的解决方案提供了较好解决方法，因此我们推荐基于此细分客户。决策应该基于企业如何计划使用聚类结果和它们希望在聚类中看到的细节水平。此处，企业希望使用聚类结果，理解客户行为，将客户从高价值到低价值进行细分。

```
#描述 k 均值的结构

str(km)
List of 9
$ cluster       : int [1:3813] 3 5 2 5 4 4 4 4 4 4 ...
$ centers       : num [1:5, 1:3] 2.67 10.62 44.07 92.59 23.92 ...
..- attr(*, "dimnames")=List of 2
.. ..$          : chr [1:5] "1" "2" "3" "4" ...
.. ..$          : chr [1:3] "Recency" "Frequency" "Monetary"
$ totss         : num 2.43e+11
$ withinss      : num [1:5] 2.53e+09 2.84e+09 2.62e+09 2.20e+09
                 2.68e+09
$ tot.withinss : num 1.29e+10
$ betweenss     : num 2.3e+11
$ size          : int [1:5] 3 37 15 3343 415
$ iter          : int 5
$ ifault        : int 0
- attr(*, "class")= chr "kmeans"
```

k 均值输出是一串不同的信息比特，最重要的信息如下所示。

- 聚类：它显示了每个点所分配到的聚类。
- 中心点：这包含了所计算的 5 个中心点的值。
- totss：这就是所谓的“总平方值”，定义为所有数据中点到中心的平方距离的总和，将 tot.withinss 和 betweenss 加和计算得到。
- withinss：这就是所谓的“内部平方和”，定义为在聚类中所有点到其中心的平方距离的总和，显示了聚类内的可变性。
- tot.withinss：这就是所谓的“内部平方和总和”，将所有聚类的“内部平方和”进行加和计算得到。
- betweenss：这就是所谓的“之间平方和”，显示了聚类之间的可变性。
- 大小：这显示每个聚类中的点数量。

```
#打印 K 均值

print(km)
```

打印 k 均值显示了 5 个聚类的大小，分别为 3、37、15、3343 和 415。基于 3 个变量(最近一次消费、消费频率和消费金额)，有 5 个组的聚类中心(均值)。这也显示了每个数据点所分配的聚类，例如，将第一个数据点分配给聚类 3，第二个数据点分配给聚类 5 等。“总平方和”(totss)和“之间平方和”(betweenss)测量了 k 均值算法的优度。理想的聚类具有内部凝聚、外部分离的性质。between_SS/total_SS 的比值应该接近 1。

在这个案例分析中，比值 between_SS/total_SS = 94.7%，这表明拟合度很好。换句话说，在组内显示高相似性，在组间显示低相似性，这是理想的聚类性质，94.7%是由聚类解释的数据集中总体方差的量度， 因此，这表示拟合度好。

```
K-means clustering with 5 clusters of sizes 3, 37, 15, 3343, 415


Cluster means:
   Recency Frequency Monetary
1  2.666667   250.00000 217852.9513
2 10.621622   487.13514  24271.7027
3 44.066667  1389.06667  66341.6775
4 92.587795    53.49746    937.3011
5 23.918072   269.70361   5953.5805


Clustering vector:
[1] 3 5 2 5 4 4 4 4 4 4 4 4 4 5 4 4 4 4 4 4 4 5 4 5 4 4 4 4 4 4
4 4 4 4 4 4 4 4 5 4
[41] 4 4 4 4 4 4 4 4 4 4 4 4 4 4 4 4 4 4 4 2 4 4 4 4 4 5 4 4 4 5
4 4 4 2 4 4 4 4 4 4
[81] 4 3 4 4 4 4 4 5 4 4 4 4 4 4 5 4 4 4 4 5 4 5 4 4 4 4 4 4 5 4
4 4 5 4 4 4 4 4 4 5
[121] 4 4 4 4 4 4 4 4 5 4 4 5 4 4 4 4 5 5 5 4 4 5 4 4 4 5 4 4 4
4 4 4 4 4 4 4 4 4 4 5
[161] 4 4 5 4 4 4 4 4 4 4 4 4 4 4 5 4 4 4 4 5 4 4 2 5 4 4 3 5 4
4 5 4 4 5 2 4 4 5 4 4
[201] 4 4 4 4 5 4 4 4 4 4 4 4 4 4 4 4 4 4 4 4 4 4 5 4 5 4 4 4 4
4 4 4 5 4 4 4 4 4 4 4
[241] 4 4 4 4 4 4 4 4 4 4 4 4 4 4 5 4 5 4 4 4 4 4 4 4 4 4 4 4 5 5
4 4 4 4 5 4 4 4 4 4 4
[281] 4 4 4 4 4 5 4 4 4 4 5 4 4 4 4 4 4 4 4 4 4 4 4 4 4 4 4 4 4
```

```
4 4 4 4 5 4 5 5 5 5 4
  [321] 4 4 4 4 4 4 4 4 4 4 4 4 4 4 4 4 4 4 4 4 4 4 4 4 4 4 4 4 4
5 4 4 5 4 4 4 4 5 4 4
  [361] 4 4 4 4 5 4 4 4 5 4 4 4 4 4 4 4 4 4 4 4 4 4 4 4 4 5 4 4 4
4 4 4 5 4 4 4 5 4 5 4
  [401] 4 4 4 4 4 4 4 4 4 4 4 4 4 2 4 4 4 4 4 5 4 4 4 4 4 5 4 4 4
4 4 4 5 4 5 4 4 4 4 4
  [441] 4 5 4 4 4 4 5 4 4 4 4 4 5 4 4 4 4 4 4 4 4 4 4 4 4 4 4 4 4
5 4 4 4 4 4 4 4 4 4 4
  [481] 4 4 4 4 4 4 4 4 4 4 4 4 4 4 4 4 5 4 4 4 4 4 4 4 5 5 4 4 4
4 4 4 4 5 5 4 4 4 4 4
  [521] 4 4 4 4 4 4 4 4 4 4 4 5 4 4 4 4 4 4 4 4 4 4 4 4 4 4 4 5 4
4 4 4 4 4 4 4 4 4 4 4
  [561] 4 4 4 4 5 4 4 4 4 4 4 4 4 4 4 4 4 4 4 4 4 4 4 4 4 4 4 4 4 4 4
4 4 5 4 4 4 4 4 4
  [601] 5 4 4 4 5 4 4 4 4 3 4 4 4 4 4 4 4 4 4 5 4 4 4 4 4 4 4 4 4 4 4
4 4 4 4 4 4 4 4 4
  [641] 5 4 4 4 4 4 5 4 4 4 4 4 4 4 4 4 4 5 4 4 4 4 4 4 4 2 4 4 4 4 2
4 4 4 4 4 4 4 4 4
  [681] 2 4 4 4 5 4 4 4 4 4 4 4 4 4 4 4 4 4 4 4 4 4 4 4 4 5 4 4 4 4 4
4 4 4 5 4 4 4 4 4
  [721] 4 4 4 4 5 5 4 5 4 4 4 4 4 5 2 4 4 4 4 4 4 4 4 4 4 4 4 4 4 4 4
4 4 4 4 4 4 4 4 4
  [761] 4 4 4 4 4 4 4 4 4 4 4 4 4 4 4 4 5 4 4 4 4 4 5 4 4 4 4 4 4 4 4
4 5 4 4 4 4 5 4 4
  [801] 4 4 4 4 4 5 4 5 4 4 4 4 5 4 4 5 4 4 4 5 4 4 4 4 4 4 4 4 4 4 4
4 4 4 4 4 2 4 4 4
  [841] 4 4 4 4 5 4 4 4 4 4 4 5 4 2 4 4 4 4 5 5 4 5 5 4 4 4 4 4 4 4 4
4 4 4 4 4 4 5 4 3
  [881] 4 4 5 4 3 4 4 4 5 4 4 4 4 4 4 5 4 5 4 4 4 4 4 4 4 4 4 4 4 4 5
4 5 4 4 4 4 4 5 5
  [921] 4 4 4 4 4 4 4 4 4 5 4 4 4 4 4 4 4 4 4 5 4 4 4 4 5 4 4 4 5 5 4
5 4 4 4 4 4 4 4 4
  [961] 4 4 4 4 4 4 4 4 4 4 4 4 5 4 4 4 4 5 4 4 4 4 4 5 4 4 4 4 4 4 4
4 4 4 4 4 4 4 5 5
  [ reached getOption("max.print") -- omitted 2813 entries ]
```

```
Within cluster sum of squares by cluster:
[1] 2527929468 2844720962 2623645893 2200791862 2675502481
 (between_SS / total_SS = 94.7 %)

Available components:
[1] "cluster"    "centers"    "totss"   "withinss"   "tot.withinss"
[6] "betweenss"  "size"       "iter"    "ifault"
```

#计算中心点

```
 km$centers
    Recency   Frequency   Monetary
1  2.666667   250.00000  217852.9513
2 10.621622   487.13514   24271.7027
3 44.066667  1389.06667   66341.6775
4 92.587795    53.49746     937.3011
5 23.918072   269.70361    5953.5805
```

由于聚类 1 和聚类 2 给出了最近消费群体，被认为是最佳客户，因此我们可以将这两个聚类组合在一起。由于我们认为聚类 3 和聚类 5 是潜在客户，因此这两个聚类可以组合在一起，由于聚类 4 的客户消费最低、很少消费，即使有消费也是很久以前，因此我们认为聚类 4 是流失客户。

#为每个数据点分配所在聚类

```
km$cluster
[1] 3 5 2 5 4 4 4 4 4 4 4 4 4 5 4 4 4 4 4 4 4 5 4 5 4 4 4 4 4 4
4 4 4 4 4 4 4 4 5 4
[41] 4 4 4 4 4 4 4 4 4 4 4 4 4 4 4 4 4 4 4 2 4 4 4 4 4 5 4 4 4 5
4 4 4 2 4 4 4 4 4 4
[81] 4 3 4 4 4 4 4 5 4 4 4 4 4 4 5 4 4 4 4 5 4 5 4 4 4 4 4 4 5 4
4 4 5 4 4 4 4 4 4 5
[121] 4 4 4 4 4 4 4 4 5 4 4 5 4 4 4 4 5 5 5 4 4 5 4 4 4 5 4 4 4
4 4 4 4 4 4 4 4 4 4 5
[161] 4 4 5 4 4 4 4 4 4 4 4 4 4 4 5 4 4 4 4 5 4 4 2 5 4 4 3 5 4
4 5 4 4 5 2 4 4 5 4 4
```

```
[201] 4 4 4 4 5 4 4 4 4 4 4 4 4 4 4 4 4 4 4 4 4 4 5 4 5 4 4 4 4
4 4 4 5 4 4 4 4 4 4 4
[241] 4 4 4 4 4 4 4 4 4 4 4 4 4 4 5 4 5 4 4 4 4 4 4 4 4 4 4 5 5
4 4 4 4 5 4 4 4 4 4 4
[281] 4 4 4 4 4 5 4 4 4 4 5 4 4 4 4 4 4 4 4 4 4 4 4 4 4 4 4 4 4
4 4 4 4 5 4 5 5 5 5 4
[321] 4 4 4 4 4 4 4 4 4 4 4 4 4 4 4 4 4 4 4 4 4 4 4 4 4 4 4 4 4
5 4 4 5 4 4 4 4 5 4 4
[361] 4 4 4 4 5 4 4 4 5 4 4 4 4 4 4 4 4 4 4 4 4 4 4 4 4 5 4 4 4
4 4 4 5 4 4 4 5 4 5 4
[401] 4 4 4 4 4 4 4 4 4 4 4 4 4 2 4 4 4 4 4 5 4 4 4 4 4 5 4 4 4
4 4 4 5 4 5 4 4 4 4 4
[441] 4 5 4 4 4 4 5 4 4 4 4 4 4 5 4 4 4 4 4 4 4 4 4 4 4 4 4 4 4
5 4 4 4 4 4 4 4 4 4 4
[481] 4 4 4 4 4 4 4 4 4 4 4 4 4 4 4 4 5 4 4 4 4 4 4 4 5 5 4 4 4
4 4 4 4 5 5 4 4 4 4 4
[521] 4 4 4 4 4 4 4 4 4 4 4 5 4 4 4 4 4 4 4 4 4 4 4 4 4 4 4 5 4
4 4 4 4 4 4 4 4 4 4 4
[561] 4 4 4 4 5 4 4 4 4 4 4 4 4 4 4 4 4 4 4 4 4 4 4 4 4 4 4 4 4
4 4 4 4 5 4 4 4 4 4 4
[601] 5 4 4 4 5 4 4 4 4 3 4 4 4 4 4 4 4 4 4 4 5 4 4 4 4 4 4 4 4
4 4 4 4 4 4 4 4 4 4 4
[641] 5 4 4 4 4 4 5 4 4 4 4 4 4 4 4 4 4 5 4 4 4 4 4 4 4 2 4 4 4
4 2 4 4 4 4 4 4 4 4 4
[681] 2 4 4 4 5 4 4 4 4 4 4 4 4 4 4 4 4 4 4 4 4 4 4 4 4 5 4 4 4
4 4 4 4 4 5 4 4 4 4 4
[721] 4 4 4 4 5 5 4 5 4 4 4 4 4 5 2 4 4 4 4 4 4 4 4 4 4 4 4 4 4
4 4 4 4 4 4 4 4 4 4 4
[761] 4 4 4 4 4 4 4 4 4 4 4 4 4 4 4 4 5 4 4 4 4 4 5 4 4 4 4 4 4
4 4 4 5 4 4 4 4 5 4 4
[801] 4 4 4 4 4 5 4 5 4 4 4 4 5 4 4 5 4 4 4 5 4 4 4 4 4 4 4 4 4
4 4 4 4 4 4 4 2 4 4 4
[841] 4 4 4 4 5 4 4 4 4 4 4 5 4 2 4 4 4 4 5 5 4 5 5 4 4 4 4 4 4
4 4 4 4 4 4 4 4 5 4 3
[881] 4 4 5 4 3 4 4 4 5 4 4 4 4 4 4 5 4 5 4 4 4 4 4 4 4 4 4 4 4
4 5 4 5 4 4 4 4 4 5 5
```

```
[921] 4 4 4 4 4 4 4 4 4 5 4 4 4 4 4 4 4 4 4 5 4 4 4 4 5 4 4 4 5
5 4 5 4 4 4 4 4 4 4 4
[961] 4 4 4 4 4 4 4 4 4 4 4 4 5 4 4 4 4 5 4 4 4 4 4 5 4 4 4 4 4
4 4 4 4 4 4 4 4 4 5 5
[ reached getOption("max.print") -- omitted 2813 entries ]

#计算“内部平方和”

km$withinss
[1] 2527929468 2844720962 2623645893 2200791862 2675502481
#计算 “内部平方和总和”
km$tot.withinss
[1] 12872590666

#计算“之间平方和”

km$betweenss
[1] 230469229873

#计算“平方和总和”

km$totss
[1] 243341820539

#安装 factoextra 包

install.packages("factoextra")

#聚类算法与可视化

library(factoextra)

fviz_cluster(km, data = clus_df)
```

使用 fviz_cluster，图 7-6 显示了一个较好的聚类示意图。在这幅图中，可以看到每个观察样本的聚类分配。在这个示例中，观察样本 2539、3235 和 3681 分配给了聚类 1；类似的，观察样本 3、1242 被分配给了聚类 2，以此类推。

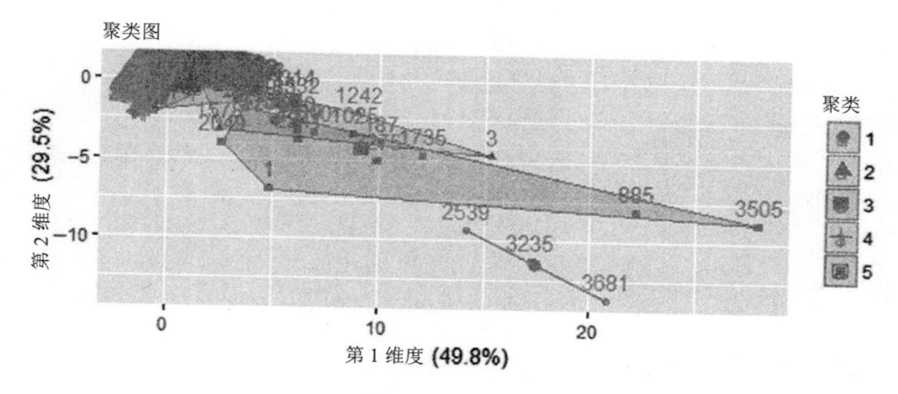

图 7-6 聚类示意图

```
#使用 cbind 组合 clus_df 数据和 km$clusters

finalclus<-cbind(clus_df,km$cluster)
```

组合 clus_df 和 km$cluster，其中每个数据点都分配给了每个聚类，创建输出数据 finalclus。

```
#显示 finalclus 中的前 20 个观察样本

head(finalclus,20)
   Recency Frequency Monetary km$cluster
1      325         1 84902.960          3
2        2        88  4014.714          5
3        0      3927 40337.760          2
4        3       199  4902.968          5
5        3        59  1146.574          4
6      214         6   115.992          4
7       70        46  1137.768          4
8       74         5  1945.450          4
9       59        25   478.832          4
10       2        82  1611.692          4
11       5        25   526.165          4
```

```
12      2    56    1227.581       4
13    336     6     242.975       4
14     37    38    7575.104       5
15    262     9     252.555       4
16     32    27     474.333       4
17    145    24     508.118       4
18    282    18     379.618       4
19     59   175    3224.146       4
20    173    12     173.510       4

#保留 RFM_data 中的客户 id

cus_id <-RFM_data[(1)]

#通过 cbind 组合 cus_id 和 finalclus

finalclusid<-cbind(cus_id,finalclus)

#显示 finalclusid 的前 20 个观察样本
head(finalclusid,20)

   Customer_ID Recency Frequency   Monetary  km$cluster
1       555624     325         1  84902.960           3
2       556025       2        88   4014.714           5
3       556026       0      3927  40337.760           2
4       556027       3       199   4902.968           5
5       556098       3        59   1146.574           4
6       556099     214         6    115.992           4
7       556100      70        46   1137.768           4
8       556101      74         5   1945.450           4
9       556102      59        25    478.832           4
10      556104       2        82   1611.692           4
11      556105       5        25    526.165           4
12      556106       2        56   1227.581           4
13      556107     336         6    242.975           4
14      556108      37        38   7575.104           5
```

```
15      556109     262      9      252.555      4
16      556110      32     27      474.333      4
17      556111     145     24      508.118      4
18      556112     282     18      379.618      4
19      556114      59    175     3224.146      4
20      556115     173     12      173.510      4
```

客户细分有助于基于消费行为识别高价值客户和潜在客户。客户细分使得营销团队可以针对很有可能成为潜在消费对象的理想客户发送个性化电子邮件和活动，不在营销策略上浪费金钱，把钱花在那些永远不会转化为客户的人员身上。

7.4 基于 SAS 的 RFM 模型与 k 均值聚类

在本节中，我们将讨论不同的 SAS 程序，如 proc content、 proc means 和 proc univariate。我们也讨论了构建 RFM 模型和 k 均值聚类来进行客户细分，并对 SAS 代码及其每个部分的输出进行了解释。

```
/* 基于 SAS，创建自己的库，如此处的 libref，并提到了路径 */

libname libref "/home/aro1260/deep";

/* 导入 customer_seg 数据集 */
PROC IMPORT DATAFILE= "/home/aro1260/data/customer_seg.csv"
     DBMS=CSV Replace
     OUT=libref.synthetic_RFM;
     GETNAMES=YES;
RUN;
/* 检查数据内容 */
PROC CONTENTS DATA=libref.synthetic_RFM;
RUN;
```

基于对分析的重要性，Part 1 和 Part 2 显示了 proc content 的部分输出(见表 7-3)。proc content 显示了数据信息，如观察样本数、变量数目、库名和每个变量的数据类型(它们的长度、格式和读入格式)。

表 7-3　proc content 的部分输出

Part 1

CONTENTS 程序			
数据集名称	LIBREF.SYNTHETIC_RFM	观察样本	330379
成员类型	DATA	变量	8
引擎	V9	索引	0
创建的日期	03/20/2018 14:26:59	观察样本长度	80
上一次修改的日期	03/20/2018 14:26:59	删除的观察样本	0
保护		压缩	No
数据集类型		排序	No
标签	SOLARIS_X86_64, LINUX_X86_64,		
数据表示	ALPHA_TRU 64, LINUX_IA64		
编码	utf-8 Unicode (UTF-8)		

Part 2

按字母排列的变量和属性列表

#	变量	类型	长度	格式	输入格式
6	Amount	Num	8	BEST12.	BEST32.
7	Country	Char	13	$13.	$13.
5	Customer_ID	Num	8	BEST12.	BEST32.
4	Invoice_Date	Num	8	MMDDYY10.	MMDDYY10.
1	Invoice_No	Num	8	BEST12.	BEST32.
3	Product_Category	Char	19	$19.	$19.
2	Stock_Code	Num	8	BEST12.	BEST32.
8	l_Date	Num	8	MMDDYY10.	MMDDYY10.

```
/* 数据的描述性统计 */
proc means data = libref.synthetic_RFM;
vars Amount;
class Product_Category;
run;
```

应用 proc means 显示了数据总和的描述性统计(见表 7-4)，如基于所表示的 Product_Category，消费金额(Amount)变量的观察样本数(N)、均值、标准偏差、最小值和最大值。

表 7-4 MEANS 程序

MEANS 程序						
分析变量: Amount						
Product_Category	N 个观察样本	N	均值	标准偏差	最小值	最大值
Beverages	35382	35382	24.0379522	65.8101268	1.2090000	4594.60
Dairy	41412	41412	24.9563357	103.0417944	1.1320000	7196.34
Grocery	204526	204526	24.0829800	466.6886673	1.0011000	185319.56
Healthcare & Beauty	40209	40209	28.3732394	72.5928962	1.1320000	4535.80
Toiletries	8850	8850	22.6455270	84.3323427	1.1320000	3582.84

```
/* 应用proc univariate获得详细的汇总统计 */

proc univariate data= libref.synthetic_RFM;
var Amount;
run;
```

proc univariate 是其中一个程序，用于显示详细的数据的汇总统计或描述性统计(见表 7-5)。它显示了峰度、偏度、标准偏差、未校正的 SS、校正的 SS、标准误差均值、全距、四分位距等。这也用于检测数据中出现的离群值或极端值。

Part 1 显示峰度、偏度、标准偏差、未校正的 SS、校正的 SS、标准误差均值等。

表 7-5 UNIVARIATE 程序

Part 1

UNIVARIATE 程序			
变量: Amount			
动差			
N	330379	总和权重	330379
均值	24.6712735	总和观察样本	8150870.67
标准偏差	370.755391	方差	137459.56
偏度	419.168697	峰度	197698.376
未校正的 SS	4.56147E10	校正的 SS	4.54136E10
系数变化	1502.78173	标准误差均值	0.64503199

Part 2 显示相对基本的统计信息，如均值、中值、众数、标准偏差、方差、全距和四分位距。

Part 2

基本统计测量方法

位置		差异量	
均值	24.67127	标准偏差	370.75539
中值	13.65000	方差	137460
众数	18.50000	全距	185319
		四分位距	15.57500

Part 3 显示的是检验列，列出了不同的检验，如学生的 t 检验、符号检验、符号秩检验。第二列是统计列，列出了检验统计的值。第三列是 p 值列，列出了与检验统计相关的 p 值。在这个案例中，所有的检验值和其对应的 p 值都小于 0.0001，因此可以总结出所有的变量都是统计显著的。

Part 3

位置检验: Mu0=0

检验方法	统计		*p* 值	
学生 t 检验	T	38.24814	Pr > |t|	<0.0001
符号	M	165189.5	Pr≥ |M|	<0.0001
符号秩检验	S	2.729E10	Pr≥ |S|	<0.0001

Part 4 显示了分数位，如 100%Max、99%、95%、90%、75%Q3 等。

Part 4

分位数(Definition 5)

层级	分位数
100% Max	185319.5600
99%	198.9000
95%	67.0000
90%	37.3000
75% Q3	22.1400
50% Median	13.6500
25% Q1	6.5650
10%	3.9240
5%	3.1450
1%	1.9350
0% Min	1.0011

Part 5 显示了变量的 5 个最低值和 5 个最高值。

Part 5

极端观察样本			
最低值		最高值	
值	观察样本	值	观察样本
1.0011	203834	7862.19	196163
1.1100	127088	8958.03	81852
1.1320	329406	42868.00	114648
1.1320	324578	84902.96	9468
1.1320	277079	185319.56	330022

```
/ *打印出数据的前 10 个观察样本*/

PROC PRINT Data =libref.synthetic_RFM(OBS=10);
Title 'Total Sales by Customer';
ID Customer_ID;
Var Invoice_No Invoice_Date 1_Date Amount;
Run;
```

这基于 Customer_ID(客户 ID)、Invoice_No(发票编号)、Invoice_Date(发票日期)、1_Date(1 日期)和 Amount(金额)显示了数据的前 10 个观察样本。见表 7-6。

表 7-6　数据的前 10 个观察样本

客户购买总计				
客户 ID	发票编号	发票日期	1 日期	金额
556591	1540425	01/07/2011	12/12/2011	23.45
556591	1540425	01/07/2011	12/12/2011	13.55
556591	1540425	01/07/2011	12/12/2011	14.55
556591	1540425	01/07/2011	12/12/2011	13.55
556591	1540425	01/07/2011	12/12/2011	14.75
556591	1540425	01/07/2011	12/12/2011	23.45
556591	1540425	01/07/2011	12/12/2011	24.45
556591	1540425	01/07/2011	12/12/2011	22.14
556591	1540425	01/07/2011	12/12/2011	20.47
556591	1540425	01/07/2011	12/12/2011	19.16

```
/* 应用 proc sql 查询，创建 Customer_summary 表 */

PROC SQL;
Create table libref.Customer_summary as
select distinct Customer_ID,
max(Invoice_Date) as Recency format = date9.,
(l_Date - max(Invoice_Date)) as Days_since_recent,
count(Invoice_Date) as Frequency,
Sum(Amount) as Monetary format=dollar15.2
from libref.synthetic_RFM
group by Customer_ID;
quit;
```

在上述代码中，我们使用 PROC SQL 运行 SQL 查询，使用 Create table 创建 libref.Customer_summary 的表，使用 Select query 选择不同的 Customer_ID，max (Invoice_Date)作为 Recency(最近一次消费)，同时认定格式为 format=date9。创建新的变量 Days_since_recent(l_Date 和 max(Invoice_Date)之间的差值，count(Invoice_Date)作为 Frequency(消费频率)，Sum(Amount)作为消费金额，同时认定格式为 format=dollar15.2，这些数据来自 libref.synthetic_RFM，根据 Customer_ID 分组。

```
/* 打印出数据的前 10 个观察样本 */

PROC PRINT Data =libref.Customer_summary(OBS=10);
Run;
```

基于 Customer_ID(客户 ID)、Recency(最近一次消费)、Days_since_recent(上一次消费算起的天数)、Frequency(消费频率)和 Monetary(消费金额)的值，打印出前 10 个观察样本。见表 7-7。

表 7-7　打印出前 10 个观察样本

观察样本	客户 ID	最近一次消费	上一次消费算起的天数	消费频率	消费金额
1	555624	21JAN2011	325	1	$84 902.96
2	556025	10DEC2011	2	88	$4 014.71
3	556026	12DEC2011	0	3927	$40 337.76
4	556027	09DEC2011	3	199	$4 902.97
5	556098	09DEC2011	3	59	$1 146.57

(续表)

观察样本	客户 ID	最近一次消费	上一次消费算起的天数	消费频率	消费金额
6	556099	12MAY2011	214	6	$115.99
7	556100	03OCT2011	70	46	$1 137.77
8	556101	29SEP2011	74	5	$1 945.45
9	556102	14OCT2011	59	25	$478.83
10	556104	10DEC2011	2	82	$1 611.69

```
/* 创建排位 */

PROC RANK DATA = libref.Customer_summary OUT = libref.RFM ties=high
group=5;
Var Days_since_recent Frequency Monetary;
Ranks R_score F_score M_score ;
RUN;
```

我们使用 PROC RANK 基于变量 Days_since_recent、Frequency 和 Monetary，按照 5 组对 libref.Customer_summary 进行排位。在基于各自的变量分配排位之后，创建新变量 R_score、 F_score 和 M_score；使用 OUT = libref.RFM 生成输出数据。

```
/* 组合 RFM */
DATA libref.Final_RFM;
Set libref.RFM;
R_score+1;
F_score+1;
M_score+1;
RFM = Cats(R_score,F_score,M_score);
Total_RFM = SUM(R_score,F_score,M_score);
RUN;

/* 打印出数据的前 10 个观察样本 */

PROC PRINT Data =libref.Final_RFM(OBS=10);
Run;
```

这显示了来自 libref.Final_RFM 数据中的前 10 个观察样本，见表 7-8。

表 7-8　来自 libref.Final_RFM 数据中的前 10 个观察样本

观察样本	客户ID	最近一次消费	上一次消费算起的天数	消费频率	消费金额	R 评分	F 评分	M 评分	RFM	总 RFM
1	555624	21JAN2011	325	1	$84 902.96	5	1	5	515	11
2	556025	10DEC2011	2	88	$4 014.71	1	4	5	145	10
3	556026	12DEC2011	0	3927	$40 337.76	1	5	5	155	11
4	556027	09DEC2011	3	199	$4 902.97	1	5	5	155	11
5	556098	09DEC2011	3	59	$1 146.57	1	4	4	144	9
6	556099	12MAY2011	214	6	$115.99	5	1	1	511	7
7	556100	03OCT2011	70	46	$1 137.77	4	3	4	434	11
8	556101	29SEP2011	74	5	$1 945.45	4	1	4	414	9
9	556102	14OCT2011	59	25	$478.83	3	2	2	322	7
10	556104	10DEC2011	2	82	$1 611.69	1	4	4	144	9

在下面代码中，我们使用 PROC FASTCLUS 程序执行 k 均值聚类方法。DATA 命名了用于 k 均值聚类的数据集，在这个案例中，这个数据集为 libref. Final_RFM。语句 maxclusters=5 告知 SAS，使用 k 均值算法形成聚类的数目(5)。maxiter=100 显示了迭代次数，使用 converge=0 完成收敛，意思是在聚类种子中禁止任何相对改变。RANDOM 选项显示了整个观察样本中简单地使用伪随机样本作为初始聚类种子，在这个案例中，random=121，REPLACE 选项告知如何进行种子的替换，在这个案例中，replace=random。使用语句 OUT 创建输出数据集，这个案例中，out= libref.clust 创建了输出数据集 libref.clust，包含了初始变量和两个新变量，cluster 和 distance。变量 cluster 显示了能够分配给观察样本的聚类数目，变量 distance 显示了观察样本到其聚类种子的距离。VAR 语句显示了在 k 均值聚类中使用的变量(Var Days_since_recent Frequency Monetary)。如果变量范围变化显著，那么需要标准化变量，使用 PROC STANDARD 来完成。这有助于在标准化变量中，给出均值为 0，标准偏差为 1。一般而言，比起具有小方差的变量，具有大方差的变量影响较大。为了得到标准化的相等方差，建议使用多重尺度变量，在执行聚类分析前这必须完成。

```
/* 应用 PROC FASTCLUS */

PROC FASTCLUS data= libref.Final_RFM maxclusters=5 maxiter=100
converge=0
    random=121 replace=random out=libref.Clust;
```

```
Var Days_since_recent Frequency Monetary;
Title 'FASTCLUS ANALYSIS';
run;
```

我们将 PROC FASTCLUS 输出分成若干部分，在下列小节中，分别讨论每个部分。

Part 1 显示了用于各个变量和聚类的初始种子。第一行显示了选项设定，Replace= RANDOM、Radius = 0、Maxclusters=5、Maxiter=100 和 Converge=0。在 PROC FASTCLUS 语句中，设置所有这些选项，在 Part 1 输出中，我们可以看到称为聚类种子的一个点集合被选中作为聚类均值的首次猜测值。将每个观察样本分配给最近的种子形成暂时的聚类，然后使用暂时的聚类均值替换种子，重复这个过程，直到聚类中不再发生变化。

Part 1

FASTCLUS 分析

FASTCLUS 程序

Replace=RANDOM Radius=0 Maxclusters=5 Maxiter=100 Converge=0

初始种子

聚类	上一次消费算起的天数	消费频率	消费金额
1	23.000000	210.000000	3097.841000
2	14.000000	72.000000	1474.632000
3	29.000000	196.000000	1645.289000
4	32.000000	937.000000	7440.171000
5	245.000000	28.000000	594.445000

Part 2 显示了初始种子之间的最小距离为 211.4824。

Part 2

初始种子之间的最小距离为 211.4824。

Part 3 显示了迭代历史，在迭代 39 时，在聚类种子中没有相对变化，因此满足了收敛标准。

Part 3

迭代历史

迭代	标准	聚类种子的相对变化				
		1	2	3	4	5
1	4236.6	1.7902	0.9810	1.4893	43.9264	0.9164
2	3876.0	5.4984	0.4170	0.6436	73.9129	0.2171

(续表)

迭代	标准	聚类种子的相对变化				
		1	2	3	4	5
3	3413.1	7.4046	0.1870	1.1279	114.0	0.1115
4	2905.7	8.7737	0.0689	1.6887	81.1100	0.0520
5	2686.1	12.1396	0.3041	1.8985	73.1816	0.00404
6	2540.4	14.7953	0.5413	2.6382	37.8755	0.0542
7	2469.9	16.7801	0.7245	2.9057	13.4303	0.1042
8	2415.8	17.2184	0.8107	2.8022	31.2476	0.1212
9	2351.5	27.6212	0.8411	3.1872	62.8170	0.1353
10	2206.8	38.1209	1.0132	4.0483	102.2	0.1509
11	1925.1	56.7376	1.1160	5.2407	215.6	0.1475
12	1368.1	19.7225	1.3307	5.6947	145.8	0.1550
13	1219.5	16.8525	1.1534	5.1337	0	0.1773
14	1183.6	4.7507	1.2679	4.9083	0	0.1667
15	1165.9	4.6644	1.1813	5.5414	0	0.1372
16	1149.1	0	1.3172	4.8932	0	0.1734
17	1136.2	0	1.1898	3.5941	0	0.1656
18	1129.6	0	1.0010	2.2686	0	0.1417
19	1125.7	4.5520	0.8921	4.1034	0	0.1029
20	1119.1	4.7892	0.7125	3.9832	0	0.0769
21	1111.3	10.8573	0.5340	4.3577	0	0.0613
22	1099.0	12.6014	0.3704	4.1949	0	0.0383
23	1089.3	6.8819	0.5855	4.6327	0	0.0448
24	1082.0	0	0.9912	6.2509	0	0.0652
25	1073.9	0	0.8027	3.7877	0	0.0730
26	1070.6	0	0.7612	3.3173	0	0.0697
27	1068.6	0	0.6095	0.8747	0	0.0751
28	1067.7	0	0.4641	1.8232	0	0.0417
29	1066.3	0	0.5473	4.1132	0	0.0295
30	1064.3	6.6408	0.3372	3.6077	0	0.0334
31	1061.6	0	0.3662	2.3401	0	0.0237
32	1061.1	0	0.2104	0	0	0.0274
33	1061.0	0	0.2700	0	0	0.0345
34	1060.9	0	0.1102	0	0	0.0139
35	1060.8	0	0.0555	0	0	0.00703
36	1060.8	0	0.0837	0	0	0.0106
37	1060.8	0	0.0846	0	0	0.0106
38	1060.8	0	0.0567	0	0	0.00707
39	1060.8	0	0	0	0	0

收敛标准满足。

Part 4 显示了基于最终种子的标准 1060.8。在这个案例中，由于在迭代 39 次时聚类种子的变化小于收敛标准，因此在迭代 39 次时的聚类解决方案是最终的聚类解决方案。从第 3 部分的输出中我们也可以看到，在迭代 39 次时，聚类种子的形心变化为 0，这表明再划分不会导致任何观察样本的重新分配。

Part 4

基于最终种子的标准 = 1060.8

Part 5 显示了每个聚类的汇总统计。这按照 frequency、root mean squared standard deviation、maximum distance from seed to observation、number of nearest cluster and distance between cluster centroids(最近聚类形心和当前聚类形心的距离)，显示了在每个聚类中观察样本的总数。我们将形心定义为到聚类中所有观察样本均值的点。

Part 5

聚类总和

聚类	消费频率	RMS 标准偏差	种子到观察样本的最大距离	超出的半径	最近的聚类	聚类质心之间的距离
1	15	7903.7	28169.5		3	42079.7
2	417	1467.6	8740.1		5	5010.8
3	37	5132.3	19649.2		2	18331.5
4	3	20526.1	37953.4		1	151516
5	3341	467.3	2498.0		2	5010.8

Part 6 显示了每个变量的统计信息，显示了 Total STD、Within STD、R-Square 和 RSQ/(1-RSQ)。

Part 6

变量统计

变量	Total STD	Within STD	R-Square	RSQ/(1-RSQ)
Days_since_recent	89.55209	86.63399	0.065091	0.069623
Frequency	208.74803	175.36078	0.295040	0.418521
Monetary	7986	1828	0.947657	18.104771
OVER-ALL	4613	1062	0.947101	17.903837

Part 7 显示了伪 F 统计为 17044.45。

Part 7

伪 F 统计= 17044.45

Part 8 显示了近似预期总体 R 平方(Approximate Expected Over-All-R-Squared)为 0.95934 (>0.70)。因此，这是一个良好的拟合模型。

Part 8

近似预期总体 R 平方 = 0.95934

Part 9 显示了 Cubic Clustering Criterion 为－12.062。对于相关变量而言，R-square 和 Cubic Clustering Criterion 是无效的。我们可以使用 Cubic Clustering Criterion (CCC)，并利用 Ward 最小方差方法、k 均值或基于最小化聚类内部平方总和的其他方法，估计聚类的数目。观察 CCC，将其增加到最大值，聚类数目增加 1，然后观察 CCC 何时开始下降，采用此时局部最大值处聚类的数目。如果立方聚类标准值大于 2 或 3，那么这表示这是良好的聚类。值在 0 到 2 之间表示潜在的聚类，大的负值可能表示离群值。

Part 9

立方聚类标准(CCC)=－12.062

警告：上述两个值对相关变量无效

Part 10 显示了每个聚类的变量聚类均值(Cluster Means)。从上述聚类均值中我们看到，由于聚类 3 和聚类 4 给出的最近消费群体被认为是最佳客户，因此我们可以将这两个聚类组合在一起。由于我们认为聚类 1 和聚类 2 是潜在客户，因此这两个聚类可以组合在一起，由于聚类 5 的客户消费最低、很少消费，即使有消费也是很久以前的，因此我们认为聚类 5 是流失客户。

Part 10

聚类平均

聚类	上一次消费算起的天数	消费频率	消费金额
1	44.0667	1389.0667	66341.6775
2	24.0432	269.0192	5941.5356
3	10.6216	487.1351	24271.7027
4	2.6667	250.0000	217852.9513
5	92.6133	53.4535	935.8017

Part 11 显示了各个聚类中变量的聚类标准偏差(Cluster Standard Deviations)。

Part 11

聚类标准偏差			
聚类	上一次消费算起的天数	消费频率	消费金额
1	97.78655	2170.08178	13516.08157
2	33.17629	214.76227	2532.69717
3	29.84064	735.60082	8858.78252
4	4.61880	217.52471	35551.61593
5	91.48950	60.95581	801.91609

在使用数据 libref.Clust，存在 3 个或 3 个以上聚类的情况下，我们使用 CANDISC 程序计算正则变量。OUT 语句生成了输出数据，如 out = libref.Can。我们使用 VAR 语句显示分析中使用的变量，在这个案例中，为 var Days_since_recent Frequency Monetary。CLASS 语句用于变量聚类，如 class cluster， 有助于定义分析中的分组。

```
/* CANDISC 程序计算正则变量，绘制聚类 */

proc candisc data = libref.Clust out=libref.Can noprint;
var Days_since_recent Frequency Monetary;
class cluster;
Run;
```

在下面的代码中，SGPLOT 程序绘制了在 PROC CANDISC 中生成的两个正则变量 can1 和 can2。SCATTER 语句显示了变量聚类，定义了分析中的分组，并绘制了聚类。

```
/* 绘制了由 PROC CANDISC 生成的两个正则变量 can1 和 can2 */

proc sgplot data= libref.Can;
scatter y=can2 x=can1 / group=cluster;
run;
```

如图 7-7 所示，这是正则变量和聚类值的图。

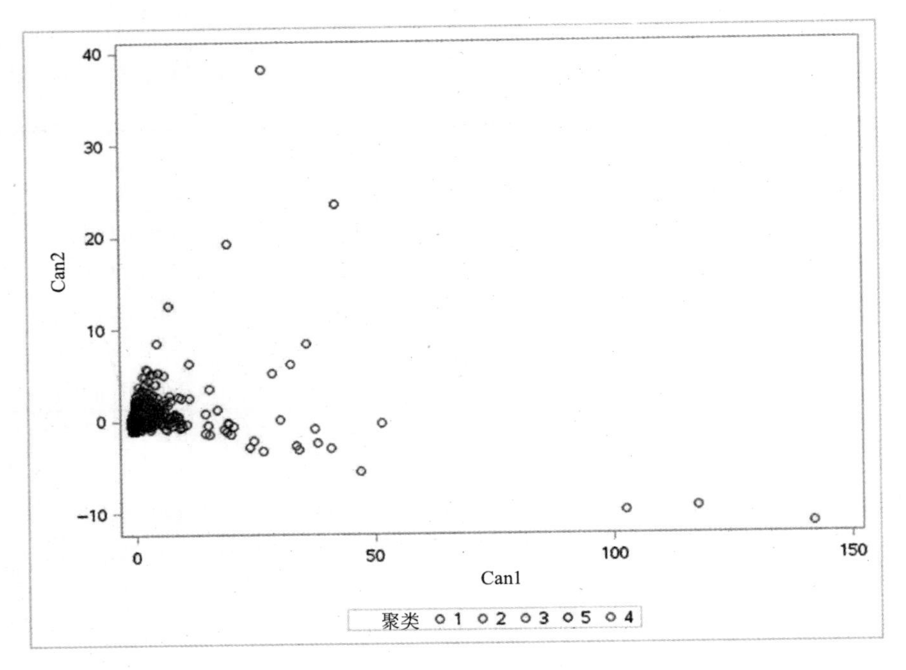

图 7-7　正则变量和聚类值图

7.5 小结

在本章中，我们了解了在快速消费品行业中数据分析的应用。本章中所讨论的模型是 RFM 和 k 均值聚类，还讨论了 RFM 和 k 均值聚类的不同特性、特征、优势和局限性。借助基于消费历史进行客户细分的案例分析，我们演示了这个模型在现实生活场景中的实际应用。同时基于 R 和 SAS Studio，我们进行了模型开发、执行和结果解释。